深入理解RPC框架原理与实现

华钟明 | 著

電子工業出版社
Publishing House of Electronics Industry
北京•BEIJING

内 容 简 介

本书由浅入深、详细地介绍了 RPC 技术和 RPC 框架的原理。除此之外，本书还详细介绍了与 RPC 框架原理相关的技术，包括远程通信技术、通信协议、序列化技术、动态代理技术、IDL 等。

本书首先介绍了 RPC 技术和 RPC 框架的发展背景、历史及演进过程，以加深读者对 RPC 技术的理解。然后介绍了常见的 RPC 框架，让读者能够对这些 RPC 框架有整体上的了解。接下来将 RPC 框架的核心组成部分拆开，对这些组成部分逐个进行介绍，并且介绍相关的技术和概念，比如介绍远程通信方式时，会介绍 Socket 技术、I/O 模型等。本书接着介绍了实现简易的 RPC 框架的流程，让读者能够上手实际操作。本书还介绍了 RPC 框架是如何应对异构语言下的挑战的，并且介绍了与 RPC 框架相关的服务治理内容，包括注册中心、配置中心、元数据中心、服务路由策略、负载均衡策略、高可用策略及服务可观测性，让读者能够全面地了解 RPC 框架。

图书在版编目（CIP）数据

深入理解 RPC 框架原理与实现 / 华钟明著. —北京：电子工业出版社，2021.10
ISBN 978-7-121-42094-8

Ⅰ. ①深… Ⅱ. ①华… Ⅲ. ①JAVA 语言－程序设计 Ⅳ. ①TP312.8

中国版本图书馆 CIP 数据核字（2021）第 195425 号

责任编辑：陈晓猛
印　　刷：天津嘉恒印务有限公司
装　　订：天津嘉恒印务有限公司
出版发行：电子工业出版社
　　　　　北京市海淀区万寿路 173 信箱　　邮编：100036
开　　本：787×980　1/16　印张：21.75　字数：487.2 千字
版　　次：2021 年 10 月第 1 版
印　　次：2021 年 10 月第 1 次印刷
定　　价：118.00 元

凡所购买电子工业出版社图书有缺损问题，请向购买书店调换。若书店售缺，请与本社发行部联系，联系及邮购电话：（010）88254888，88258888。
质量投诉请发邮件至 zlts@phei.com.cn，盗版侵权举报请发邮件至 dbqq@phei.com.cn。
本书咨询联系方式：（010）51260888-819，faq@phei.com.cn。

前言

RPC 作为目前的主流技术之一，它打破了某一项任务所需的计算资源只能靠一台计算机来实现的固有想法，对分布式计算、微服务等领域都有着重要而深远的影响。从 20 世纪 80 年代至今近四十年的时间内，由 RPC 衍生出来的技术非常多，包括很多现在常见的中间件技术都离不开 RPC。RPC 是技术时代的产物，它是由当时的社会发展、时代背景及需求所决定的。网络技术的发展，以及操作系统中的进程间通信技术越发多样化和成熟，这些都为 RPC 的出现打下了非常好的基础。

RPC 是一种技术思想，它不可能一直停留在理论层面，需要落地，因此 RPC 框架慢慢地衍生出来。RPC 框架是为了实现 RPC 而衍生出来的技术产物，它是 RPC 领域中可复用的软件架构解决方案。从以 ONC RPC（Open Network Computing Remote Procedure Call）和 DCE RPC（Distributed Computing Environment Remote Procedure Call）为首的初代 RPC 框架，到 CORBA、DCOM、ZeroC ICE，再到现在流行的 Apache Dubbo、Spring Cloud、gRPC、Thrift 等，其间 RPC 框架也经历了几十年的发展，许多 RPC 框架都是从公司或者组织内开始“生根发芽”的，逐渐发展成熟后，被贡献到开源社区，由开源社区来发展和维护。

笔者待过的公司或多或少都使用了 RPC 技术，有的采用开源的 RPC 框架，有的采用自研 RPC 框架，使用 RPC 框架来实现 RPC 技术已经成为非常普遍的现象，而在使用 RPC 框架的时候，难免会遇到一些问题，此时需要熟悉 RPC 框架的原理才能解决这些问题。不同的 RPC 框架的实现细节会有所不同，但是底层的抽象都离不开几十年前的 RPC 技术理论，所以 RPC 技术的理论知识将是打开 RPC 框架原理之门的钥匙。

本书写作目的

笔者作为 Apache Dubbo Committer，在参与 Dubbo 开源社区建设的同时，也在技术博客及自媒体平台上撰写和分享了一些有关 RPC 框架源码解读的文章，笔者经常收到一些读者的私信，希望笔者能够给他们推荐一些有关 RPC 的学习资料，让他们通过学习 RPC 来提高对这些开源的 RPC 框架源码和原理的理解程度，降低学习和研读 RPC 框架源码的成本和门槛。所以撰写本书的想法并不是突然出现的，随着类似的私信变多，撰写本书的想法逐渐形成了。

撰写本书的初衷是希望能够给读者介绍 RPC 技术及 RPC 框架的实现原理，让读者在面对如此众多的 RPC 框架时，能够较快地参透其原理。除此之外，本书的写作目的还有以下三点：

- 希望本书可以让读者了解 RPC 及 RPC 框架的发展历史和背景，了解其演进过程。通过了解 RPC 的发展背景和历史加深对 RPC 的理解。
- 希望本书可以让读者了解在实现 RPC 框架或者在对 RPC 框架选型时，该考虑哪些重要的因素，并且了解常见的技术选型。
- 希望本书可以让读者了解 RPC 框架提供的服务治理的内容。

本书特点

想要了解 RPC 框架原理，最重要的就是了解 RPC 框架怎么使用，了解 RPC 框架内对 RPC 技术的抽象，以及 RPC 框架提供的服务治理的内容。本书的内容涵盖了这三部分，除了介绍市面上主流的 RPC 框架，还介绍了使用这些 RPC 框架的示例，方便读者通过这些示例上手 RPC 框架。除此之外，本书还介绍了对 RPC 框架的选型，为读者提供选型指南。

在介绍 RPC 框架的核心组成部分时，对每一个核心组成部分，本书都会完整地介绍该部分的周边知识，旨在让该领域的新手读者也能够轻松理解。除此之外，在介绍每一个核心组成部分时，本书都会介绍业界不同的实现方案，加深读者对这一核心组成部分的理解。本书还提供了一个实现简易的 RPC 框架的示例，通过动手实现 RPC 框架，可加深读者对 RPC 框架实现原理的认知，不单单停留在理论层面，而是能够直接运用 RPC 技术理论编写 RPC 框架。

本书结构

本书主要分为三部分。

第一部分为 RPC 概览（第 1 章、第 2 章），第 1 章主要介绍 RPC 的核心概念、历史背景、演进过程及技术原理，第 2 章主要介绍 RPC 框架的概念、发展历史及现状，并且介绍了四个常见的 RPC 框架，提供了这四个 RPC 框架的使用示例。

第二部分为 RPC 框架核心组件（第 3 章至第 8 章），详细介绍了 RPC 框架的核心组成部分、异构语言下 RPC 框架的挑战，以及解决异构语言的方案，并且针对每个核心组成部分介绍业界常见的实现方案。基于这些核心组成部分，本部分还介绍了编写一个 RPC 框架的示例。

第三部分为服务治理（第 9 章至第 14 章），详细介绍了服务治理的核心内容，其中每章的内容相对独立，读者可按照自身所需选择对应的内容进行阅读。

本书大部分的示例采用的编程语言都是 Java，但各部分内容及其原理与语言无关，即使是没有 Java 基础的读者，也能通过本书理解 RPC 的原理和 RPC 框架的原理。

源代码与官方参考

本书示例代码位于 www.broadview.com.cn/42094 的下载资源处，读者可以从此处获取示例代码。

勘误和支持

若读者在阅读本书的过程中有任何问题或者建议，可以通过本书源码仓库提交 Issue 或者 PR，也可以关注“加点代码调调味”微信公众号并加入微信群与笔者交流。笔者十分感谢并重视读者的反馈，会对读者提出的问题、建议进行梳理与反馈，并在本书后续版本中及时做出勘误与更新。

致谢

在本书写作和出版的近一年半时间里，感谢陈晓猛编辑的鼓励和支持，同时感谢理解我的家人，让我能够借用大量陪伴他们的时间创作本书。

华钟明

目录

第1部分　RPC概览

第 2 部分 RPC 框架核心组件

第 3 部分 服务治理

第 1 部分 RPC 概览

chapter 1

第1章 初识 RPC

在编程的世界中，技术在不断革新，从 1946 年 2 月第一台计算机（ENIAC）诞生至今，计算机经历了近百年的发展，每一代人都为计算机的发展做出了极大的贡献。我们在接触新的技术时，不应该忘记技术诞生的历史，应该了解这项技术产生的背景和原因。

笔者在刚接触 RPC 的时候，关注的是它如何实现、如何使用。在一次浏览某个博客时，偶然看到博客中提到了 *Implementing Remote Procedure Calls* 这篇有关 RPC 的经典论文。带着好奇的心态通读了一下，读完后又去了解了很多有关 RPC 的历史，了解了它的起源。当了解一件事物的起源后，首先会深刻理解它存在的意义和价值，其次会理解是什么导致它的出现，这些内容笔者都会在后续章节中一一介绍。

在本章中，希望读者的注意力集中在 RPC 的起源上，这样会更加深刻理解 RPC。因此本章首先介绍计算机的核心处理器，因为计算机的核心处理器和 RPC 的关系非常紧密。然后介绍 RPC 的起源、基本组成部分和执行过程，让读者能够对 RPC 有整体的了解。

1.1 计算机核心处理器简介

为什么在谈及 RPC 的时候先要了解计算机的核心处理器？因为计算机软件技术的发展离不开计算机的硬件。正是因为处理器的发展，才为 RPC 提供了良好的硬件基础。

要理解单处理器、多处理器、单核处理器、多核处理器这些概念，首先要了解中央处理器，中央处理器也就是 CPU（Central Processing Unit），它作为计算机系统的运算和控制核心，是信息处理、程序运行的最终执行单元。它能够对计算机的所有硬件资源（如存储器、输入/输出单元）进行控制调配，并且负责执行通用运算。

计算机中除了中央处理器，还有用来绘制图像的图像处理器 GPU（Graphics Processing Unit）。为了统一，下面提到的处理器都指中央处理器。

处理器的发展历程有几个非常重要的时间点，根据系统所需的 CPU 数量和类型，可以分为单核处理器系统、多核处理器系统和多处理器系统。

1.1.1 单核处理器系统时代

单核处理器系统时代指的是 CPU 发展初期，当时只有单核的 CPU，系统只能使用单处理器。单核处理器系统时代有 CPU 诞生和 CPU 被应用于个人电脑这两个重要的时间点。

第一个时间点是 1971 年，世界上第一块处理器 4004 在 Intel 诞生，处理器 4004 是一个只包含 2300 个晶体管的 4 位 CPU，当然它也是一个单核处理器，它的功能相当有限，速度非常慢，当时它仅用于计算器的计算，但处理器 4004 的出现是具有划时代意义的。

CPU 的晶体管数量影响着 CPU 的主频，而主频就是 CPU 每秒可以执行的运算次数，所以在一块芯片上集成的晶体管数目越多，意味着主频就越大，它在很大程度上影响 CPU 的运算速度，但并不能代表 CPU 的整体性能，因为 CPU 的运算速度还要看 CPU 的流水线、总线等各方面的性能指标。举个例子，假设某个 CPU 在一个时钟周期内执行一条运算指令，那么当 CPU 运行在 100MHz 主频时，将比它运行在 50MHz 主频时的速度快一倍。因为 100MHz 的时钟周期比 50MHz 的时钟周期占用时间减少了一半，也就是运行在 100MHz 主频时的 CPU 执行一条运算指令所需时间仅为 10ns，比运行在 50MHz 主频时的 20ns 缩短了一半，自然运算速度也就快了一倍。

当时还出现了业界非常流行的一个定律——摩尔定律，它是由当时 Intel 联合创始人之一戈登·摩尔（Gordon Moore）提出来的，他认为每过 18 个月，芯片上可以集成的晶体管数目将增加一倍。

从这之后 CPU 飞速发展，CPU 主频的速度提高得非常快，几乎每一种新的芯片都会增加大量的晶体管。当然 CPU 的飞速发展并不仅仅是因为 Intel，1975 年 AMD 进入这个领域，在

CPU 的技术领域和 Intel 开始正面较量。两家公司在该领域的竞争，才是加速 CPU 领域飞速发展有效的催化剂。

第二个时间点是 1979 年，Intel 推出了 16 位处理器 8088 芯片。该芯片内含 29000 个晶体管，主频为 4.77MHz，寻址范围仅仅是在 1MB 内存内。1981 年 8088 芯片首次成功用于 IBM PC 机，从此开始了全新的微机时代。

在后续的近 30 年里，CPU 也没有停止发展的步伐，1985 年至 1992 年，Intel 和 AMD 相继推出了 32 位处理器。1993 年至 2005 年，Intel 推出了奔腾系列处理器，这 12 年是奔腾系列处理器的时代。再之后 CPU 的发展面临了瓶颈，才出现了多核处理器。

1.1.2 多核处理器系统时代

前面提到增加晶体管、提高主频，就可以提升 CPU 的运算速度。在 2005 年，当时的 CPU 主频已经接近 4GHz，Intel 和 AMD 发现，速度也会遇到自己的极限。也就是说，单纯地提升主频已经无法明显提升系统整体性能。比如当时 Intel 发布的采用 NetBurst 架构的奔腾 4 系列 CPU，它增加了每个时钟周期内同时执行的运算次数，达到较高的主频。主频虽然提高了许多，但由于流水线过长，使得单位频率的效能很低，整体性能的提升效果并不明显。并且由于晶体管数量和缓存数量的增加，以及漏电流的控制不利，导致功耗大量增加。而随着功耗的上升，超快单核芯片的冷却代价也越来越高，它要求采用更大的散热器和更有力的风扇，所以散热也成为一个巨大的挑战。当时推出的几款 CPU 的性能还不如早些时间推出的低主频产品。当初提出“摩尔定律”的戈登•摩尔也公开表示，引领半导体市场接近 40 年的“摩尔定律”，在未来 10 年至 20 年内可能失效。这让 Intel 和 AMD 重新思考提升 CPU 性能的方案。

最早的多核指的是双核，“双核”的概念是由 IBM、HP、Sun 等支持 RISC 架构的高端服务器厂商提出的，不过由于 RISC 架构的服务器价格高、应用面窄，没有引起市场广泛的关注。而在单核处理器性能达到瓶颈时，多核处理器让提升处理器性能这件事情又变得有希望了。多核简单来说就是一个 CPU 内含多个核心（core），核心又称为内核，是 CPU 最重要的组成部分。CPU 所有的计算、接收/存储命令、处理数据都由核心执行。多核处理器的出现，既可以继续改善处理器的性能，又可以暂时避开功耗和散热的难题。在 2005 年，率先推出双核 CPU 的是 Intel，2005 年被认为是“双核元年”，揭开了双核平台的新篇章。2005 年 4 月，Intel 推出了简单封装双核的奔腾 D 和奔腾 4 至尊版 840。而 AMD 也紧随其后，发布了双核皓龙和速龙 64 X2 处理器。2006 年 7 月 23 日，Intel 基于酷睿（Core）架构的处理器正式发布。2006 年 11 月，又推出面向服务器、工作站和个人电脑的至强（Xeon）5300、酷睿双核和四核至尊版系列处理器。与上一代台式机处理器相比，酷睿 2 双核处理器在性能方面提高了 40%，功耗反而降低了 40%。

AMD和Intel虽然都推出了双核处理器产品，但它们的双核技术在物理结构上有很大不同。AMD将两个内核做在一个Die（晶元）上，也就是两个核心整合在同一片硅晶内核之中，通过直连架构连接起来，集成度更高。Intel则是将放在不同Die（晶元）上的两个内核封装在一起，它的每个核心采用独立式缓存设计，在处理器内部两个核心之间是互相隔绝的，它通过处理器外部的仲裁器负责两个核心之间的任务分配和缓存数据的同步等协调工作。所以有人将Intel的方案称为“双芯”，认为AMD的方案才是真正的“双核”。后来两家公司都推出了两种物理架构的产品。无论哪种物理架构，它们的思想都是增加核心来提升CPU的性能，从而提升整个系统的性能。

从单核处理器发展到多核处理器如此迅速，除了Intel和AMD的互相博弈，还有一个非常重要的原因，那就是市场需求。曾经计算机只是用来计算，如今计算机能做非常多的事情，各行各业都已经离不开计算机。市场需求越来越大，对计算机的算力和性能的要求也越来越高，因为只有高效的计算机才能够为工作带来便利。而CPU的性能是影响系统性能非常重要的因素之一，所以才会带动处理器的迅速发展。

1.1.3 多处理器系统时代

前面介绍了计算机的CPU发展历程，我们的关注点也是在单个处理器的性能提升上。我们最终的目标是提升整个系统的性能，除了提升单个处理器的性能，我们还可以让多个CPU协同为一个系统工作。下面介绍单个多核处理器和多个单核处理器的区别。

从性能角度看，单个多核处理器的性能最好，而多个单核处理器的性能较差，为什么还会有制造商制造单核处理器呢？因为多个单核处理器的成本要比相同核数量的单个多核处理器低得多。多核处理器对于制造工艺的技术要求也非常高，导致它的制造成本很高。随着系统对于性能的要求越来越高，不可能一直希望处理器的核心数无限增加，因为如果核心数目太多，就会导致多个核心共同完成一个任务或多个互相关联的任务时，任务的划分和调度、子任务之间的通信、互锁等问题变得非常复杂，非常难以优化。除了任务的并行执行问题变得尤为复杂，存储器一致性问题也会变得复杂。在多个核心共同完成一个任务或多个互相关联的任务的情况下，如果它们共用一个存储空间，则需要确保同一地址中读出的数据是相同的，同时还涉及公用存储器数据的更新、备份等问题。核心数目越多，同一时段内就有越多的写入/读出请求需要协调，问题也就越复杂。以上问题的复杂性都会随核心数目增多而呈指数级增长。

所以在选择使用少量的多核处理器还是大量的单核处理器时，就需要根据系统的需求进行评估。多处理器常见于分布式系统，而多处理器架构最大的瓶颈就是I/O，尤其是各个CPU之间的通信，但是多处理器架构更加简单清晰，容易扩/缩容。单个多核处理器则适用于对I/O速度要求较快的系统。由于单个多核处理器方案和多个单核处理器方案都太过于极端了，目前很多系统都兼用两个方案，它们会选择多处理器，且处理器一般是多核的，但单个处理器不会拥有太多的核心数，基本在 2～4 个核心左右，因为还需要考虑成本问题。

1.2 IPC 简介

无论从单核进阶到多核，还是从单处理器进阶到多处理器，本质上都是增加了核心数。它们都增加了 CPU 的资源，并且通过多个核心之间协同工作来提升系统性能的。

起初一台机器上只有一个 CPU，虽然 CPU 会分时间片执行多个进程，但是每个时刻却仅有一个程序执行，也就是每个时刻只有一个进程可以占用 CPU 资源。这时计算机系统关注的是如何保证每个进程可以被高效地执行，而不会出现个别进程“饥饿”的情况。正因为有这样的难题，处理器也出现了各种调度策略，比如先来先服务策略、最短进程优先策略、最短剩余时间策略等，同时进程也增加了优先级，调度程序总是优先选择具有较高优先级的进程。这个阶段类似于人类历史上的自给自足阶段，当时人们都只守着自己的一亩三分地，生活的必需品都由自己创造。但是这样的生产生活效率很低，因为一个人可能要兼顾种地、畜牧等多方面的工作。

因为人们的需求量越来越大，这种自给自足的状态已然无法满足人们日益增长的需求，所以出现了物物交换，甚至出现了货币。通过货物交换的形式，人们就无须一个人做多样事情，比如一户家庭畜牧，另一户家庭种地，那么这两个家庭就能通过等价值的物品交换来得到另外一家的物品。这种交换形式的出现，让人们可以通过自己的劳动成果去换取别人的劳动成果，相当于两个人在同时生产，最后通过交换一定量劳动成果来满足双方的需求，而每个人都可以专注做一项工作，工作效率也有了显著的提升。这种状态就类似于计算机的多个处理器同时工作，在一台机器上有多个处理器，也就是前面提到的多处理器系统，多处理器系统彼此可以交换数据，并且共享内存、I/O 通道、控制器和外部设备，线程可以真正做到并行处理。显而易见，并行处理会大大提升计算机的性能。如果每个处理器都自顾自执行进程，那么就和一台机器只有一个 CPU 没什么区别。多处理器系统的出现，主要是因为进程间通信技术，也就是常说的 IPC。

IPC（Inter-Process Communication）就是进程间通信，它指的是在不同进程之间传播或交换信息的技术。因为进程的用户空间是相互独立的，一个进程不能直接访问其他进程的用户空间，所以如同声音传播需要介质一样，进程间传播信息也需要介质。除了共享内存区，系统空间也是进程的公共空间，进程可以在系统空间中进行数据交换。

IPC 最先出现在 UNIX 系统中，当时的 UNIX IPC 只包含三种通信方式，分别是管道、命名管道（FIFO）和信号。

管道是一种半双工的通信方式，数据只能单向流动，它只能用于具有亲缘关系的进程间通信。命名管道克服了管道没有名字的限制，因此，除了具有管道的所有功能，它还支持无亲缘关系的进程间通信。信号是比较复杂的通信方式，用于通知接收进程某个事件已经发生，除了用于进程间通信，进程还可以发送信号给进程本身。

除了早期的 UNIX IPC，AT&T 的贝尔实验室对 UNIX 的通信手段进行了改进和扩充，形成了 System V IPC。System V IPC 包含的进程间通信方式有 System V 消息队列、System V 信号量和 System V 共享内存区。因为 UNIX 版本众多，所以 IEEE 开发了一个独立的 UNIX 标准，它就是计算机环境的可移植性操作系统界面（POSIX），现有大部分 UNIX 流行版本都是遵循 POSIX 标准的。POSIX IPC 同样包括 POSIX 消息队列、POSIX 信号量和 POSIX 共享内存区。

消息队列是消息的链接表，包括 POSI 消息队列和 System V 消息队列。有足够权限的进程可以向队列中添加消息，被赋予读权限的进程可以读取队列中的消息。消息队列克服了信号承载信息量少、管道只能承载无格式字节流和缓冲区大小受限等缺点。信号量是一个计时器，可以用来控制多个进程对共享资源的访问，它经常作为一种锁机制，防止某个进程正在访问共享资源时其他进程也访问该资源，主要作为进程间及同一进程不同线程之间的同步手段。共享内存就是映射一段能被其他进程所访问的内存，使得多个进程可以访问同一块内存空间，是最快的可用 IPC 形式，共享内存是针对其他通信机制运行效率较低而设计的。共享内存往往与其他通信机制如信号量结合使用，实现进程间的同步及互斥。

上面这些都是在单机条件下进行的进程间通信，BSD（加州大学伯克利分校的伯克利软件发布中心）却跳出了单机的限制，形成了基于 Socket（套接字）的进程间通信机制。在后续的发展中出现了 Linux IPC，也是我们日常用到的 Linux 系统中的进程间通信技术。Linux IPC 结合了 System V IPC 和基于 Socket 的 IPC，包含管道、命名管道、信号、消息队列、信号量、共享内存区和套接字这七种方法，并且因为 Linux 从一开始就遵循 POSIX 标准，所以它的消息队列、信号量和共享内存区还可以分为 POSIX 和 System V 两种类型。

可以看到进程间通信还是存在很多方式的，其实所有的通信方式源于一个现在热门的词，叫作共享。在机器内部，每个进程无非都是在共享机器资源。所以机器资源的合理利用就变得至关重要。比如一个应用程序非常复杂，但是可以被拆分成两个独立的部分，这两个独立的部分由两个进程执行，如果机器只有一个 CPU，那么某一时刻只有一个进程在执行，如果拥有两个 CPU，就可以让两个进程同时执行，而进程的执行结果可以通过 IPC 进行传递，这样就能够合理利用多个 CPU 的优势，提高 CPU 的利用率。现在比较火热的微服务就是基于这个思路实现的，将单体应用拆分成多个应用，分别部署到不同的机器上，通过 RPC 实现进程执行结果的通信。

1.3　RPC 简介

RPC（Remote Procedure Call）叫作远程过程调用，它是利用网络从远程计算机上请求服务，可以理解为把程序的一部分放到其他远程计算机上执行。通过网络通信将调用请求发送至远程计算机后，利用远程计算机的系统资源执行这部分程序，最终返回远程计算机上的执行结果。将“远程过程调用”概念分解为“远程过程”和“过程调用”来理解更加直观。

- 远程过程：远程过程是相对于本地过程而言的，本地过程也可以认为是本地函数调用，发起调用的方法和被调用的方法都在同一个地址空间或者内存空间内。而远程过程是指把进程内的部分程序逻辑放到其他机器上，也就是现在常说的业务拆解，让每个服务仅对单个业务负责，让每个服务具备独立的可扩展性、可升级性，易维护。在每台机器上提供的服务被称为远程过程，这个概念使正确地构建分布式计算更加容易，也为后续的服务化架构风格奠定了基础。
- 过程调用：这个概念非常通俗易懂，它包含我们平时见到的方法调用、函数调用，并且用于程序的控制和数据的传输。而当“过程调用”遇到“远程过程”时，意味着过程调用可以跨越机器、网络进行程序的控制和数据的传输。

举一个下订单的例子，下订单的步骤中必然有生成订单和支付订单这两个核心逻辑。现在把生成订单的逻辑封装成订单服务部署到了机器 A 上，把支付订单的逻辑封装成支付服务部署到了机器 B 上。当用户下单时，下单的服务必然先调用 A 机器上的订单服务，获取 A 机器中返回的订单号、需要支付的金额等计算结果，然后将这些计算结果作为请求参数继续调用 B 机器上的支付服务，最终才能保证本次下单完成。其中的服务间调用就是 RPC 的理念。RPC 就好像是谈一场异地恋。两个服务之间的调用就像是一对分隔两地的情侣只能靠着手机来保持联系，远程调用中的协议就像是情侣间的暗语。当然彼此也知道如何去编写消息和解析对方的消息，这也就是 RPC 中的编/解码。RPC 中的序列化方式就好比是女朋友让你往东，你千万不能往西，或者她给你一个眼神，是告诉你她想吃东西，你千万不能误会成不想吃。只有用相同的序列化方式，才不会导致服务调用出错。有关 RPC 框架的各类组成部分会在后续章节中介绍。

RPC 是技术时代革新的产物，它是一个软件结构的概念。如果要说 RPC 能够带来什么价值，那么一定是它奠定了构建分布式应用的理论基础。在互联网发展早期，人们对互联网依赖的程度并不高，一个网站或者一个应用的流量比较小，将所有功能都部署在一起，以便减少部署的成本和复杂度。比如网上购物中的浏览商品、下单、支付都在一个进程内完成，所有模块和代码都放在一起，前后端不分离，甚至数据库服务和应用服务被部署在同一个服务器上。随着使用互联网产品的人群越来越庞大，单一应用架构在开发过程中随着系统应用越来越复杂，它所占用的资源也会越来越多，这个时候部署成本就会随之增加。而且这种架构导致多个功能模块糅杂在一起显得臃肿，线上质量也无法保证，慢慢地单一应用架构就失去了它唯一的优势，并且还暴露出容错性差、可扩展性差等一系列问题。

用户量增大，系统越来越复杂，单一应用架构已经不能满足需求，垂直应用架构随之出现。垂直应用架构是指将数据与应用分离，将庞大臃肿的单一应用根据垂直业务的划分拆解成若干互不相干的应用以提升效率。比如一个简单的商城系统，将商家的管理平台与买家的购物平台拆分分别部署。这种架构在一定程度上缓解了用户量增大带来的流量压力，只要哪个模块的流量压力大，就可以单独为这个模块水平扩容。相对于单一应用架构，它有着更好的维护性、可扩展性，也方便协同开发。但是随着业务需求的增加，不同模块之间产生了业务交互的需求。比如订单模块希望访问用户模块，查询一些收货地址等信息。为了提高业务复用性，一些业务应用必须被拆解成子业务，这个时候分布式架构随之出现。分布式架构提升了服务的灵活性、可复用性，每个服务都可以弹性扩/缩容。除此之外，分布式架构还实现了计算与存储的高可用性。而分布式架构最核心的就是利用 RPC 解决了服务之间的交互问题。所以 RPC 带来的效益也正是分布式架构带来的效益。

RPC 的出现的确为构建分布式系统带来了便利，但是分布式系统本身的问题也被暴露出来。第一个问题就是通信延迟的问题，也就是我们经常提到的响应时间变长的问题。用户的一次点击事件可能需要经过多个服务处理，每个服务都被部署在不同的机器上，这种跨机器、网络进行进程间通信出现通信延迟情况的概率一定比同一台机器内的进程间通信更大。因为 RPC 依赖于互联网，可能出现网络延迟的情况。除了网络延迟，编/解码带来的性能损耗也是 RPC 相较于 LPC（Local Procedure Call）的劣势。有关性能的问题，早期的一些设想认为通过硬件和软件两方面可以一起解决这个问题，比如硬件的发展、虚拟内存技术等。随着网络技术的发展，网络通信速度不断提升，降低了 RPC 受网络延迟的负面影响，网络延迟也不再是 RPC 发展的障碍。除了 RPC 带来的延迟和性能问题，服务节点之间的网络通信也是不可靠的，可能出现乱序、内容错误、丢数据等问题。随着网络技术的发展，这些问题也出现了对应的解决方案。

第二个问题就是地址空间被隔离。内存地址只有在同一台机器上才是有效的，在一台机器上可以通过共享内存来实现地址空间不被隔离，但在跨网络上地址空间是完全隔离的。比如在使用指针时，本地地址空间中的指针在另一台机器上是没有意义的。RPC 虽然可以通过一些编程范式来隐蔽本地调用和远程调用的本质区别，但必须让开发者知道二者之间的区别。因为如果开发者不知道这个区别，还是按照本地调用的方式使用指针，则会出现不符合预期的结果，这无疑增加了开发者的开发成本。

第三个问题是局部故障。如果所有服务部署在一台机器上，那么机器故障会导致机器上所有模块和系统出现故障。但在分布式架构中，不同服务被部署在不同的机器上，服务节点变多。当服务出现故障时，很有可能仅仅是其中一个或者几个节点发生故障。而部分节点故障，在早期没有一个公共的组件可以充当发现或者通知该节点故障的角色。但是现在，可以用注册中心来解决该问题，注册中心的相关内容在第 3 章会详细介绍。除了故障的发现和通知需要引入新的组件，故障类型也因为 RPC 而变得模糊，在定位问题上变得复杂。比如局部故障问题中网络链路的故障与该链路上远程机器的处理器故障就无法区分。除了发现问题和定位问题的难度上升，在解决局部故障上的难度也不小。因为出现局部故障后，需要保证整个集群的处理结果是一致的。比如需要通过分布式事务解决方案来保证整个集群所有节点写入数据的操作是一致的，不会因为局部故障而出现故障节点写入失败但是非故障节点写入数据成功，导致无法保证数据一致性的问题。这些故障相关的问题都是因为引入 RPC 后才出现的。

第四个问题就是并发问题。在分布式架构中，每个服务都有多个节点，如果多个节点同时对某个服务发起调用，就会产生并发问题，并发问题会导致各种意想不到的结果。虽然本地调用也存在多线程的并发调用问题，但非分布式架构是完全可以控制调用顺序的，然而分布式架构引入了真正的异步操作调用，无法做到完全控制调用顺序。因为每个节点在不同的机器上，它们发起调用的时间没有被统一管控，也无法管控。

以上是 RPC 引入的问题，它们也是分布式架构面临的挑战。虽然这些问题的确挺棘手，但这些问题也慢慢有了对应的解决方案或者改善方案，让这些问题不再阻碍分布式架构的发展。

1.4 RPC 的发展历程

RPC 的诞生不是偶然的，它是整个 IT 时代发展大背景下的产物。影响 RPC 诞生的因素之一就是前面提到的硬件技术的发展。从硬件技术的发展历程能够看出，人们需要计算机提供更高的效率，多核处理器协同工作的技术推动了进程间通信技术的发展，从而推动 RPC 的诞生。除了硬件技术的发展，还有一个影响 RPC 诞生的重要因素就是互联网。RPC 完全依赖于互联网，两台不同机器之间的通信需要基于 Socket 的进程间通信机制才能完成。所以在此不得不提互联网大师 Jon Postel。Jon Postel 是发明互联网的功臣之一，他的一生发明了许多协议，比如在 1980 年定义了 UDP（用户数据报协议），UDP 是 TCP/IP 的一部分，允许计算机彼此发送短消息；在 1982 年定义了 SMTP（简单邮件传输协议），目前 SMTP 已成为互联网上收发邮件的事实标准；在 1985 年定义了 FTP（文件传输协议），目前 FTP 是互联网上交换文件的标准协议。在 1974 年冬，Jon Postel 发表了 RFC-674：*Procedure Call Protocol Documents Version 2*，其中尝试定义一种在包含 70 个节点的网络中共享资源的通用方法。前面提到，无论多核处理器的诞生，还是 IPC 技术，或者是 RPC，本质上都是希望能够共享系统资源、提高资源利用率，在有限的资源内让计算机发挥最大的效率。Jon Postel 就是在互联网的基础上提出如何共享资源，而这个资源正是计算机的系统资源。这个 RFC 文档拉开了 RPC 的序幕。

自从 RFC-674 被发表后，RPC 也屡次在公共文献中被讨论，有支持的，也存在质疑。形形色色的 RPC 框架相继出现，比如 SUN 公司的 ONC RPC，在 1976 年，它是首次在 UNIX 平台上普及的执行工具程序，它被用作 SUN 的 NFC 的主要部件。在 20 世纪 80 年代 Bruce Jay Nelson 博士在他发表的 *Implementing Remote Procedure Calls* 论文中提到了完整的 RPC 设计，这篇论文是 RPC 领域的经典论文，论文中的很多概念和设计被沿用到了今天。现在很多 RPC 框架的设计理念都是基于该论文中提到的 RPC 概念模型。该论文基于 Cedar 项目介绍了对 RPC 框架的设计，总结了 RPC 机制的整体结构，介绍了用于绑定 RPC 客户端的工具、传输/通信层协议的设计，以及一些性能测量方法，还包括用于实现高性能和最小化集群间负载的一些优化的描述。如果说 Jon Postel 拉开了 RPC 的序幕，那么 Bruce Jay Nelson 可以说是 RPC 的推动者。

一件新事物的出现，除了支持的呼声，往往会伴随着质疑声，因为事物总有其两面性。前面提到了以 RPC 为核心的分布式架构引入的诸多问题，这些问题在当时也有研究者提出。这里列举两个比较典型的代表。第一个代表就是 1987 年 Tanenbaum 教授发表的 *A Critique of the Remote Procedure Call Paradigm* 论文，他在论文中提到了 RPC 存在模型本身的概念问题、实现 RPC 的技术问题、客户机和服务器崩溃引起的问题、异构系统引起的问题及性能问题，并对各个方面的问题进行展开论述。他认为通信的完全透明是不可能的，而不能完全透明意味着对于程序员是部分透明的，这样反而会增加开发者工作的复杂度。第二个代表就是 1994 年 11 月，当时 SUN 公司的在职高级研究员 Jim Waldo、Geoff Wyant、Ann Wollrath 和 Sam Kendall 四人携手发表了著名论文 *A Note on Distributed Computing*，该论文也提到了 RPC 引入的延迟问题、地址隔离问题、局部故障问题和并发问题等，同样论述了引入 RPC 对整个接口设计及对开发者工作的复杂度的影响。两个代表论文中提到的很多问题的确是 RPC 要面对的问题，但是这些问题并不能阻碍 RPC 的发展甚至否定 RPC。因为 RPC 对于分布式计算意义重大，它为分布式计算做出了巨大贡献，RPC 被沿用至今，足以证明它本身的价值。他们发表的论文中指出了 RPC 的弊端，但是恰好因为有人指出了弊端，才会有人想办法去解决这些弊端。

1.5 RPC 核心组成部分

RPC 发展至今，底层的核心组成部分始终没有很大的变化。无论是几十年前的 CORBA，还是现在流行的 gRPC、Dubbo 等，它们的设计中都离不开 RPC 的五大核心组成部分。而这五大核心组成部分也正是 *Implementing Remote Procedure Calls* 论文中提到的五个部分。引用 *Implementing Remote Procedure Calls* 论文中的一句话：

> When making a remote call, five pieces of program are involved: the user, the user-stub, the RPC communications package (known as RPCRuntime), the server-stub, and the server.

大致意思就是当发起一个远程调用时，涉及五个部分：user（服务调用方）、user-stub（调用方的本地存根）、RPCRuntime（RPC 通信者）、server-stub（服务端的本地存根）、server（服务端）。这五个部分也就是 RPC 的核心组成部分，一个简单的 RPC 模型拥有一个服务调用方、一个调用方的本地存根、两个 RPC 通信包、一个服务端的本地存根和一个服务提供方。它们是 RPC 的核心抽象。服务调用方、调用方的本地存根及其中一个 RPC 通信包的实例存在于调用者的机器上，而服务提供方、服务提供方的存根及另一个 RPC 通信包的实例存在于被调用的机器上。

1.5.1 服务调用方

服务调用方也叫服务消费者（Consumer），它的职责之一是提供需要调用的接口的全限定名和方法，调用方法的参数给调用方的本地存根；职责之二是从调用方的本地存根中接收执行结果。举个例子，爸爸打电话给儿子让儿子做一件事情，需要告诉儿子具体要做的是什么事情，比如让儿子把晚饭做了。爸爸在通知儿子的时候就必须告诉儿子要做晚饭这件事情。爸爸就是这里所说的服务调用方，而儿子是服务提供方，爸爸调用了儿子做饭这个方法。等儿子做完饭后，爸爸从儿子这里得到的是这次做饭的结果，也就是这顿美味的晚饭。

1.5.2 服务提供方

服务提供方（Provider）就是上述提到的服务端，它的职责就是提供服务，执行接口实现的方法逻辑，也就是为服务提供方的本地存根提供方法的具体实现。上面例子中的儿子就是服务提供方，他提供了做晚饭的方法以供其他人调用。

1.5.3 本地存根

前面提到 RPC 会带来地址空间被隔离的问题，在远程调用的过程中，Consumer 端的地址空间中任何一个内存地址在 Provider 端都是没有意义的。除了内存地址无法匹配，在不同的机器上还可能出现位宽不同、处理器的大小端不同、编译环境导致的结构体内存布局不同、字符串编码不同等情况，这些情况都会导致在远程调用的过程中 Consumer 端的函数调用无法像本地调用一样正确匹配到真实的函数实现，从而导致函数调用失败。所以在远程调用过程中，Consumer 端发起的函数调用让 Provider 端精准地知道自己应该执行哪个函数就是必须要解决的问题，而 Stub 的存在就是为了让远程调用像本地调用一样直接进行函数调用，无须关心地址空间隔离、函数不匹配等问题。Stub 的职责就是进行类型和参数转化。如果把 Consumer 端和 Provider 端比作两个不同语种的人，那么 Stub 就类似于翻译员，虽然 Consumer 端和 Provider 端的语言不同，但是经过 Stub 处理后，两端还是能够正常地传达信息并进行沟通。

本地存根（Stub）分为服务调用方的本地存根和服务提供方的本地存根。服务调用方的本地存根与服务消费者都属于 Consumer 端，它们存在于同一台机器上，服务调用方的本地存根会接收 Consumer 的函数调用，本地存根会解析函数调用的函数名、参数等信息，整理并且组装这些数据，然后将这些数据按照定义好的协议进行序列化，打包成可传输的消息，交给 RPCRuntime。服务调用方的本地存根除了会处理服务消费者提供的方法、参数、方法参数类型等数据，还会处理服务提供方返回的结果，它会将 RPCRuntime 返回的数据包反序列化成服务调用方所需要的数据结果并传递给服务消费方。就像是两国领导人谈话时某国的领导人需要向翻译员传达自己想要讲的话，而翻译员需要将这些话翻译成对方国家的语言进行表达，并且将对方国家的领导人的讲话内容翻译后传达给本国的领导人。其中序列化和协议会分别在第 5 章和第 6 章做详细的介绍。

从服务消费方的角度来看，Stub 隐藏了远程调用的实现细节，就像是远程服务的一个代理对象，可以让服务消费方感觉调用远程服务方法就像调用本地方法一样。服务提供方的本地存根与服务提供方都属于 Provider 端，它们一起存在于同一台机器上。当 Provider 端的 RPCRuntime 收到请求包后，交由服务提供方的本地存根进行参数等数据的转化。服务提供方的本地存根会重新转换客户端传递的数据，以便在 Provider 端的机器上找到对应的函数，传递正确的参数数据，最终正确地执行真实函数的调用。等函数执行完成后，服务提供方会将执行结果返回给服务提供方的本地存根，由本地存根再将结果数据序列化、打包，最后交给 RPCRuntime。服务提供方的本地存根与服务调用方的本地存根一样都是充当了翻译员的角色。还是用上面两国领导人交谈的例子，只是两国领导人各自有自己的翻译员而已。

1.5.4　RPC 通信者

RPC 依赖于互联网，远程过程调用的本质就是远程通信，所以 RPC 必不可缺的就是通信者。就像早年远在异国他乡的游子只能通过写信向家乡的亲人传递对家乡和亲人的思念，其中缺不了邮递员辛勤的付出。*Implementing Remote Procedure Calls* 论文中的 RPCRuntime 就可以解释为 RPC 通信者，专门负责传输数据包。在该论文中提到了 RPCRuntime 的职责：

> RPCRuntime is responsible for retransmissions, acknowledgments,packetrout-ing, and encryption.

大致意思就是说 RCPCRuntime 负责数据包的重传、数据包的确认、数据包路由和加密等。在 Consumer 端和 Provider 端都会有一个 RPCRuntime 实例，负责双方之间的通信，可靠地将存根传递的数据包传输到另一端。

以上这几部分是 RPC 过程中必不可少的，理解 RPC 的这几个核心抽象概念有助于后续探索整个 RPC 的调用过程，也有助于掌握 RPC 核心细节和实现原理。

1.6　RPC 调用过程

笔者之前写过关于 Dubbo 框架的源码解析，对 Dubbo 的每一层都做了非常详细地源码解析，但是等到快写完的时候，觉得缺少了点什么。直到有一天一位读者认为直接看开源框架每一层的抽象设计和源码很难读懂，特别是对初学者很不友好。后来笔者重新回顾了自己写的每一篇博客，发现缺少了将每一层连接起来的内容，所以后面又补充了通过源码解读 Dubbo 的服务暴露过程、服务发现过程、消费端请求过程和服务端处理过程四篇博客，这才让整个源码解析专栏变得完整。正因为吸取了上面的经验，所以在“初识 RPC”一章中特别增加了“RPC 调用过程”的内容。从 RPC 的整个调用过程来了解 RPC，能够加深对 RPC 的理解，并且还能够了解 RPC 运作的原理。

RPC 调用过程可以分为四个阶段，分别是服务暴露的过程、服务发现的过程、服务引用的过程和方法调用的过程。

1.6.1 服务暴露的过程

服务暴露又称服务导出，服务导出的叫法相对于服务暴露更加形象一些。服务暴露发生在 Provider 端，根据服务是否暴露到远程可以分为两种，一种是服务只暴露到本地，另一种则是暴露到远程。

在一台机器上，一个应用服务可以认为是机器上的一个进程，当该进程启动后，如果不进行服务暴露，那么该进程不会绑定一个端口用于监听和接收 Consumer 端的连接和请求，反之，该进程会监听本地的端口。绑定并且监听本地端口的动作则是由前面提到的 RPCRuntime 完成的。比如一个 Dubbo 服务，默认的协议端口是 20880，当进程启动后，应用服务进程会监听 20880 端口。当应用进程准备好所有应该暴露的服务并且完成端口的绑定和监听后，服务暴露到本地的过程也随之结束。就像爸爸让儿子做晚饭，首先必须有一个儿子，并且这个儿子还需要有个手机号，这样爸爸才能够联系到儿子。服务只是暴露到本地，只有开发者才知道这个应用服务暴露在哪个端口。如果该机器上其他进程的应用服务要调用这个已经暴露的应用服务，那么这种调用方式就有点画蛇添足，两个服务本就在一台机器上，没有必要拆成两个应用服务，再通过 RPC 进行调用。如果别的机器需要调用暴露的服务，那么在另一台机器上需要显式地指定这台机器上部署的服务的网络地址，这样才能够成功进行远程调用。一旦这台机器的服务地址变动，调用方的远程调用就会失败，这种做法会导致客户端配置和服务端地址耦合。就像儿子的手机号换了并且没有告诉爸爸，爸爸就联系不到儿子了一样。所以在生产环境中基本都使用将服务暴露到远程的方式。

第二种方式是将应用服务暴露到远程，其中的远程其实是指有一个统一的管理中心来管理所有应用服务的地址和服务信息，这个统一的管理中心就是注册中心（Registry）。应用服务暴露到远程的第一步也是在本地绑定端口，过程与暴露到本地一模一样，但是当本地端口绑定完成后，还需要将 Provider 端的应用服务信息注册到注册中心。服务暴露过程如图 1-1 所示。

Provider 端的应用服务信息包括 Provider 端的地址、端口、应用服务需要暴露的接口定义信息等。Provider 端除了会在应用服务启动的时候将服务信息注册到注册中心，还会与注册中心保持心跳保活。如果 Provider 端某个节点异常下线，注册中心在一段时间的保活检查后，就会将该节点的信息从注册中心中移除，防止 Consumer 端把请求发送到该下线的节点上。因为业务迭代迅速，服务端的服务变动及上下线很频繁，通过注册中心管理服务的地址信息可以让客户端动态地感知服务变动，并且客户端不需要再显式地配置服务端地址，只要配置注册中心地址即可，而注册中心集群一般不会变动。注册中心的内容会在第 7 章详细介绍。

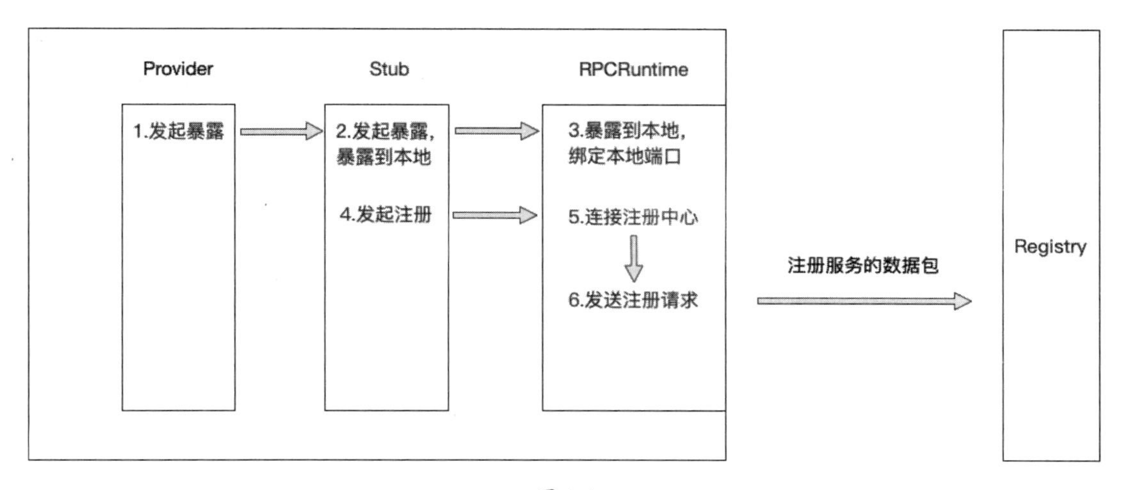

图 1-1

1.6.2 服务发现的过程

服务发现的过程发生在 Consumer 端，服务发现的过程也就是寻址的过程，Consumer 端如果要发起 RPC 调用，则需要先知道自己想要调用的应用服务有哪些服务提供者，也就是需要知道这些服务提供者的地址和端口。服务发现的方式有两种，分别是直连式和注册中心式，对应的是 Provider 端的两种服务暴露方式。

- 直连式：服务消费者可以根据服务暴露的地址和端口直接连接远程服务，但是每次服务提供者的地址和端口变更后，服务消费者都需要随之变更配置的地址和端口。这种方式不建议在生产环境中使用，更多被用来做服务测试。而且直连式不适合服务治理。如果 Provider 端的应用服务仅仅暴露在本地，则 Consumer 端只能通过直连式来做服务发现。
- 注册中心式：服务消费者通过注册中心进行服务发现。也就是服务提供者的地址和端口从注册中心获取。当服务提供者变化时，注册中心能够通知服务消费者有关服务提供者的变化。如果 Provider 端采用暴露到远程的方式暴露服务，则 Consumer 端可以选择直连式和注册中心式进行服务发现。

1.6.3 服务引用的过程

服务引用的过程发生在服务发现之后，当 Consumer 端通过服务发现获取所有服务提供者的地址后，通过负载均衡策略选择其中一个服务提供者的节点进行服务引用。服务引用的过程就是与某一个服务节点建立连接，以及在 Consumer 端创建接口的代理的过程。其中建立连接也就是两端的 RPCRuntime 建立连接的过程。还是以之前的例子为例，两国的领导人与翻译员都在各自的国家，他们只能通过电话交谈，翻译员需要通过电话来传达领导人的谈话，而拨打电话就是 RPCRuntime 建立连接的过程。

1.6.4 方法调用的过程

当服务引用完成后，Consumer 端与 Provider 端已经建立了连接，可以进行方法的调用。图 1-2 是整个方法调用的过程。

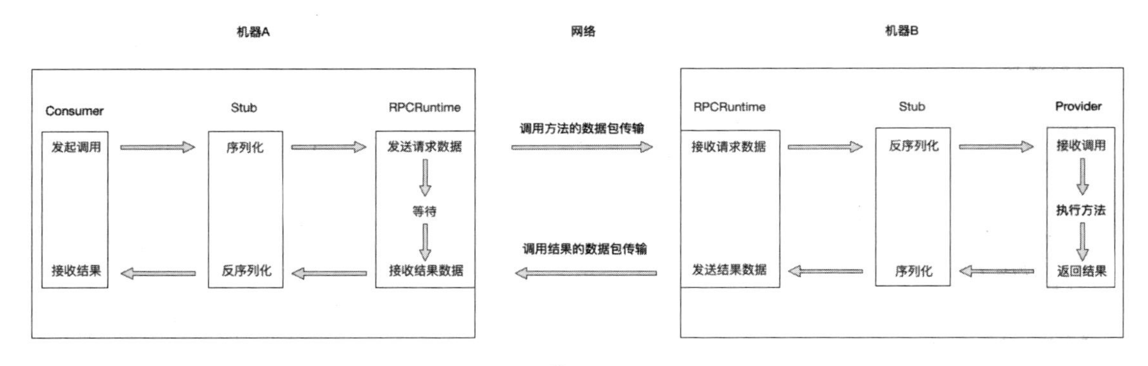

图 1-2

（1）服务消费者以本地调用方式（即以接口的方式）调用服务，它会将需要调用的方法、参数类型、参数传递给服务消费方的本地存根。

（2）服务消费方的本地存根收到调用后，负责将方法、参数等数据组装成能够进行网络传输的消息体（将消息体对象序列化为二进制数据），并将该消息体传输给 RPC 通信者。

（3）Consumer 端的 RPC 通信者通过 sockets 将消息发送到 Provider 端，由 Provider 端的 RPC 通信者接收。Provider 端将收到的消息传递给服务提供方的本地存根。

（4）服务提供方的本地存根收到消息后将消息对象反序列化。

（5）服务提供方的本地存根根据反序列化的结果解析出服务调用的方法、参数类型、参数等信息，并调用服务提供方的服务。

（6）服务提供方执行对应的方法后，将执行结果返回给服务提供方的本地存根。

（7）服务提供方的本地存根将返回结果序列化，并且打包成可传输的消息体，传递给Provider端的RPC通信者。

（8）Provider端的RPC通信者通过sockets将消息发送到Consumer端，由Consumer端的RPC通信者接收。Consumer端将收到的消息传递给服务消费方的本地存根。

（9）服务消费方的本地存根收到消息后将消息对象反序列化。反序列化出来的是方法执行的结果，并将结果传递给服务消费者。

（10）服务消费者得到最终执行结果。

服务暴露、服务发现、服务引用和方法调用这四个阶段组成了整个RPC的执行过程。下面举一个例子来将这四个阶段连接起来。现在有一个订单服务应用，其中订单服务提供了查询订单等方法。现在需要将该订单服务部署在三个节点上，分别是节点A、节点B和节点C。除了订单服务，还有一个用户服务，用户服务内的一个查询订单的功能需要调用订单服务的查询订单方法。所以这里的订单服务就是服务提供方，而用户服务就是服务消费方。订单服务每在一个节点上完成部署后，该节点的信息都会被注册到注册中心。当用户服务启动时，知道该服务依赖订单服务，所以会先从注册中心执行服务发现的过程，发现订单服务有三个节点提供服务，选择其中一个节点后，与该节点建立连接。当用户发起查看订单的请求时，用户服务会向该节点发送需要调用的方法信息，也就是查询订单方法的方法名、参数类型、参数等。等订单服务执行完成后将结果返回给用户服务，这个过程中订单服务与用户服务之间的连接一直保持活跃。当订单服务的该节点下线时，注册中心通知用户服务该节点已下线，当下次用户服务又发起对订单服务的调用时会选择另一个节点建立连接，并且发送调用请求，这就是远程过程调用的全部过程。

第2章 初览 RPC 框架

上一章围绕 RPC 这个词介绍了它的诞生、核心概念和重要组成部分，并且介绍了 RPC 的整个执行过程。本章介绍的 RPC 框架则是 RPC 的实践结晶。本章将带领读者走进 RPC 框架的世界，着重介绍 RPC 框架的市场现状，以及在对 RPC 框架做选型时应该从哪几个角度进行考量。

在介绍 RPC 框架的市场现状时，对目前比较流行的几个 RPC 框架进行介绍，分别是 Dubbo、gRPC、Thrift、Spring Cloud。在介绍这几个框架时，不会深入分析其中的实现原理，主要介绍它们的特性和使用示例。从使用 RPC 框架开始，了解不同 RPC 框架在使用上的差异。在介绍这些 RPC 框架时，会提到许多有关 RPC 框架设计原理中的一些内容，比如序列化等，这些内容会在后续章节中详细展开。如果在阅读本章时有一些内容想要深入了解，则可以直接跳到对应章节开始阅读。

2.1　RPC 框架简介

在介绍 RPC 框架之前，先来了解一下什么叫作框架。在日常生活中框架处处可见，比如建筑工程在施工时有以下流程：测量放线→土方开挖→地基验槽→垫层浇筑→防水及保护层施工→基础底板施工→地下室结构施工→外墙保温及保护层施工→土方回填→主体结构施工→砌筑施工→抹灰施工→外墙保温→外墙装饰→内墙抹灰→楼地面施工→门窗安装→小市政施工→竣工验收。

施工的整个流程是每个建筑工程必须经历的，这一整套流程就是施工框架。框架这个词对于开发者来说也很熟悉，比如网络编程框架、系统基础设施框架、企业应用框架、白盒测试框架等，在我们的身边有形形色色的框架。在编程领域中，框架是一种抽象形式，用于解决一个或一类特定的问题。它能够提供特定的功能，作为一个完整的软件平台的一部分，用来促进软件应用、产品和解决方案的开发工作。软件框架可能包含支撑程序、编译器、代码、库、工具集和 API，它把这些部件汇集在一起，以支持项目或系统的开发。

有人将框架定义为软件的半成品——软件的概念要比框架大得多，软件同样是为了解决一类特定的问题或者提供特定的能力，但是软件内包含了框架，框架解决的只是软件运行过程中的某一类问题。比如即时通信软件必不可少的一个环节就是实现网络通信，而网络编程框架可以提供实现网络通信编程的能力。除了框架和软件的概念容易混淆，框架与工具类库的概念也容易混淆。框架是由具有可复用性的一组相互协作的类组成的。随着技术的发展，软件系统越来越复杂，许多软件都会面临同一类问题，比如上述例子中提到的网络通信问题。所以为了不在每个软件开发过程中重新实现网络编程的逻辑，才提出了网络编程框架。而网络编程框架具备可复用性，它可以被运用在多个软件开发过程中。除了可复用性，框架中的类具有相互协作的特性，这也是与普通工具类库的本质区别。严格意义上说，工具类库的每个类都可以单独被使用，但是框架必须整体协作来提供一项能力。

了解了框架的概念，RPC 框架也就比较容易理解了。RPC 框架是为了实现 RPC 而衍生出来的产物。它是一个可复用的软件架构解决方案，它让开发人员不用感知 RPC 调用的实现细节。要实现一次 RPC 调用，就需要实现 Stub 和 RPCRuntime，其中涉及网络编程、序列化和反序列化等内容。RPC 框架就是封装了一切 RPC 所需的能力，为 RPC 应用开发者提供“开箱即用”的能力，以便快速实现 RPC 调用。随着服务粒度越来越细，微服务架构兴起，服务数量与服务实例数量也随之增加，服务治理相关的需求也越来越大。根据是否提供服务治理能力，可以将 RPC 框架分为两类，一类是仅提供 RPC 调用能力的 RPC 框架，另一类是除了提供基本的 RPC 调用能力，还承载了各种服务治理功能的 RPC 框架。第一类的代表有 Thrift、gRPC 等，第二类的代表有 Dubbo、Motan 等，后面会详细介绍这些 RPC 框架的特性。1.3 节已经介绍了 RPC 带来的效益，那么使用 RPC 框架可以带来哪些效益呢？

第一个效益就是降低搭建应用服务的门槛。作为一名后端开发工程师，应该对 Netty、Grizzly 这样的网络通信框架并不陌生。以 Netty 为例，早期从事网络编程的工程师必须掌握 Socket 编程，因为 Socket 是操作系统提供的接口，要让两台机器通信，只能使用 Socket 编程。而使用 C 语言编写的 Socket 库非常复杂，对开发不是很友好，导致开发能够通信的客户端和服务端非常困难。就像让你做一顿饭，如果要自己搭建炉灶、生火，则会让做饭这件事情变得异常复杂。后来 Java 等高级语言对 Socket 接口做了封装，比如 Java 引入了 ServerSocket 等类库，用于隐藏部分 Socket 接口的问题，并且在 JDK 1.4 中引入了 NIO。由于使用 Java 类库中用于网络编程的 API 还是不太方便，后来就出现了 Netty 这样的远程通信框架。就像电饭煲一样，它做了很多本该我们要做的事情，比如加热、判断米饭是否熟了等。NIO、Netty 这些内容会在第 3 章远程通信中详细介绍。在框架的演进过程中，编程变得越来越简便，对开发人员越来越友好，也大大降低了开发人员的学习成本和编程门槛。RPC 框架也是这个道理。前面提到了 RPC 的基础组成部分，这些都是在搭建一个 RPC 服务的过程中必不可少的部分。作为一个开发人员，假如工作任务是实现一个用户登录的功能，在进行工作排期的时候，你会承诺这个任务需要多久完成呢？两个小时还是两天？再不紧急的项目也绝对不允许你因为一个登录功能而花费两天工时。而在搭建一个用户服务时，如果还需要自己做封装远程通信、协议的编解码等工作，那么也许两天也不一定够。自己实现 RPC 细节，会极大增加搭建应用服务的工作难度，同样对开发人员的能力要求也会上升一个等级。但是使用 RPC 框架就不一样了，RPC 框架屏蔽了 RPC 调用的各种复杂性，开发人员不需要再关心 RPC 的实现细节，因为 RPC 框架内已经封装了 RPC 调用的整套逻辑。由此可见，RPC 框架和 Netty 等框架一样，都能减轻开发人员的开发负担，让开发人员更加快速、简单地搭建应用服务。

第二个效益就是提高开发人员的工作效率和工作质量。术业有专攻，让专业的人聚焦自己专业的领域，也就是专业的事让专业的人去做。早期一个开发人员也许要掌握前端技术栈、后端技术栈，可能还要懂运维、网络、安全。当然前端、后端这些名词也是后续才出现的。到后来开发人员的工种越来越多，划分也越来越细，出现了前端工程师、后端工程师、安全工程师，等等。现在的岗位要求再也不像以前那样希望你掌握所有技术，而是希望你在自己的领域内是专家就足够了。为什么会慢慢地演变成这样？因为一个人的精力是有限的，每人每天都只有 24 小时，在岗时间更少，如果一个开发人员的工作内容很杂，则会导致工作质量下降，工作效率也会下降。我们在开发一个系统或者参与一个项目开发时，会有多人进行协作开发，而工种划分得细致有利于展开团队协作，提高整个团队的工作效率和工作质量。近几年各大公司纷纷出现了中间件开发工程师这类工种，并且规模较大的公司都组建了自己的中间件团队，主要负责中间件产品的研发，RPC 框架也属于中间件范畴。让中间件领域的专家负责中间件的开发，让业务领域的专家负责业务的研发，因为不同领域的专家在各自领域都有绝对的优势，所以这样的分工也会提高个人的工作效率和工作质量，从而提升团队的工作效率。

前两个效益是从开发人员的角度分析得出的，第三个效益则是从公司的角度分析得出的，

RPC 框架可以减少中小型公司的人力成本，减轻公司的负担。RPC 框架也经历了许多年的迭代和发展，目前市场上有很多免费且开源的 RPC 框架，比如 Dubbo、gRPC 等。对于中小型公司来说，由于规模问题没有足够的资金支撑公司组建一个专门研发和维护 RPC 框架的研发团队，一般会使用社区免费且开源的 RPC 框架。目前许多 RPC 框架由规模较大的公司研发并且开源，它们已经非常成熟，而且开源社区也很活跃，这些 RPC 框架可以满足大部分中小型公司在搭建 RPC 服务方面的需求。而对于中小型公司来说，只要招聘会使用这些 RPC 框架的开发人员即可满足业务开发需求。使用 RPC 框架远远比懂得 RPC 框架原理或者研发 RPC 框架简单得多，所以在招聘的时候门槛也会变低，人才的选择面也会更大。

最后一个效益则是对于软件工程本身而言的，RPC 框架更加符合工程化设计。为什么开发人员的职称叫作某某工程师，因为在开发一个项目时，不应该把项目看作一个程序，而是应该把它当作一个工程。开发人员应该具备工程思维。软件工程即用工程化方法构建和维护有效的、实用的和高质量的软件。软件工程中有一套叫作软件复用的理论方法，软件复用就是用已有的软件的各种内容或者组成部分重新建立新的软件，以缩减软件开发和维护的成本，而 RPC 框架的出现就非常符合软件工程的软件复用方法。只要将 RPC 的实现细节封装成一个 RPC 框架，与业务逻辑解耦，让 RPC 框架做到高内聚、低耦合，在构建新的软件时，就可以复用旧的软件中的 RPC 框架，省去了重新编写 RPC 的实现细节的时间和人力成本，同时增加了稳定性。因为从原有软件中复用的 RPC 框架是经过验证的，规避了重新编写相关逻辑代码所带来的稳定性风险。

RPC 框架带来的效益虽然显著，但也会存在局限性，每个开源的 RPC 框架都有自己的优势，也有自己的适用场景和不足之处。后面会介绍目前 RPC 的市场现状，并且介绍几个比较流行的 RPC 框架。

2.2　RPC 框架发展及市场现状

RPC 框架对于开发人员、项目工程，甚至对公司本身而言都有着无法拒绝的效益，各大公司的开发团队也都跟上了这股技术潮流。从 RPC 概念的提出到公司内部孵化 RPC 框架，再到许多成熟的 RPC 框架被开源，整个历程中诞生了形形色色的 RPC 框架。

第一代 RPC 框架就是以 ONC RPC 和 DCE RPC 为代表的函数式 RPC。ONC RPC 以前叫作 Sun RPC。Sun 公司是第一个提供商业化 RPC 库的公司，ONC RPC 就是由 Sun 公司开发的开源 RPC 框架，ONC RPC 是第一个在 UNIX 平台上普及的 RPC 框架，它被用作 SUN 的 NFC 的主要部件，比如分布式文件系统 NFS（Network File System）就是基于 ONC RPC 实现的。直至今日，ONC RPC 仍在服务器上被广泛使用。DCE RPC 是另一个早期的 RPC 框架，其中的 DCE（Distributed Computing Environment，分布式计算环境）是一组由 OFS（Open Software Foundation，开放软件基金会）设计的组件，用来支持构建分布式应用和分布式环境。DCE 提供的服务组件包括分布式文件服务、认证服务、时间服务、命名服务、RPC 机制等，其中 DCE RPC 源自 Apollo Computer 创建的网络计算系统（NCS），DCE RPC 就是 DCE 中用于提供 RPC 调用能力的框架。当今 DCE 的主要的应用场景就是微软的 DCOM 和 ODBC 系统，它们使用 DCE RPC 在 MSRPC（Microsoft RPC）中作为网络传输层。DCE RPC 比 DCE RPC 的灵活性和易用性更强一些，ONC RPC 的服务的标识是一个 32 位的数值，无法满足标识唯一性的需求。DCE RPC 考虑到了这一缺陷，解决了开发者在编码上的难题。DCE RPC 提供了一个用于生成原型 IDN（Interface Definition Notation）文件的程序，该 IDN 文件包含唯一 ID 接口，这个 ID 是一个 128 位的数值，它由一个文件位置和创建时间的编码组成，开发者只需编辑该 IDN 文件，填写远程过程声明即可。在编译时，IDN 的编译器 dceidl 会生成客户端存根和服务端存根，用于远程调用。除了解决唯一 ID 问题，DCE RPC 还解决了 ONC RPC 只能调用某台固定机器的服务的问题。因为 ONC RPC 构建的客户端必须知道服务在哪台机器上，当它要发起服务调用时，必须询问机器上的 RPC 名称服务程序所对应的端口号。DCE RPC 引入了类似于注册中心的组件 cells，它支持管理多个机器，服务端用 RPC 守护进程（本地名称服务）注册其端口到本地机器，并且用 cell 目录服务注册其程服务到机器的映射，cell 目录服务使得每台机器知道如何与另外一台负责维护 cell 信息的服务机器交互。当 DCE RPC 搭建的客户端需要发起远程过程调用时，它首先要求其 cell 目录服务器定位服务器所在的机器，然后客户端从 RPC 守护进程处获得机器上服务进程的端口号，如图 2-1 所示。

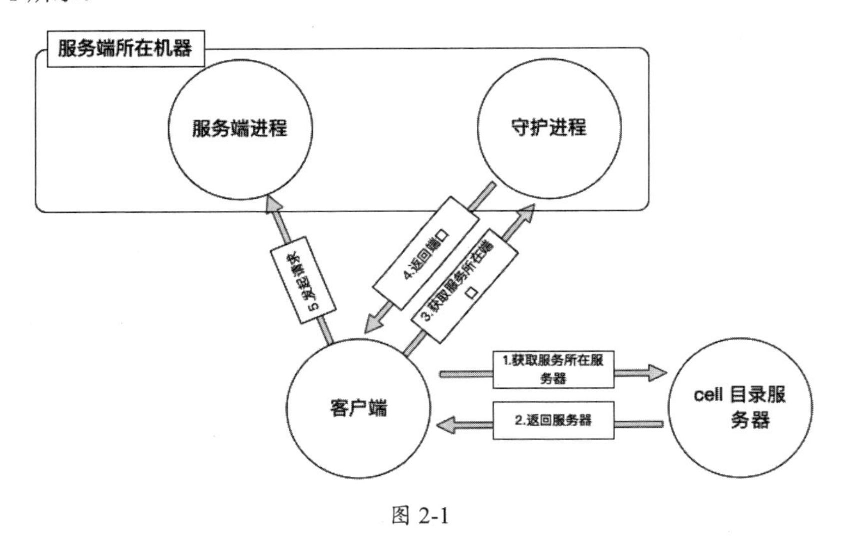

图 2-1

即便如此，DCE RPC 还是存在很多缺陷，比如某个服务进程“挂了”，它的客户端并不能感知到，还是会向该节点上发起远程过程调用，因为 cell 命名服务没有主动监听服务端健康状况的能力，也没有主动通知客户端节点信息变更的能力。如果服务端新增了服务或接口，那么客户端也无法发现。

在 20 世纪 80 年代末，面向对象的语言开始兴起。很明显，当时的 ONC ONC 和 DCE RPC 都没有提供任何支持诸如根据远程的类来实例化远程对象的特性，或者支持多态性。面向对象语言期望在函数调用中体现多态性，即不同类型数据的函数的行为应该有所不同，这一点恰恰是第一代 RPC 框架所不支持的。第二代 RPC 框架与第一代 RPC 框架最大的区别就是第二代 RPC 框架支持自动、透明方式的面向对象编程技术。第二代 RPC 框架早期的代表之一就是微软的 DCOM。1992 年 4 月，微软发布的 Windows 3.1 包括一种机制 OLE（Object Linking and Embedding）。这种机制允许一个程序动态链接到本地的其他库来实现功能。比如它可以把文字、声音、图像、应用程序组合在一起。后来 OLE 演变成了 COM（Component Object Model）。COM 是基于 Windows 平台的一套组件对象接口标准，由一组构造规范和组件对象库组成，它就是 Windows 操作系统下的进程间通信方式。COM 的着眼点在于同一台计算机上不同应用程序之间的通信需求。随着 RPC 理念的出现，Windows 操作系统下也需要有自己的 RPC 解决方案，DCOM（ Distributed Component Object Model）因此诞生。DCOM 是对 COM 的扩展，它支持不同的两台机器上的组件间的通信，无论运行在局域网、广域网，还是 Internet 上，DCOM 都能实现 RPC 调用，DCOM 基于 MSRPC，并在此基础上增加了接口和继承。1996 年，DCOM 在 Windows NT4.0 中被引入后更名为 COM+。

与 DCOM 在同一时期出现的还有 CORBA，在 1989 年，OMG（Object Management Group，对象管理组）成立，它推出了 CORBA（Common Object Request Broker Architecther，通用对象请求代理体系）。CORBA 可以算是第一个尝试提供跨平台、跨语言、企业级的 RPC 标准方案，它的目标是解决异构语言搭建的应用之间互相调用的问题。1991 年 10 月，OMG 推出了 CORBA 的 1.0 版本，该版本的内容包括用于动态请求的管理和动态调用 API。在该版本中还提供了依据 RPC 的概念模型构建的 CORBA 对象模型，并且定义了 IDL（Interface description language，接口定义语言），IDL 是跨语言调用中非常重要的解决方法，这部分内容会在第 8 章重点介绍。在 CORBA 的 1.0 版本中，IDL 仅提供了 C 语言的映射。1992 年 2 月推出的 CORBA 1.1 主要对 CORBA 内部的一些对象模型进行了调整，并且提供了 BOA（Basic Object Adapter，基本对象适配器）及其界面。CORBA 1.1 和 1993 年推出的 CORBA 1.2 都解决了大量的二义性问题。经过三年后，在 1996 年的 8 月，OMG 推出了 CORBA 2.0，这个版本最大的变动是引入了 ORB 之间的通信协议 GIOP（GeneralInter—ORBProtocol）/ IIOP（ImemaInter—ORBProtocol）。随着时间的推移，CORBA 的迭代也一直没有止步，1997 年 8 月，OMG 推出 CORBA 2.1，此时 IDL 提供了 C++语言的映射；1998 年 2 月，OMG 推出 CORBA 2.2，此时 IDL 提供了 Java 语言的映射。当时看来，CORBA 的确使开发人员在构建异构语言的应用时更加容易了，后续 OMG 还推出 CORBA 3.0。

虽然 CORBA 一直都在迭代，但是在 20 世纪 90 年代中后期，Java 及 Web 的出现，打破了这个本该 CORBA 发光发热的规则。CORBA 虽然在 2.2 版本支持了 Java 的映射，但是并没有及时给出 Web 的解决方案。商业公司并没有给 CORBA 缓冲准备解决方案的机会，而是在 Web

时代转向了其他的技术，也就是 Java EE 中的 EJB 及 Java 中的 RMI。虽然后来 CORBA 也给出了一些解决方案，包括给出了类似于 EJB 这样的组件模型。但是由于规范内的一些规划都没有落地，存在非常多的兼容性问题，并且 CORBA 中的 API 异常复杂，就算是有经验的 CORBA 开发者在编写 CORBA 应用程序时也异常困难。所以 CORBA 走向了衰败，慢慢淡出了这个市场。

J2EE 标准里也实现了兼容 CORBA 的 IIOP 远程调用协议。CORBA 的失败最终促成了 J2EE 的成功。Java 里的 RMI 成为 Java 分布式领域的官方标准，1997 年 2 月，RMI（Remote Method Invocation）在 Java 的 JDK1.1 中实现，它是在 Java 领域的网络分布式应用系统的核心解决方案之一，或者说它就是一个 RPC 解决方案。

虽然 RMI 可以解决当时 Java 领域的远程调用问题，但是它并不支持使用异构语言搭建的应用程序互相调用，而 CORBA 虽然走向衰败，但它其中的一些设计和技术还是值得借鉴的。并且 CORBA 的目标是语言和平台中立、高效通信，这个目标本身是没有错的。因为市场还存在大量的异构语言搭建的应用程序互相调用的需求，所以出现了别的 RPC 框架来实现这个宏大的目标。当时的 CORBA 专家 Marc Laukien、Matthew Newhook 及 Michi Henning 等人开发了新一代的面向对象的分布式系统中间件 Ice，它和 Ice-E、Ice Touch 都属于 ZeroC ICE，ZeroC ICE 是指 ZeroC 公司的 ICE（Internet Communications Engine）中间件平台。目前 Ice 平台支持的语言有 C++、.NET、Java、Python、Objective-C、Ruby、PHP、JavaScript 等，而 Ice 的运行库和运行环境则涵盖了 PC 平台和移动设备，PC 平台支持 Windows 和主流的 Linux 发行版，移动设备目前支持 Windows Mobile、Android 及 iOS。由于 Ice 出自 CORBA 专家之手，所以 Ice 取其精华去其糟粕，吸收了 CORBA 的一些优点，比如 IDL 设计，通过与具体编程语言无关的中立语言 Slice（Specification Language for Ice）来描述服务的接口。Ice 也改进了 CORBA 的缺点，比如精简了 CORBA 过于复杂的 API 设计，砍掉了许多不实用的功能。除了这些，Ice 也提供了自己的一些新特性，比如增加了对 UDP 传输调用的支持，支持异步调用和单向调用、批量发起请求、SSL 安全调用等特性。并且 Ice 的 RPC 调用性能很高，Ice 在一些对实时性要求很高的业务场景中都有应用案例，比如一些大型网络游戏业务场景。

21 世纪初，大量互联网公司不断兴起，越来越多的行业接触到了互联网，技术革新迅速。国内外一些规模较大的公司都开始组建开发团队来孵化自己的 RPC 框架，当 RPC 框架成熟后，部分公司就会选择开源，借助开源社区的力量来推动 RPC 框架后续的发展和迭代，让自己开源的 RPC 框架适应更多的业务场景。国外开源的 RPC 框架有 Facebook 的 Thrift、Google 的 gRPC、Twitter 的 Finagle、Pivotal 的 Spring Cloud、ZeroC 的 Ice 等，而国内开源的 RPC 框架有阿里巴巴的 Dubbo（已经捐献给 Apache 基金会）、新浪的 Motan、腾讯的 Tars 等，后面会介绍几个目前比较流行的 RPC 框架。总体来说，国外的 RPC 框架在采用率上比国内的 RPC 框架高一些，其中非常重要的原因就是国外的 RPC 框架普遍要比国内的 RPC 框架开源得早一些，比如 Dubbo 算是国内比较早期的 RPC 框架，但也是在 2011 年才对外开源的。一些项目底层的 RPC 框架很多还是国外早期的 RPC 框架，随着时间的推移，国内技术崛起，国内开源的项目也开始走向世界，国外开发者也开始采用国内的技术。

2.3 Dubbo 简介

Dubbo 是国内最早开源的 RPC 框架，在 2008 年成为阿里巴巴的 SOA 解决方案，在 2011 年由阿里巴巴对外开源，开源时仅支持 Java 语言，2014 年 10 月 Dubbo 停止维护。在停止维护的期间，部分互联网公司开源了自行维护的 Dubbo 版本，比如当当维护的 Dubbox，在 Dubbo 停止维护的阶段，使用 Dubbox 的公司也日益增加。2017 年 9 月，阿里巴巴宣布重启 Dubbo 项目，并计划在未来对 Dubbo 开源项目进行长期、持续的投入。随后 Dubbo 的迭代就变得非常频繁。2018 年 2 月，阿里巴巴将 Dubbo 捐献给 Apache 基金会，Dubbo 成为 Apache 孵化项目，经过一年多的孵化，2019 年 5 月 20 日，Apache Dubbo 正式毕业，成为 Apache 顶级项目。在 Dubbo 的生态中，支持了许多微服务架构领域中的技术，并且它设计了自己的 SPI 扩展机制来保证 Dubbo 的可扩展性，社区也在持续不断地支持各种技术，比如光注册中心 Dubbo 就支持 ZooKeeper、Nacos、Consul、etcd 等方案。整个 Dubbo 项目非常庞大，未来也需要越来越多的社区共建者参与其中。Dubbo 除了提供 RPC 本身的能力，还支持许多服务治理方面的特性，比如一些路由规则、优雅下线等。

以下是几个 Dubbo 的重要分支：

（1）2.5.x：该分支已经不再维护。

（2）2.6.x：该分支现在还在维护中，但仅处理一些 bugfix，不再集成新特性，其包名前缀是 com.alibaba，也是贡献给 Apache 之前的版本。

（3）2.7.x：该分支为目前的活跃分支，master 每次发版都会合并到 2.7.x。

（4）3.0：该分支将开启下一代云原生微服务，主要致力于云原生的支持，比如应用注册和发现、协议改造增强等。

（5）master：目前的活跃分支，包名前缀是 org.apache，也是 Dubbo 贡献给 Apache 的开发版本。

Dubbo 在十多年的发展历程中，新增了许多特性，这些特性主要分为以下三个方面。

第一就是 RPC 能力方面。Dubbo 作为一个 RPC 框架，最基础的就是提供 RPC 能力。目前 RPC 各个组成部分都有许多优秀的开源框架，比如网络通信框架有 Netty、Grizzly，序列化框架有 Hessian、Kryo 等，Dubbo 并不仅仅是选择其中一种方案，而是实现了许多方案的组合以供开发者选择，这归功于 Dubbo 强大的可扩展性和它的 SPI 设计。Java 的 JDK 也有自己的 SPI 设计，SPI 的全名为 Service Provider Interface。在面向对象的设计中，模块之间推荐基于接口编程，而不是对实现类进行硬编码，这样做也是基于模块设计的可拔插原则。为了在模块装配的时候不在程序里指明是哪个实现，就需要一种服务发现的机制，JDK 的 SPI 就是为某个接口寻找服务实现。JDK 提供了服务实现查找的工具类：java.util.ServiceLoader，它会加载 META-INF/service/目录下的配置文件。Dubbo 在 JDK 的 SPI 的基础上做了改进：

（1）JDK 标准的 SPI 只能通过遍历来查找扩展点和实例化，有可能导致一次性加载所有的扩展点，如果不是所有的扩展点都被用到，就会导致资源的浪费。Dubbo 的每个扩展点都有多种实现，例如 com.alibaba.dubbo.rpc.Protocol 接口有 InjvmProtocol、DubboProtocol、RmiProtocol、HttpProtocol、HessianProtocol 等实现，如果只是用到其中一个实现，但却加载了全部的实现，就会导致资源的浪费。

（2）修改了配置文件中扩展实现的格式，例如 META-INF/dubbo/com.xxx.Protocol 里的 com.demo.XxxProtocol 格式改为了 xxx = com.demo.XxxProtocol 这种 key-value 的形式，这样做是为了让我们更容易定位问题。比如由于第三方库不存在，无法初始化，导致无法加载扩展名“A”，当用户配置使用“A”时，Dubbo 就会报无法加载扩展名的错误，而不是报哪些扩展名的实现加载失败及错误原因。这是因为原来的配置格式没有记录扩展名的 id，导致 Dubbo 无法抛出较为精准的异常，这会加大排查问题的难度。所以改成 key-value 的形式进行配置。

（3）Dubbo 的 SPI 机制增加了对 Spring 的 IoC、AOP 的支持，一个扩展点可以直接通过 setter 注入其他扩展点。

依托于 SPI 的设计，Dubbo 在执行 RPC 调用时可以通过配置选择使用哪种通信方案和序列化方案等，当然除了 RPC 能力组件本身依赖，包括注册中心、配置中心等方案也提供了多种选择，起到了“开箱即用”的效果，这也是 Dubbo 项目异常庞大的原因之一。

第二就是服务治理能力方面。Dubbo 虽然是一个 RPC 框架，但同样是一个服务治理框架，除了提供 RPC 能力，它还提供了形形色色的服务治理能力。当服务到达一定量级时，服务治理能力至关重要，如果人工去运维这些服务，则会耗费大量人力。随着服务数量增加，人力成本也会急剧增加，并且出错率也会上升。Dubbo 提供了许多能力来支持运维及服务的管理，比如提供了 telnet 命令、Dubbo Admin 等。除了服务的运维方面，Dubbo 还提供了多种路由规则、多种负载均衡策略、多种集群容错策略等，比如路由规则有条件路由规则、标签路由规则、脚本路由规则等，负载均衡策略有基于权重随机算法的负载均衡策略、基于最少活跃调用数算法的负载均衡策略、基于 Hash 一致性的负载均衡策略、基于加权轮询算法的负载均衡策略。除了这些，Dubbo 还提供了链路追踪、链路监控等适配能力，实现更完善的服务治理。

第三就是特性配置粒度方面。Dubbo 的许多特性都是可配置的，比如超时配置、重试次数配置等。Dubbo 在提供这些特性的同时，还支持了不同粒度的配置。当配置了一个超时配置时，需要确定该超时配置的受用对象是谁，是某个接口下的一个方法，还是整个接口/应用。由此 Dubbo 提供了方法粒度、接口粒度和应用粒度的配置方式，以供用户按需选择。除了对配置粒度的划分，Dubbo 在服务发现和服务注册上也支持接口粒度和应用粒度。接口粒度是最早的实现方案，后续为了对接云原生的设计思想，Dubbo 支持了应用粒度的服务发现和服务注册。

除了特性丰富，Dubbo 还提供了丰富的使用方式。Dubbo 提供了三种使用方式，分别是 XML 配置方式、注解配置方式和 API 配置方式。Dubbo 采用 XML 配置方式可以做到透明化接入应用，对应用没有任何 API 侵入，只需用 Spring 加载 Dubbo 的配置即可，Dubbo 基于 Spring 的 Schema 扩展进行加载。除了 XML 的配置方式是基于 Spring 实现的，注解配置方式也依赖 Spring。如果不想使用 Spring 配置，Dubbo 还提供了 API 配置方式。下面是一个用 XML 配置方式搭建的 Dubbo 服务提供者和 Dubbo 服务消费者的示例。

1. Dubbo 服务提供者

第一步，添加以下依赖。

```
<dependencies>
    <dependency>
        <groupId>org.apache.dubbo</groupId>
        <artifactId>dubbo</artifactId>
        <version>2.7.7</version>
    </dependency>
    <dependency>
        <groupId>org.springframework</groupId>
        <artifactId>spring-core</artifactId>
        <version>4.3.16.RELEASE</version>
    </dependency>
</dependencies>
```

第二步，创建 DemoService.java。

```
package dubbo.samples.api;

public interface DemoService {

    String sayHello(String name);

}
```

第三步，创建 DemoServiceImpl.java。

实现 DemoService：

```
package dubbo.samples.impl;

import dubbo.samples.api.DemoService;
import org.apache.dubbo.rpc.RpcContext;

import java.text.SimpleDateFormat;
import java.util.Date;


public class DemoServiceImpl implements DemoService {

    @Override
    public String sayHello(String name) {
        System.out.println("[" + new SimpleDateFormat("HH:mm:ss").format (new Date())
+ "] Hello " + name + ", request from consumer: " + RpcContext.getContext().
getRemoteAddress());
        return "Hello " + name + ", response from provider: " +
RpcContext.getContext().getLocalAddress();
    }
}
```

第四步，使用 XML 配置方式暴露 Dubbo 服务。

创建 dubbo-provider.xml：

```
<?xml version="1.0" encoding="UTF-8"?>
<beans xmlns:xsi="http://www.w3.org/2001/XMLSchema-instance"
       xmlns:dubbo="http://dubbo.apache.org/schema/dubbo"
       xmlns="http://www.springframework.org/schema/beans" xmlns:context=
"http://www.springframework.org/schema/context"
       xsi:schemaLocation="http://www.springframework.org/schema/beans
http://www.springframework.org/schema/beans/spring-beans.xsd
       http://dubbo.apache.org/schema/dubbo
http://dubbo.apache.org/schema/dubbo/dubbo.xsd
http://www.springframework.org/schema/context
http://www.springframework.org/schema/context/spring-context.xsd">
    <context:property-placeholder/>

    <dubbo:application name="provider"/>
```

```
    <dubbo:registry address="multicast://224.5.6.7:1234"/>

    <dubbo:protocol name="dubbo" port="20880"/>

    <bean id="demoService" class="dubbo.samples.impl.DemoServiceImpl"/>

    <dubbo:service  interface="dubbo.samples.api.DemoService"  ref=  "demoService"
group="test"/>

</beans>
```

这里直接用 multicast 暴露 Dubbo 服务的服务地址，主要是因为 Dubbo 目前与注册中心强相关，必须配置 registry。

第五步，创建启动类 DemoProvider.java。

```
package dubbo.samples;

import org.springframework.context.support.ClassPathXmlApplicationContext;

import java.util.concurrent.CountDownLatch;

public class DemoProvider {

    public static void main(String[] args) throws Exception {
        ClassPathXmlApplicationContext          context          =          new
ClassPathXmlApplicationContext("spring/dubbo-provider.xml");
        context.start();
        System.out.println("dubbo service started");
        new CountDownLatch(1).await();
    }
}
```

这里直接通过 Spring 扫描 XML 来加载 Dubbo 服务，Dubbo 社区也提供了与 Spring Boot 集成的方式，用于快速搭建 Spring Boot 应用，并且实现 Dubbo 服务。本示例只是简单地展示 Dubbo 的使用，就不展开介绍使用 Spring Boot 来搭建相关的应用了。

2. Dubbo 服务消费者

第一步，编写用于做服务引用的 dubbo-consumer.xml。

```
<?xml version="1.0" encoding="UTF-8"?>
<beans xmlns:xsi="http://www.w3.org/2001/XMLSchema-instance"
       xmlns:dubbo="http://dubbo.apache.org/schema/dubbo"
       xmlns="http://www.springframework.org/schema/beans"
xmlns:context="http://www.springframework.org/schema/context"
       xsi:schemaLocation="http://www.springframework.org/schema/beans
http://www.springframework.org/schema/beans/spring-beans.xsd
       http://dubbo.apache.org/schema/dubbo
http://dubbo.apache.org/schema/dubbo/dubbo.xsd
http://www.springframework.org/schema/context
http://www.springframework.org/schema/context/spring-context.xsd">
    <context:property-placeholder/>

    <dubbo:application name="consumer"/>

    <dubbo:reference                 id="demoService"                 check="false"
interface="dubbo.samples.api.DemoService"
                     url="127.0.0.1:20880" group="test"/>
</beans>
```

该示例采用直连式，不通过注册中心进行服务发现，直接配置 URL 为本地服务的地址。

第二步，编写消费服务的逻辑，也就是发起 RPC 调用的逻辑（DemoConsumer.java）。

```java
package dubbo.samples;
import dubbo.samples.api.DemoService;
import org.springframework.context.support.ClassPathXmlApplicationContext;


public class DemoConsumer {

    public static void main(String[] args) {
        ClassPathXmlApplicationContext context = new
ClassPathXmlApplicationContext("spring/dubbo-consumer.xml");
        context.start();
```

```
        DemoService demoService = (DemoService) context.getBean("demoService");
        String hello = demoService.sayHello("world");
        System.out.println(hello);
    }
}
```

为了更直观地看到服务调用是否成功，可以在 resources 下添加一个 log4j 的配置文件（log4j.properties）：

```
###set log levels###
log4j.rootLogger=info, stdout
###output to the console###
log4j.appender.stdout=org.apache.log4j.ConsoleAppender
log4j.appender.stdout.Target=System.out
log4j.appender.stdout.layout=org.apache.log4j.PatternLayout
log4j.appender.stdout.layout.ConversionPattern=[%d{dd/MM/yy hh:mm:ss:sss
z}] %t %5p %c{2}: %m%n
```

完成配置后先启动 Provider，再启动 Consumer，就能看到在 Provider 端输出类似以下日志：

```
dubbo service started
[14:10:18] Hello world, request from consumer: /127.0.0.1:58201
```

在 Consumer 端输出类似以下日志：

```
Hello world, response from provider: 192.168.14.100:20880
```

这就意味着已经成功发起了一次 RPC 调用。

2.4　gRPC 简介

gRPC 是 Google 在 2015 年对外开源的一款语言中立、平台中立、高性能的 RPC 框架，开源后 gRPC 备受关注，在 gRPC 的官网首页一眼就能看到官方对“Why gRPC?”的回答：

> gRPC is a modern open source high performance RPC framework that can run in any environment. It can efficiently connect services in and across data centers with pluggable support for load balancing, tracing, health checking and authentication. It is also applicable in last mile of

> distributed computing to connect devices, mobile applications and browsers to backend services.

这简短的一段话概括了 gRPC 的优势，它大致意思是说 gRPC 是可以在任何环境中运行的现代开源高性能 RPC 框架。它支持负载均衡、链路追踪、健康检查和权限验证，并且这些特性都是可插拔的，它可以保证有效地连接数据中心和跨数据中心的服务。它也适用于分布式计算，并且支持将设备、移动应用程序和浏览器连接到后端服务。

gRPC 更注重 RPC 本身的能力，除了上述提到的链路追踪等可插拔能力，并没有支持过多的服务治理能力，但是 gRPC 在 RPC 调用上有许多亮点。

第一个亮点是 gRPC 采用了 Google 自主研发的 Protocol Buffers（以下简称 PB）作为序列化的解决方案，它解决了 gRPC 跨语言调用的问题。由于制定了对应的 IDL，规范了接口定义，PB 可以针对一些特殊场景做性能优化，所以 PB 的序列化性能非常高，PB 及 IDL 会在后续章节中详细介绍。

第二个亮点就是 gRPC 的传输协议采用的是 HTTP/2，HTTP/2 相较于 HTTP/1 有许多优点，在性能上也有很大的提升。gRPC 的高性能的一部分原因也归功于 HTTP/2。除了高性能，gRPC 的流式通信（Streaming Communication）特性也源自 HTTP/2。gRPC 在 HTTP/2 的基础上完美支持了所有流式通信组合：

- 客户端与服务端之间的无流式通信。
- 服务器到客户端的流式通信。
- 客户端到服务器的流式通信。
- 双向流式通信。

HTTP/2 为 gRPC 带来了许多好处，除了上述提到的流式通信，HTTP/2 的安全性也非常好，天然支持 SSL，HTTP /2 的鉴权也非常成熟，HTTP/2 天然的通用性满足各种设备和场景的要求，让 gRPC 在鉴权、跨平台方面更具竞争力。HTTP/2 本身也带来了一些局限性，目前还不能从浏览器直接调用 gRPC 服务——gRPC 大量使用 HTTP/2 功能，并且没有浏览器提供支持 gRPC 客户端的 Web 请求。例如，浏览器不允许调用者使用 HTTP/2 协议。针对浏览器的问题，目前 gRPC 也给出了对应的解决方案——gRPC-Web 是 gRPC 团队的另一项技术，可在浏览器中提供 gRPC 支持。gRPC-Web 允许浏览器应用程序受益于 gRPC 的高性能和低网络使用率。gRPC-Web 并非支持所有 gRPC 的功能，它不支持客户端和双向流，并且对服务器流的支持有限。

第三个亮点就是 gRPC 的权限验证机制丰富，它内置了以下权限验证机制：

- SSL/TLS：gRPC 具有 SSL/TLS 认证的集成，使用 SSL/TLS 认证服务器并加密客户端与服务器之间交换的所有数据。客户端可以使用可选机制来提供用于相互认证的证书。
- ALTS：ALTS 名为应用层传输安全，用于验证服务之间的通信，保证传输中数据的安全。它是由 Google 研发的安全解决方案，具有良好的可扩展性。该方案还能适应大量 RPC 的身份验证和加密需求。gRPC 支持 ALTS 作为其中一种传输安全机制，如果应用程序正在 Google Cloud Platform（GCP）上运行，则使用 ALTS 将非常方便。

- Google 的基于令牌的身份验证：gRPC 提供了一种通用机制，可将基于元数据的凭据附加到请求和响应中。对于某些身份验证流，还提供了通过 gRPC 访问 Google API 时获取访问令牌（通常为 OAuth2 令牌）的其他支持。

第四个亮点就是 gRPC 中的错误码遵循 Google API 中定义的错误码规范，而这套错误码规范与 HTTP 的错误码有对应关系，这让 gRPC 服务产生的异常能够被快速定位，并且规范的错误码也能让沟通更加顺畅。

下面是一个使用 gRPC 搭建客户端和服务端并发起 RPC 调用的示例。

第一步，编写 IDL 文件。

在 src/main 目录下创建 proto 包，并在 src/main/proto 目录下创建 greeter 包，将 proto 包标记为 Sources Root：在 IDEA 中用鼠标右键单击该文件夹，选择 Mark Dierctory as，然后选择 Mark as Sources Root。完成标记后在 proto 包下创建 message.proto 和 greeter.proto 文件。

message.proto：

```
syntax = "proto3";

option java_multiple_files = true;
option java_package="greeter";
option java_outer_classname = "MessageProto";
package greeter;

// The request message containing the user's name.
message Request {
  string name = 1;
}

// The response message containing the greetings
message Response {
  string message = 1;
}
greeter.proto:
syntax = "proto3";
```

```
option java_multiple_files = true;
option java_package="greeter";
option java_outer_classname = "GreeterProto";
package greeter;

import "greeter/message.proto";

service Greeter {
  rpc SayHello (Request) returns (Response) {}
}
```

第二步，配置 Maven 依赖和 Maven 插件。

在所在模块中加入以下依赖：

```
<dependency>
    <groupId>io.grpc</groupId>
    <artifactId>grpc-all</artifactId>
    <version>1.32.1</version>
</dependency>
```

配置 Maven 插件，主要用于编译 proto 文件：

```
<build>
    <extensions>
        <extension>
            <groupId>kr.motd.maven</groupId>
            <artifactId>os-maven-plugin</artifactId>
            <version>1.6.2</version>
        </extension>
    </extensions>
    <plugins>
        <plugin>
            <groupId>org.xolstice.maven.plugins</groupId>
            <artifactId>protobuf-maven-plugin</artifactId>
            <version>0.6.1</version>
            <configuration>
                <protocArtifact>com.google.protobuf:protoc:3.12.0:exe:
${os.detected.classifier}</protocArtifact>
```

```
                <pluginId>grpc-java</pluginId>
                <pluginArtifact>io.grpc:protoc-gen-grpc-java:1.32.1:exe:
${os.detected.classifier}</pluginArtifact>
            </configuration>
            <executions>
                <execution>
                    <goals>
                        <goal>compile</goal>
                        <goal>compile-custom</goal>
                    </goals>
                </execution>
            </executions>
        </plugin>
    </plugins>
</build>
```

配置输出路径：

```
<properties>
    <!-- Message 源文件输出目录 -->
    <javaOutputDirectory>${project.basedir}/src/main/java-message
</javaOutputDirectory>
    <!-- gRPC 源文件输出目录 -->
    <protocPluginOutputDirectory>
        ${project.basedir}/src/main/java-grpc
    </protocPluginOutputDirectory>
</properties>
```

第三步，编译 proto 文件。

配置完 Maven 插件后，只需通过 maven clean compile 命令即可完成编译，无须手动通过 protoc 工具进行编译。编译完成后，在工程下就可以看到生成了 src/main/java-message 文件夹和 src/main/java-grpc 文件夹，在 java-grpc 下会生成 GreeterGrpc.java 文件，在 java-message 下会生成 GreeterProto.java、MessageProto.java、Request.java、RequestOrBuilder.java、Response.java、ResponseOrBuilder.java 六个 Java 文件，这些文件是通过 gRPC 提供的编译工具生成的。生成的文件的具体作用将在第 8 章详细介绍。生成 Java 文件成功后，将 java-message 包和 java-grpc 包"Mark as Sources Root"，具体操作步骤见第一步。

第四步，实现具体的服务。

从上面定义的 proto 文件就可以看到我们只定义了一个服务 Greeter，并且该服务只提供一个 SayHello 的方法，所以直接实现该方法。创建一个 GreeterRpcService.java：

```java
package grpc;

import greeter.GreeterGrpc;
import greeter.Request;
import greeter.Response;
import io.grpc.stub.StreamObserver;

public class GreeterRpcService extends GreeterGrpc.GreeterImplBase {
    @Override
    public void sayHello(Request request, StreamObserver<Response> responseObserver) {
        String name = request.getName();
        Response resp = Response.newBuilder()
                .setMessage("Hello " + name + "!")
                .build();
        responseObserver.onNext(resp);
        responseObserver.onCompleted();
    }
}
```

GreeterRpcService 就是具体的实现类。

第五步，创建 Consumer 和 Provider 端。

创建 GrpcProvider.java：

```java
package grpc;

import io.grpc.Server;
import io.grpc.ServerBuilder;

import java.io.IOException;

public class GrpcProvider {
    private final Server server;

    public GrpcProvider(int port) {
```

```
        server = ServerBuilder.forPort(port)
                .addService(new GreeterRpcService())
                .build();
    }

    public void start() throws IOException {
        server.start();
    }

    public void shutdown() {
        server.shutdown();
    }
}
```

创建 GrpcConsumer.java：

```
package grpc;

import greeter.GreeterGrpc;
import greeter.Request;
import io.grpc.ManagedChannel;
import io.grpc.ManagedChannelBuilder;

public class GrpcConsumer {
    private final GreeterGrpc.GreeterBlockingStub blockingStub;

    public GrpcConsumer(String host, int port) {
        ManagedChannel managedChannel = ManagedChannelBuilder.forAddress (host, port)
                .usePlaintext()
                .build();

        blockingStub = GreeterGrpc.newBlockingStub(managedChannel);
    }

    public String sayHello(String name) {
        greeter.Request greeting = Request.newBuilder()
                .setName(name)
                .build();
```

```
        greeter.Response resp = blockingStub.sayHello(greeting);

        return resp.getMessage();
    }
}
```

第六步，编写测试应用 DemoApplication.java。

```
package grpc;

public class DemoApplication {
    public static void main(String[] args) throws Exception {
        int port = 8000;
        GrpcProvider server = new GrpcProvider(port);
        server.start();
        GrpcConsumer client = new GrpcConsumer("127.0.0.1", port);
        String reply = client.sayHello("World");
        System.out.println(reply);
        server.shutdown();
    }
}
```

执行该 DemoApplication.java 后，如果在控制台输出以下日志则说明 RPC 调用成功：

```
Hello World!
```

2.5 Thrift 简介

Thrift 是 Facebook 在 2007 年 4 月开源的一个 RPC 框架，2008 年 5 月进入 Apache 孵化器，2010 年 10 月成为 Apache 的顶级项目。在 Thrift 官网公布的白皮书中是这样介绍 Thrift 的：

> Thrift is a software library and set of code-generation tools developed at Facebook to expedite development and implementation of efficient and scalable backend services. Its primary goal is to enable efficient and reliable communication across programming languages by abstracting the portions of each language that tend to require the most customization into a common library that is implemented in each language. Specifically, Thrift allows developers to define datatypes and service

> interfaces in a single language-neutral file and generate all the necessary code to build RPC clients and servers.

第一句很好理解，它说明了 Thrift 是 Facebook 开发的一个代码生成工具库，它可以帮助开发者加快开发和实施高效且可扩展的后端服务。为什么说 Thrift 是一个代码生成库？第二句给出了解释，Thrift 提出它的主要目标是通过将每种语言中最需要自定义的部分抽象到以每种语言实现的通用库中，从而实现跨编程语言的高效、可靠的通信。通俗一点讲就是 Thrift 为了实现语言中立，它会提供各类语言的编译器来保证能够将 Thrift 定义的 IDL 转化为其他各类语言，并且做到大多数的数据类型都能够转化。这个目标就可以解释为什么 Thrift 自称是一个代码生成库了。Thrift 为什么还是一个 RPC 框架呢？在最后一句话中提到 Thrift 允许开发人员在单个与语言无关的文件中定义数据类型和服务接口，并生成所有必需的代码以构建 RPC 客户端和服务器。因为 Thrift 本身也提供了构建客户端和服务端以实现远程通信的能力，所以 Thrift 可以称为一个 RPC 框架。

图 2-2 是 Thrift 官方提供的分层架构图。

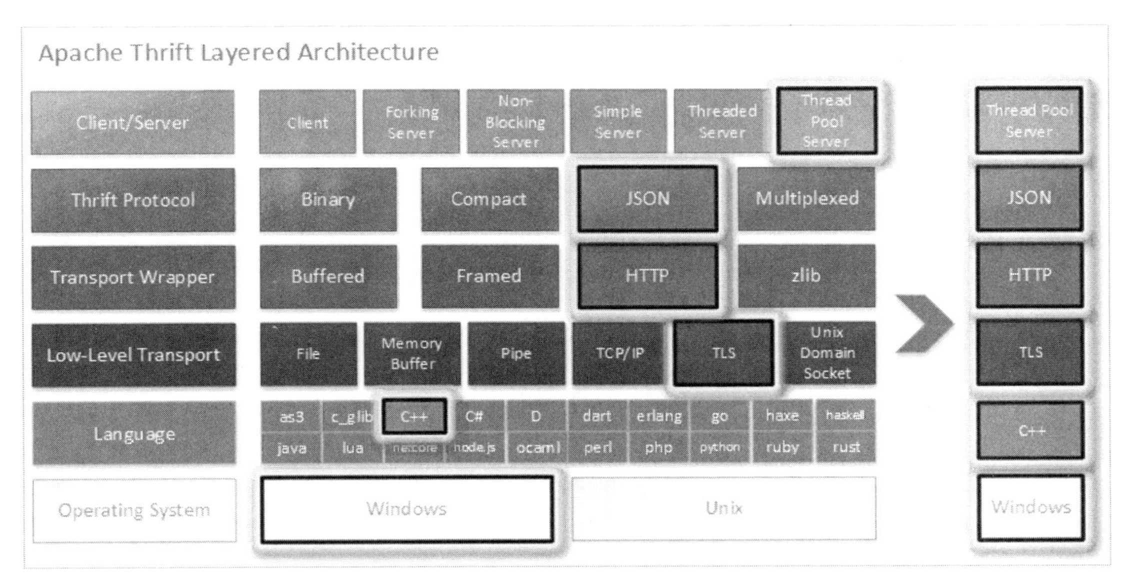

图 2-2

从架构图可以看出 Thrift 还是有不少亮点的。

第一个亮点就是 Thrift 是一款保持语言和平台中立的 RPC 框架，并且它支持的语言非常多，目前在官网中介绍的就包括 C++、Java、Python、PHP、Ruby、Erlang、Perl、Haskell、C#、Cocoa、JavaScript、Node.js、Smalltalk、OCaml 和 Delphi 等。Thrift 也设计了自己的 IDL，并且提供了

IDL 编译工具，用于将以 thrift 结尾的 IDL 文件编译成上述编程语言。Thrift 支持 Windows 系统和 UNIX 系统，可以在不同系统中编译 thrift 文件。

第二个亮点就是 Thrift 的通信传输提供了三种通信数据格式。第一种是二进制编码格式，第二种是使用 JSON 的数据编码协议。除了这两种，Thrift 还提供了一种特殊的通信数据格式，那就是 Compact，Compact 使用 Variable-Length Quantity（VLQ）编码对数据进行压缩，大大减少了通信数据包的大小，提高了通信的速度。除了这三种通信数据格式，Thrift 还在通信数据格式上做了扩展，比如 Thrift 提供了一种 TDebugProtocol，它能够在开发的过程中帮助开发者调试通信请求，它可以让请求的数据包以文本的形式进行传输，方便开发者在调试阶段可以直接抓包或者“debug”来阅读数据包的内容。

第三个亮点就是支持多种传输方式。第一种是使用阻塞式 I/O 进行传输。第二种是使用非阻塞方式，按块的大小进行传输，类似于 Java 中的 NIO。第三种就是使用文件的方式进行传输。第四种是使用内存 I/O 进行传输。第五种是使用 Zlib 压缩传输。RPC 框架中的传输方式在后续章节中会详细介绍。

Thrift 被运用在许多产品中，比如 HBase、Hadoop 等。以下是 Thrift 的使用示例。

第一步，安装 Thrift 编译工具。

下面用 Homebrew 进行安装，如果没有安装 Homebrew，则需要先安装 Homebrew。安装 Homebrew 后执行如下命令：

```
brew install thrift
```

执行以下命令检查 Thrift 是否安装成功：

```
thrift -version
```

如果在控制台输出以下内容则表示 Thrift 安装成功：

```
Thrift version 0.13.0
```

第二步，编写 IDL 文件。

在/src/main 目录下创建 thrift 文件夹，并且在 thrift 文件夹下创建一个 demo.thrift 文件，demo.thrift 文件的内容如下：

```
namespace java thrift

service GreeterServcie{
```

```
    string sayHello(1:string username)
}
```

第三步，配置 Maven 依赖。

在 Parent pom 内配置以下依赖：

```
<dependencies>
    <dependency>
        <groupId>org.apache.thrift</groupId>
        <artifactId>libthrift</artifactId>
        <version>0.13.0</version>
    </dependency>
</dependencies>
```

然后配置 Maven 关于 Thrift 编译的 plugin：

```
<build>
        <plugin>
            <groupId>org.apache.thrift.tools</groupId>
            <artifactId>maven-thrift-plugin</artifactId>
            <version>0.1.11</version>
            <configuration>
                <thriftSourceRoot>src/main/thrift</thriftSourceRoot>
                <outputDirectory>src/main/java-thrift</outputDirectory>
                <generator>java</generator>
            </configuration>
            <executions>
                <execution>
                    <id>thrift-sources</id>
                    <phase>generate-sources</phase>
                    <goals>
                        <goal>compile</goal>
                    </goals>
                </execution>
            </executions>
        </plugin>
    </plugins>
</build>
```

其中 thriftSourceRoot 是 thrift 文件所在的路径，outputDirectory 则是编译后 Java 文件输出的路径。

第四步，编译 thrift 文件。

因为配置了 maven-thrift-plugin，所以只需执行以下命令即可完成编译：

```
maven clean compile
```

该命令执行完成后，可以在 src/main/java-thrift 目录下看到一个 thrift 文件夹，thrift 文件夹下面会生成一个 GreeterServcie.java，该文件就是通过 Thrift 编译工具生成的。生成后将 java-thrift 包“Mark as Sources Root”。

第五步，实现该服务接口。

创建 GreeterServiceImpl.java：

```
package thrift;

import org.apache.thrift.TException;

public class GreeterServiceImpl implements GreeterServcie.Iface{
    @Override
    public String sayHello(String name) throws TException {
        return "Hello " + name + "!";
    }
}
```

第六步，创建 Provider 端。

创建 GreeterServiceProvider.java 文件：

```
package thrift;

import org.apache.thrift.TProcessor;
import org.apache.thrift.protocol.TBinaryProtocol;
import org.apache.thrift.server.TServer;
import org.apache.thrift.server.TSimpleServer;
import org.apache.thrift.transport.TServerSocket;
import org.apache.thrift.transport.TTransportException;
```

```
public class GreeterServiceProvider {

    public static void main(String args[]) {
        try {
            System.out.println("服务端开启....");
            TProcessor tprocessor = new GreeterServcie.Processor
<GreeterServcie.Iface>(new GreeterServiceImpl());
            TServerSocket serverTransport = new TServerSocket(33333);
            TServer.Args tArgs = new TServer.Args(serverTransport);
            tArgs.processor(tprocessor);
            tArgs.protocolFactory(new TBinaryProtocol.Factory());
            TServer server = new TSimpleServer(tArgs);
            server.serve();
        } catch (TTransportException e) {
            e.printStackTrace();
        }
    }
}
```

第七步，创建 Consumer 端。

创建 GreeterServiceConsumer.java 文件：

```
package thrift;

import org.apache.thrift.TException;
import org.apache.thrift.protocol.TBinaryProtocol;
import org.apache.thrift.protocol.TProtocol;
import org.apache.thrift.transport.TSocket;
import org.apache.thrift.transport.TTransport;
import org.apache.thrift.transport.TTransportException;

public class GreeterServiceConsumer {
    public static void main(String[] args) {
        System.out.println("客户端启动....");
        TTransport transport = null;
        try {
            transport = new TSocket("127.0.0.1", 33333);
```

```
            TProtocol protocol = new TBinaryProtocol(transport);
            GreeterServcie.Client client = new GreeterServcie.Client(protocol);
            transport.open();
            String result = client.sayHello("World");
            System.out.println(result);
        } catch (TTransportException e) {
            e.printStackTrace();
        } catch (TException e) {
            e.printStackTrace();
        } finally {
            if (null != transport) {
                transport.close();
            }
        }
    }
}
```

第八步，验证 RPC 调用。

首先启动 GreeterServiceProvider，然后启动 GreeterServiceConsumer，可以在 Consumer 端控制台输出如下日志：

```
客户端启动....
Hello World!
```

输出该日志则表示 RPC 调用已经完成。

2.6 Spring Cloud 简介

Spring Cloud 算是一个分布式系统解决方案，下面是官方对 Spring Cloud 的定义：

> Spring Cloud provides tools for developers to quickly build some of the common patterns in distributed systems (e.g. configuration management, service discovery, circuit breakers, intelligent routing, micro-proxy, control bus, one-time tokens, global locks, leadership election, distributed sessions, cluster state). Coordination of distributed systems leads to boiler plate patterns, and using Spring Cloud developers can quickly stand up services and applications that implement those patterns. They will work well in any distributed environment, including the developer’s own laptop, bare metal

> data centres, and managed platforms such as Cloud Foundry.

大致意思是说 Spring Cloud 为开发人员提供了工具，这些工具就是各种组件，用来快速构建分布式系统中的某些常见模块，比如配置管理、服务发现、断路器、动态路由、控制总线等，Spring Cloud 开发人员可以自由选择其中的组件进行搭配，满足自己在搭建分布式应用服务程序时的需求。

2.6.1 Spring Cloud 项目简介

经常有人疑惑 Spring Cloud 到底是不是一个 RPC 框架，Spring Cloud 提供了 RPC 的解决方案，所以它可以算是 RPC 框架。Spring Cloud 的生态很庞大，其中包含许多微服务架构中所需的组件。Spring Cloud 包含的子项目有三十多个，比如 Spring Cloud Netflix、Spring Cloud Config、Spring Cloud Bus、Spring Cloud Kubernetes 等，这些项目可以分为以下几类。

第一类就是各大云厂商提供的一站式解决方案的组件，比如 Spring Cloud Azure、Spring Cloud Azure、Spring Cloud for Amazon Web Services、Spring Cloud for Cloudfoundry。各大云厂商利用 Spring 的生态构建自己的云服务生态。以下 Spring Cloud 的子项目与云厂商有关：

- Spring Cloud Azure：Azure 也叫作 Microsoft Azure，是微软的公有云服务平台。在 Azure 上，微软提供了几十种服务，比如计算服务、应用服务、存储服务、分析服务等。Spring Cloud Azure 则是为该云平台量身定做的项目。Spring Cloud Azure 是一个开源项目，提供 Spring 与 Azure 服务的无缝集成。它为开发人员提供了一种 Spring 惯用的方式来连接和使用 Azure 服务，只需要很少的配置行和最少的代码更改。准备好基于 Spring 并且在云上运行的应用程序后，即可采用 Spring Cloud Azure 快速集成其他 Azure 服务，其中包括 Azure 的存储服务、数据库服务、监控服务等。Azure Spring Cloud 是 Azure 生态系统的一部分。
- Spring Cloud Alibaba：阿里巴巴在分布式领域沉淀了许多开源的组件，通过 Spring Cloud Alibaba，用户可以非常方便地集成阿里巴巴开源的组件，Spring Cloud Alibaba 为分布式应用程序开发提供了一站式解决方案。用户可以按需从 Spring Cloud Alibaba 中选择相关组件进行集成。使用 Spring Cloud Alibaba，只需要添加一些注释和少量配置即可将 Spring Cloud 应用程序连接到阿里巴巴的分布式解决方案，并使用阿里巴巴中间件构建分布式应用程序系统。除了为这些组件的接入提供便利，Spring Cloud Alibaba 同样是阿里云平台的一部分，为在阿里云上构建应用的开发者提供更便捷的开发体验，降低他们的开发难度。Spring Cloud Alibaba 包含如下开发分布式应用程序的组件：

  - Sentinel：用于流量控制、断路和系统自适应保护的组件。
  - Nacos：可用于服务注册和发现，作为注册中心的实现方案，也可以用于配置的管理，作为配置中心的实现方案。
  - RocketMQ：消息组件，可作为事件驱动和消息总线的实现方案。
  - Seata：可作为分布式事务的解决方案。
  - Dubbo：RPC 调用的解决方案。

- Spring Cloud for Amazon Web Services：Amazon Web Services 是亚马逊云计算服务平台，与 Spring Cloud Azure 和 Spring Cloud Alibaba 一样，是一种简化与托管 Amazon Web Services 的集成的方式，它降低了在亚马逊云计算服务平台上开发应用程序的难度，让开发人员可以围绕托管服务构建应用程序，无须关心底层的基础架构。Spring Cloud for Amazon Web Services 让亚马逊云计算服务平台上的服务与 Spring 结合，使 Spring 语法和 API 可以与 AWS 提供的服务进行对接及交互，方便用户集成亚马逊云计算服务平台提供的服务。
- Spring Cloud for Cloud Foundry：Cloud Foundry 是 VMware 推出的业界第一个开源 PaaS 云平台，它支持多种框架、语言、运行时环境、云平台及应用服务，使开发人员能够在几秒内进行应用程序的部署和扩展，无须担心任何基础架构的问题。Spring Cloud for Cloud Foundry 则是 Spring Cloud 与 Cloud Foundry 的集成方案，方便 Spring Boot 应用在 Cloud Foundry 上的运行和部署，并且方便在 Cloud Foundry 上运行部署的 Spring Boot 应用程序接入 Cloud Foundry 提供的服务。
- Spring Cloud GCP：Spring Cloud GCP 项目使 Spring Framework 成为 Google Cloud Platform（GCP）中应用非常广泛的框架。该项目同样对接了许多 Google 云平台上的服务。
- Spring Cloud Connectors：Spring Cloud Connectors 简化了在 Cloud Foundry 和 Heroku 等云平台（尤其是 Spring 应用程序）上连接服务并获得操作环境的过程。它旨在实现可扩展性——可以让开发人员直接使用 Spring Cloud Connectors 提供的任何一种支持的云连接器，也可以让开发人员直接为相关的云平台编写一个云连接器，它实现云平台的常用服务（关系型数据库、MongoDB、Redis、RabbitMQ）的内置支持，开发者可以通过该平台扩展的云连接器轻松地使用云平台的服务。
- Spring Cloud App Broker：Spring Cloud App Broker 提供了一个基于 Spring Boot 的框架，它使开发者能够快速创建服务代理，在提供托管服务时将其将应用程序和服务部署到平台上。该框架实现了 Open Service Broker API，Open Service Broker API 是一种标准规范，它最初由 Cloud Foundry 定义，但很快由 Kubernetes 和 OpenShift 项目提供支持，云供应商用它来定义服务并提供访问和管理这些服务的通用 API。Spring Cloud App Broker 通过该 API 来支持应用程序快速使用云平台提供的服务。

- Spring Cloud Open Service Broker 与 Spring Cloud - Cloud Foundry Service Broker：Spring Cloud Open Service Broker 已经改名为 Spring Cloud - Cloud Foundry Service Broker，完全服务于 Cloud Foundry，可以说它只是 Spring Cloud App Broker 的一种接入方式。
- Spring Cloud Kubernetes：Spring Cloud Kubernetes 是 Spring Cloud 为了能让 Spring Boot 应用可以在 Kubernetes 上构建和运行而开发的项目。该组件目前大多应用在云服务上，因为现在许多云厂商都提供 Kubernetes 环境，以支持服务上云。

第二类是消息通信相关的项目，比如事件、消息分发和消费等：

- Spring Cloud Bus：Spring Cloud Bus 也被称为消息总线，因为在 Spring Cloud Bus 中产生的消息会被所有实例监听和消费，它将轻量级消息代理程序链接到分布式系统的节点，然后使用此代理来广播状态更改或其他管理指令。一般在总线上通知的消息是所有节点都必须接收的消息，比如集群中配置变化事件就可以通过 Spring Cloud Bus 进行传递。其中消息代理也就是消息中间件，比如 ActiveMQ、Kafka、RocketMQ、RabbitMQ 等。Spring Cloud Bus 目前仅支持 Kafka 和 RabbitMQ。
- Spring Cloud Stream：Spring Cloud Stream 在 Spring Cloud 体系内用于构建高度可扩展的基于事件驱动的微服务。它是在 Spring Integration 的基础上进行了封装，同时与 Spring Boot 体系结合，是 Spring Cloud Bus 的基础，屏蔽了底层消息中间件的实现细节，希望以统一的一套 API 进行消息的发送和消费。各类消息中间件如果需要接入 Spring Cloud 体系，则需要实现 Spring Cloud Stream 的标准。
- Spring Cloud Stream Applications：Spring Cloud Stream Applications 是独立的可执行应用程序，它提供了可以通过消息中间件进行通信的能力，比如 Kafka 或者 RabbitMQ。这些应用程序可以在各种运行时平台上独立运行，包括 Kubernetes、Docker、Cloud Foundry 等。

第三类是 Spring Boot 应用程序部署、运维相关的项目：

- Spring Cloud CLI：Spring Cloud CLI 提供了一组命令行增强功能，有助于进一步抽象和简化 Spring Cloud 的部署，它为 Spring Cloud 构建的应用程序运维带来了便利，减轻了对应应用程序的运维工作。利用 Spring Cloud CLI 编写 Groovy 脚本来运行 Spring Cloud 组件的应用程序，还可以轻松地进行诸如加密和解密之类的操作。使用 Spring Cloud CLI，还可以方便地一次从命令行启动 Eureka、Zipkin、Config Server 等服务。
- Spring Cloud Skipper：Skipper 是一个工具包，它用于管理应用程序在多个云平台上的生命周期，实现应用程序的持续部署。Skipper 中的应用程序被统一捆绑为一个软件包，其中包含模板化的配置文件和一组用于填充模板的默认值。可以在安装或升级软件包时覆盖这些默认设置。Skipper 提供了一种方法来协调不同版本之间的应用程序的升级或者回滚过程，采取最小的操作集使系统进入所需状态。Spring Cloud Skipper 集成了 Skipper 的使用方式，旨在让 Spring Boot 搭建的应用程序能够使用 Skipper 提供的功能。

第四类是分布式、微服务领域、服务调用及服务治理相关的项目：

- Spring Cloud Cluster：Spring Cloud Cluster 提供了一组用于在分布式系统中构建集群功能的原语。引入分布式后也引入了一些问题，比如一致性等问题，Spring Cloud Cluster 旨在提供解决分布式问题的方案，比如 Leader 选举、集群状态的一致性存储、全局锁和一次性令牌等。
- Spring Cloud Config：Spring Cloud Config 是 Spring Cloud 给出的配置中心解决方案，它实现了对服务端和客户端中环境变量和属性设置的抽象映射，所以它除了适用于 Spring 构建的应用程序，也可以在任何其他语言运行的应用程序中使用，实现应用程序的集中化管理配置。
- Spring Cloud Gateway：该项目提供了一个用于在 Spring WebFlux 之上构建 API 网关的库。Spring Cloud Gateway 旨在提供一种简单而有效的方法来帮助请求进行正常的路由，并为它们提供跨域调用时所需的一些能力，比如跨域调用的安全性、监控指标等。Spring Cloud Gateway 还将集成熔断、根据请求特征进行路由等功能。
- Spring Cloud Netflix：Netflix 是一家提供流媒体播放平台的公司，它开发了许多微服务领域的组件，Spring Cloud Netflix 就是 Spring Cloud 集成 Netflix 一系列组件的解决方案，旨在让 Spring Boot 应用程序可以轻松地接入 Netflix 开源的组件。下面是几个 Netflix 常见的开源项目：
    - Netflix Eureka：Eureka 是一款提供服务注册和发现的产品。后续在介绍注册中心时会对 Eureka 做详细的介绍。
    - Netflix Hystrix：Hystrix 是容错框架，包含服务熔断、资源隔离等功能。
    - Netflix Zuul：Zuul 是在云平台上提供动态路由、监控、安全等边缘服务的框架，它是网关组件。
    - Netflix Archaius：Archaius 是配置管理组件，包含一系列配置管理 API，提供线程安全的配置操作、配置改变时的回调机制、配置聚合等功能。
- Spring Cloud Security：Spring Cloud Security 提供了一组原语，用于以最少的成本构建安全的应用程序和服务。它集成了 Spring Security OAuth2，提供身份认证、鉴权等功能，Spring Cloud Security 可以在外部通过配置启用一些通用模型，比如单点登录模式等。Spring Cloud Security 使得 Spring Boot 应用程序在 Cloud Foundry 等服务平台中使用鉴权等功能变得非常容易。

- Spring Cloud Sleuth：Spring Cloud Sleuth 是为 Spring Cloud 设计实现的分布式链路追踪框架，它提供了分布式链路跟踪方案与 Spring Boot 自动配置相结合的功能，方便用户使用分布式链路追踪的功能，并且它兼容了 Zipkin、HTrace、log-based 等外部的分布式链路追踪方案。
- Spring Cloud ZooKeeper：Apache ZooKeeper 是分布式应用程序协调服务，Spring Cloud ZooKeeper 是将 ZooKeeper 集成到 Spring Boot 中的解决方案。它通过自动配置的方式将 ZooKeeper 配置绑定到 Spring 的运行环境中，并将使用 ZooKeeper 的方式与 Spring 编程模型、用法相结合，为 Spring Boot 应用程序提供 ZooKeeper 的功能。只需要通过一些简单的注解，就可以快速启用和配置应用程序，使应用程序与 ZooKeeper 服务交互。目前 Spring Cloud ZooKeeper 可作为注册中心或者配置中心。
- Spring Cloud Consul：Consul 是一种服务网格解决方案，它是一个全功能控制平面，提供了运行状况检查、K-V 存储、服务发现和注册等一系列功能，这些功能既可以根据需要单独使用，也可以一起使用以构建完整的服务网格。Consul 由 HashiCorp 公司用 Go 语言开发。Spring Cloud Consul 就是 Spring Cloud 集成 Consul 的解决方案，为同时需要使用 Consul 和 Spring Cloud 的用户提供简单的接入方式。
- Spring Cloud Schema Registry：Spring Cloud Schema Registry 提供了对 Schema 数据的存储和访问，方便该数据的生产者和消费者使用。使用 Spring Cloud Schema Registry，可以以文本格式（通常为 JSON）存储 Schema 数据，并使该数据可用于需要它以二进制格式接收和发送的各种应用程序。默认情况下，Schema 数据使用 H2 数据库存储，但服务器可以通过提供适当的数据源配置与其他数据库一起使用，比如 PostgreSQL 或 MySQL 等。
- Spring Cloud Circuit Breaker：Spring Cloud Circuit Breaker 提供了不同的熔断方案之间的抽象。它提供了可在应用程序中使用的统一的 API，使开发人员可以选择最适合自己的应用程序需求的熔断方案。目前 Spring Cloud Circuit Breaker 支持的熔断方案有 Netfix Hystrix、Resilience4J、Sentinel、Spring Retry 四种。
- Spring Cloud OpenFeign：OpenFeign 是一个声明式的 Web 服务客户端，让用户编写 Web 服务客户端变得非常容易，只需要创建一个接口并在接口上添加注解即可。OpenFeign 是由 Feign 演变而来的，Feign 目前已经停止更新和维护，Feign 本身不支持 Spring MVC 的注解，它有一套自己的注解。OpenFeign 是 SpringCloud 在 Feign 的基础上支持了 Spring MVC 的注解，比如@RequesMapping 等，并通过动态代理的方式产生实现类，对引用的服务发起 RPC 调用。Spring Cloud OpenFeign 就是 Spring Cloud 将 OpenFeign 集成到 Spring Boot 应用中的解决方案。

第五类没有特殊的划分，归为其他类别：

- Spring Cloud Commons：Spring Cloud Commons 是在不同的 Spring Cloud 实现中使用的一组抽象和通用类，比如 Spring Cloud Netflix 和 Spring Cloud Consul 都可以使用 Spring Cloud Commons 中的通用类。
- Spring Cloud Contract：Spring Cloud Contract 是一个消费者驱动的契约测试框架，它会基于契约来生成存根服务，消费方不需要等待接口开发完成，就可以通过存根服务完成集成测试。在 Spring Could Contract 中，契约是用一种基于 Groovy 的 DSL 定义的。
- Spring Cloud Function：该项目致力于促进函数作为主要的开发单元，让开发者不再将 Java 对象（POJO）作为开发单元，而是采用函数式编程的思想，推广对应的编程模型。该项目提供了一个通用的模型，用于在各种平台上部署基于函数的软件，包括像 Amazon AWS Lambda 这样的 FaaS（函数即服务，Function As A Service）平台。
- Spring Cloud Task：Spring Cloud Task 允许用户使用 Spring Cloud 开发和运行短暂的微服务，并在云、本地甚至 Spring Cloud Data Flow 上运行它们。只需添加@EnableTask 并运行应用程序作为 Spring Boot 应用程序即可。Spring Cloud Task 为应用程序提供了定时任务的功能。
- Spring Cloud Task App Starters：Spring Cloud Task App Starters 的作用就是可以把 Spring Cloud Task 作为一个应用程序独立部署，Spring Cloud Task App Starters 是 Spring Boot 应用程序，它可以是任何进程，包括 Spring Batch Job，这些应用程序可以在各种运行时平台上独立运行。Spring Cloud Task App Starters 不会永远运行，一般用于短期的运行，它们会在某个时刻停止。比如需要做数据库迁移，Spring Cloud Task Starters 可与 Spring Cloud Data Flow 一起使用，用来创建、部署和编排短期数据微服务，以提供数据库迁移的功能，当迁移完成后，该应用服务也将停止。
- Spring Cloud Vault：HashiCorp 公司的 Vault 是企业级私密信息管理工具，Vault 可以存储私密信息，它不仅可以存放现有的私密信息，还可以动态生成用于管理第三方资源的私密信息。所有存放的数据都是加密的。任何动态生成的私密信息都有租期，并且到期会自动回收。它还支持滚动更新密钥、审计日志等功能。Spring Cloud Vault 是将 Vault 集成到了 Spring Boot 中，用于保存一些敏感的配置信息，比如使用 SSL 保护的信息、MySQL 凭证等，并且还提供令牌身份验证、客户端证书身份验证等功能。

由此可见，Spring Cloud 主要的发展方向就是分布式、服务调用、服务治理，以及与云厂商的对接。Spring Cloud 正因为有如此庞大的生态，用户群体也非常大。Spring Cloud 原生支持搭建的 HTTP 服务在 RPC 框架市场中优势并不大，后续会介绍通信协议对于 RPC 框架的重要性。

2.6.2　使用 Spring Cloud 的组件实现 RPC 调用的示例

1. 创建 Eureka Server

Spring Cloud 为开发者提供了友好的插件，可以直接生成对应的工程。

第一步，使用插件创建工程，进入如图 2-3 所示的界面。

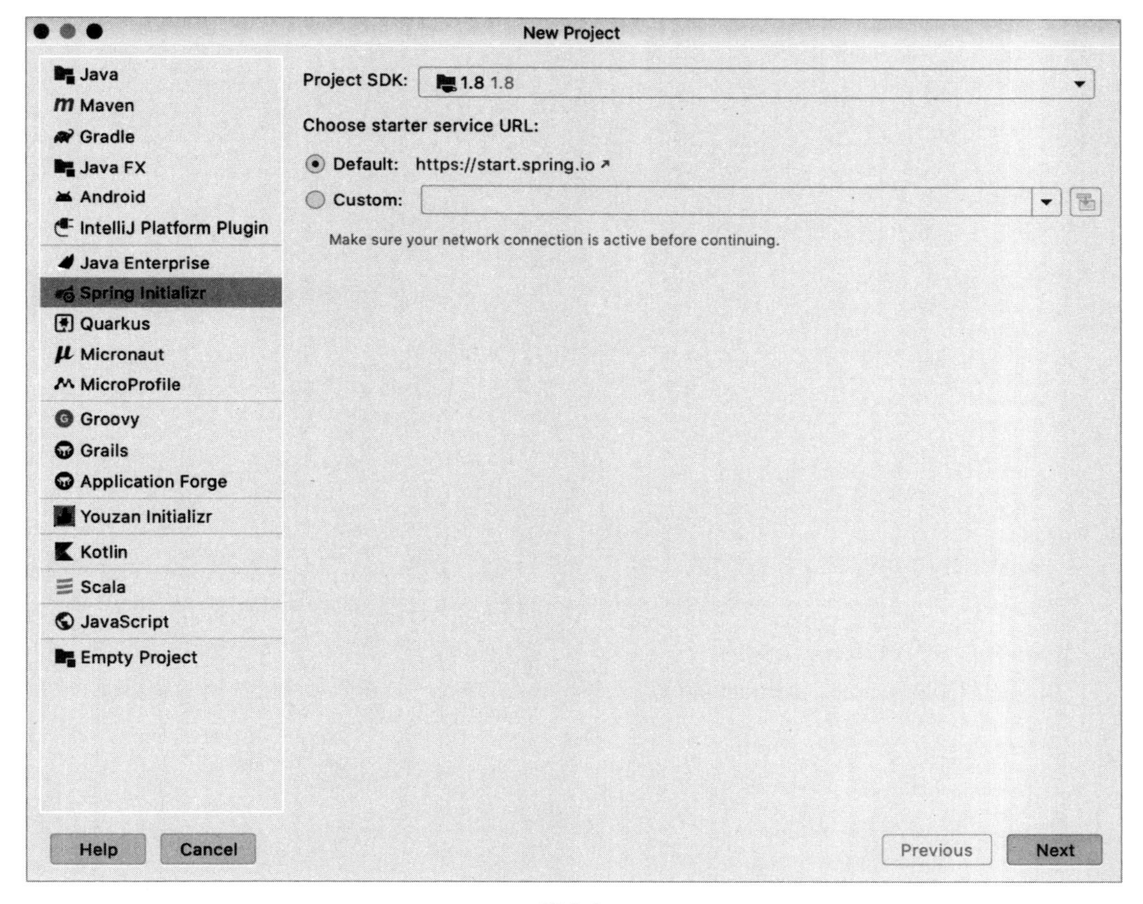

图 2-3

选择“Spring Initializr”，单击“Next”，进入如图 2-4 所示的界面。

New Project

Spring Initializr Project Settings

Group: com.example

Artifact: samples-eureka

Type: Maven Gradle

Language: Java Kotlin Groovy

Packaging: Jar War

Java Version: 8

Version: 0.0.1-SNAPSHOT

Name: samples-eureka

Description: Eureka samples project for Spring Boot

Package: com.example.sampleseureka

Help Cancel Previous Next

图 2-4

填写该应用的 Group、Artifact 等信息，然后单击“Next”，进入如图 2-5 所示的界面。

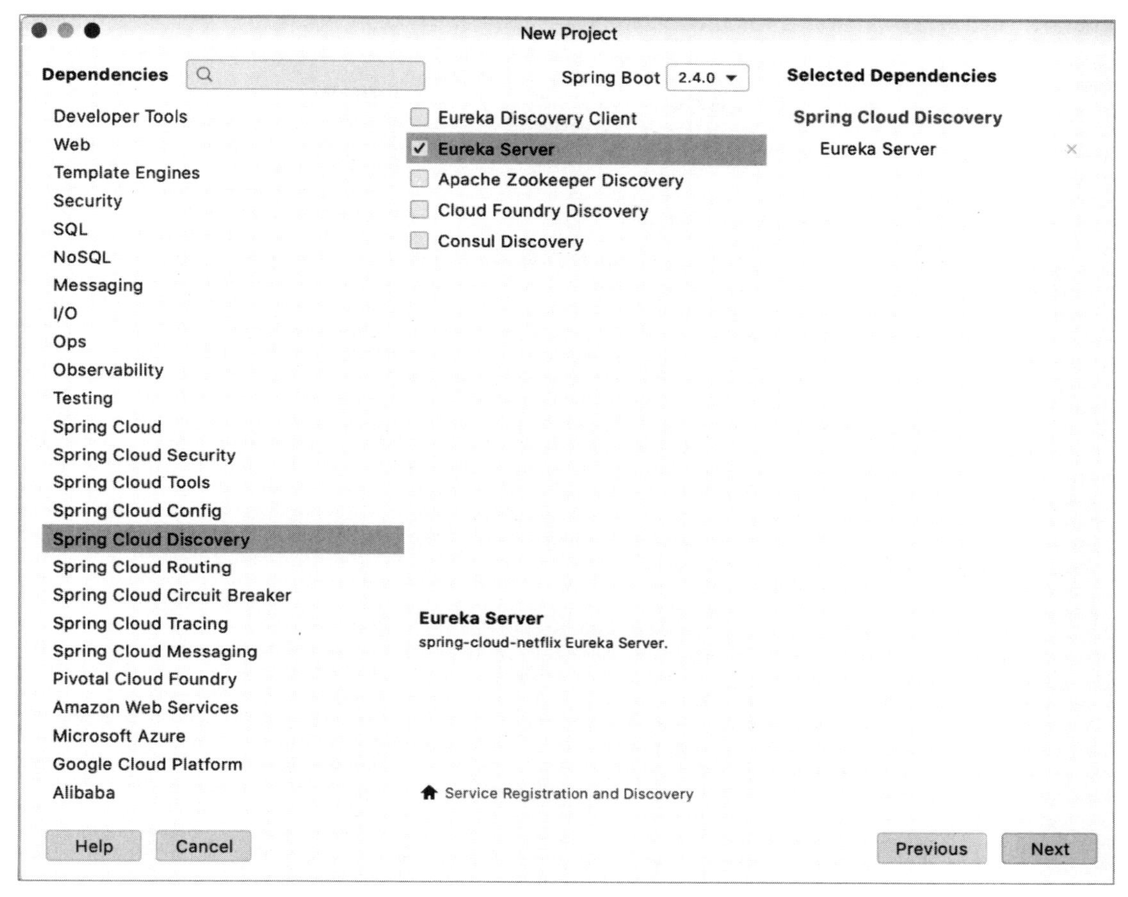

图 2-5

选择“Spring Cloud Discovery”，然后勾选“Eureka Server”，单击“Next”，即可生成包含 Eureka Server Maven 依赖的工程。

第二步，配置 Eureka Server。

在生成的工程目录下找到启动类，一般类名为 XxxApplication，在启动类中加上 @EnableEurekaServer 注解，如下所示。

```
package com.example.sampleeureka;

import org.springframework.boot.SpringApplication;
import org.springframework.boot.autoconfigure.SpringBootApplication;
import org.springframework.cloud.netflix.eureka.server.EnableEurekaServer;
```

```java
@SpringBootApplication
@EnableEurekaServer
public class SamplesEurekaApplication {

    public static void main(String[] args) {
        SpringApplication.run(SamplesEurekaApplication.class, args);
    }

}
```

然后在 resources 目录下创建一个 application.yml 文件，在其中加入如下配置：

```yaml
server:
  port: 8761 #指定运行端口
spring:
  application:
    name: eureka-server #指定服务名称
eureka:
  instance:
    hostname: localhost #指定主机地址
  client:
    fetch-registry: false
    register-with-eureka: false
  server:
    enable-self-preservation: false #关闭保护模式
```

第三步，验证 Eureka Server 是否配置成功。

启动该应用，访问 http://localhost:8761/，如果能够正常访问，则表示配置成功，并且 Server 正常启动。

2. 创建 Provider 和 Consumer

创建 Eureka Server 后，开始创建 Provider 和 Consumer。

第一步，添加依赖。

首先创建一个 Maven 工程，然后在 Parent pom 中增加如下配置：

```xml
<?xml version="1.0" encoding="UTF-8"?>
```

```
<project xmlns="http://maven.apache.org/POM/4.0.0" xmlns:xsi=
"http://www.w3.org/2001/XMLSchema-instance"
         xsi:schemaLocation="http://maven.apache.org/POM/4.0.0
https://maven.apache.org/xsd/maven-4.0.0.xsd">
    <modelVersion>4.0.0</modelVersion>
    <packaging>pom</packaging>
    <modules>
        <module>client</module>
        <module>server</module>
    </modules>
    <parent>
        <groupId>org.springframework.boot</groupId>
        <artifactId>spring-boot-starter-parent</artifactId>
        <version>2.4.0</version>
        <relativePath/> <!-- lookup parent from repository -->
    </parent>
    <groupId>com.example</groupId>
    <artifactId>samples-feign</artifactId>
    <version>0.0.1-SNAPSHOT</version>
    <name>samples-feign</name>
    <description>Feign Samples project for Spring Boot</description>

    <properties>
        <java.version>1.8</java.version>
        <spring-cloud.version>2020.0.0-M6</spring-cloud.version>
    </properties>

    <dependencies>
        <dependency>
            <groupId>org.springframework.cloud</groupId>
            <artifactId>spring-cloud-starter-netflix-eureka-client</artifactId>
        </dependency>
        <dependency>
            <groupId>org.springframework.cloud</groupId>
            <artifactId>spring-cloud-starter-openfeign</artifactId>
        </dependency>
        <dependency>
            <groupId>org.springframework.boot</groupId>
```

```xml
            <artifactId>spring-boot-starter-web</artifactId>
        </dependency>

        <dependency>
            <groupId>org.springframework.boot</groupId>
            <artifactId>spring-boot-starter-test</artifactId>
            <scope>test</scope>
        </dependency>
    </dependencies>

    <dependencyManagement>
        <dependencies>
            <dependency>
                <groupId>org.springframework.cloud</groupId>
                <artifactId>spring-cloud-dependencies</artifactId>
                <version>${spring-cloud.version}</version>
                <type>pom</type>
                <scope>import</scope>
            </dependency>
        </dependencies>
    </dependencyManagement>

    <build>
        <plugins>
            <plugin>
                <groupId>org.springframework.boot</groupId>
                <artifactId>spring-boot-maven-plugin</artifactId>
            </plugin>
        </plugins>
    </build>

    <repositories>
        <repository>
            <id>spring-milestones</id>
            <name>Spring Milestones</name>
            <url>https://repo.spring.io/milestone</url>
        </repository>
```

```xml
    </repositories>

</project>
```

然后创建 client 和 server 模块，在 server 模块与 client 模块的 pom 中都添加如下依赖：

```xml
<dependencies>
    <dependency>
        <groupId>org.springframework.cloud</groupId>
        <artifactId>spring-cloud-starter-netflix-eureka-client</artifactId>
    </dependency>
    <dependency>
        <groupId>org.springframework.cloud</groupId>
        <artifactId>spring-cloud-starter-openfeign</artifactId>
    </dependency>
    <dependency>
        <groupId>org.springframework.boot</groupId>
        <artifactId>spring-boot-starter-web</artifactId>
    </dependency>
</dependencies>
```

第二步，添加配置。

在 server 模块的 resources 目录下创建 application.yml：

```yaml
spring:
  application:
    name: DemoServer

server:
  port: 7000

eureka:
  client:
    serviceUrl:
      defaultZone: http://localhost:8761/eureka
  instance:
    prefer-ip-address: true
    instance-id: ${spring.application.name}:${server.port}
```

```
endpoints:
  restart:
    enabled: true
```

在client模块的resources目录下创建application.yml：

```
spring:
  application:
    name: DemoClient

server:
  port: 7001
eureka:
  client:
    serviceUrl:
      defaultZone: http://localhost:8761/eureka
    fetch-registry: true
    register-with-eureka: false
  instance:
    prefer-ip-address: true
    instance-id: ${spring.application.name}:${server.port}
endpoints:
  restart:
    enabled: true
```

第三步，创建Provider和Consumer。

在server模块下创建DemoServerApplication.java：

```
package server;

import org.springframework.boot.SpringApplication;
import org.springframework.boot.autoconfigure.SpringBootApplication;
import org.springframework.cloud.client.ServiceInstance;
import org.springframework.cloud.client.discovery.DiscoveryClient;
import org.springframework.cloud.client.discovery.EnableDiscoveryClient;
import org.springframework.web.bind.annotation.RequestMapping;
import org.springframework.web.bind.annotation.RestController;
```

```
import javax.annotation.Resource;
import java.util.List;
import java.util.Random;


@SpringBootApplication
@EnableDiscoveryClient
@RestController
public class DemoProviderApplication {
    @Resource
    DiscoveryClient client;

    @RequestMapping("/")
    public String hello() {
        List<ServiceInstance> instances = client.getInstances("DemoProvider");
        ServiceInstance selectedInstance = instances
                .get(new Random().nextInt(instances.size()));
        return  "Hello  World:  "  +  selectedInstance.getServiceId()  +  ":"  +
selectedInstance
                .getHost() + ":" + selectedInstance.getPort();
    }

    public static void main(String[] args) {
        SpringApplication.run(DemoProviderApplication.class, args);
    }
}
```

在 client 模块下创建 DemoConsumerApplication.java：

```
package client;

import org.springframework.boot.SpringApplication;
import org.springframework.boot.autoconfigure.SpringBootApplication;
import org.springframework.cloud.client.discovery.EnableDiscoveryClient;
import org.springframework.cloud.openfeign.EnableFeignClients;
import org.springframework.cloud.openfeign.FeignClient;
import org.springframework.web.bind.annotation.RequestMapping;
import org.springframework.web.bind.annotation.RestController;
```

```java
import javax.annotation.Resource;

import static org.springframework.web.bind.annotation.RequestMethod.GET;

@SpringBootApplication
@EnableDiscoveryClient
@RestController
@EnableFeignClients
public class DemoConsumerApplication {
    @Resource
    HelloClient client;

    @RequestMapping("/")
    public String hello() {
        return client.hello();
    }

    public static void main(String[] args) {
        SpringApplication.run(DemoConsumerApplication.class, args);
    }

    @FeignClient("DemoProvider")
    interface HelloClient {
        @RequestMapping(value = "/", method = GET)
        String hello();
    }

}
```

创建 Provider 和 Consumer 后，就可以启动应用进行验证。首先启动 Provider 端的 DemoServerApplication，启动成功后，访问 http://localhost:8761/，可以从界面上看到有一个实例被注册了，如图 2-6 所示。

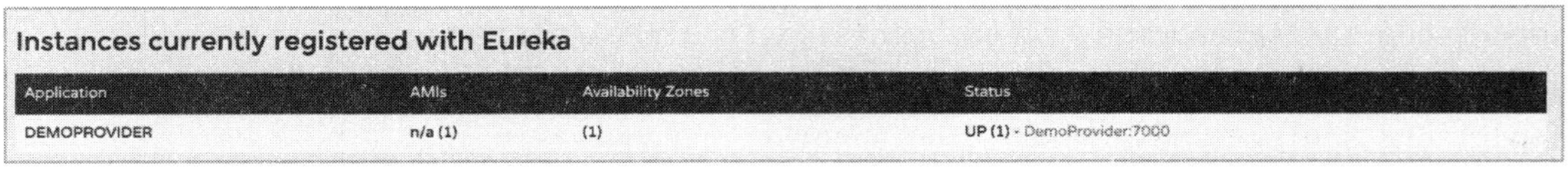

Instances currently registered with Eureka

Application	AMIs	Availability Zones	Status
DEMOPROVIDER	n/a (1)	(1)	UP (1) - DemoProvider:7000

图 2-6

然后启动 Consumer 端的 DemoConsumerApplication，等应用启动成功后，访问 http://localhost:7001，可以看到返回的内容如下：

```
Hello World: DEMOPROVIDER:172.19.220.24:7000
```

该信息表示成功发起了一次 RPC 调用，并且 Consumer 端是首先从 Eureka 中发现了该 Provider 节点，然后向该节点发起的调用。

2.7 选择 RPC 框架的几个角度

越来越多的公司开源了自己的 RPC 框架，这些框架很多都是公司内部的技术沉淀，并且已经在公司真实的业务场景下应用了。

公司使用 RPC 框架无非三个选择，第一个选择就是自研 RPC 框架，可以从 0 开始设计一款符合公司业务特征、适合公司业务场景的 RPC 框架，但是自研框架需要公司有足够的资金和人力支持。第二个选择就是基于开源的 RPC 框架进行改造，让改造后的 RPC 框架更加适合公司的业务场景。这种做法相较于第一种做法，人力成本没有那么高。但是这种做法需要经常与开源社区保持同步更新，一旦不再和社区版本同步，也许到某一个版本后，公司内部改造的 RPC 框架再也不能合并社区最新版本的特性，这种现象最终会导致慢慢向第一种选择选择靠拢。第三个选择就是完全使用开源的 RPC 框架，并且定期与社区版本进行同步。这种选择的好处在于需要投入的人力成本最低，一些问题可以借助社区的力量进行解决。但是由于业务场景的不同，直接将开源的 RPC 框架拿过来用，这种选择往往存在很多局限性。框架各部分的设计都是为了更加优雅地解决业务场景的问题，而不是反过来让业务场景去适应 RPC 框架。而且 RPC 框架有自己的定位及未来的规划，所以很多规模不是太小的公司都选择在 RPC 框架上做些许改造来适应自己的业务场景。

市面上开源的 RPC 框架非常多，当一个项目或者一个公司要选择一种 RPC 框架作为技术栈时，会做一些技术调研和技术选型。在选择 RPC 框架时会从各个角度去分析，在权衡所有利弊和优缺点后会选择一个最合适的 RPC 框架作为服务化框架的选型。我们该如何去考量一个开源的 RPC 框架，或者说该从哪些角度去分析和比较呢？RPC 框架源自国内还是国外并不是关键，RPC 框架的选型更注重的是 RPC 框架本身的优劣，以及是否适合具体的项目。一个人的综合实力可以分为硬实力和软实力，一个 RPC 框架也可以从它的技术角度和非技术角度去综合评判。技术角度可以分为性能、设计、稳定性、特性这几个方面，非技术角度可以分为文档、开源社区成熟度等方面。

1. 特性

框架所提供的特性一定是 RPC 框架技术选型首先要考量的一个角度。在选型时默认 RPC

框架是完全具备最基础的RPC调用能力的，如果某一个RPC框架连RPC调用能力都无法保证，那么该RPC框架也不足以被称为RPC框架。下面要介绍的是除RPC调用能力外，在选型时需要关注的重要特性。

第一个比较重要的特性就是该RPC框架是否能够保持语言和平台中立。目前编程语言的种类非常多，世界上有几百种编程语言，流行的编程语言有Java、Golang、Python、C++等。很多编程语言也支持在多个平台上编译运行，目前平台也非常丰富，比如移动终端有Android操作系统、iOS操作系统，PC端有Linux操作系统、Windows操作系统等。对于整个RPC调用的过程来说，是由Consumer端和Provider端在进行交互，两端搭建的服务采用的编程语言可能并不相同，并且两端的服务所部署的平台也不一定相同，这就出现了常见的跨语言调用和跨平台调用场景。RPC框架能够保证语言与平台中立意味着该RPC框架不受语言和平台限制，可以实现跨语言调用和跨平台调用。在选型时，需要考虑公司内部项目是否存在跨语言、跨平台调用的需求，或者未来是否会有这种需求。如果存在这种需求，那么该特性至关重要。第8章会详细介绍RPC框架实现语言和平台中立的方案。

第二个比较重要的特性就是服务治理相关的特性。起初研发和运维团队可以轻松地运维这些服务，但是随着业务的发展，服务粒度拆分得越来越细，微服务架构风格越来越盛行，服务类型和服务实例数量急剧增加，研发和运维团队花费在服务治理上的精力也会随之增加。

举个简单的例子：某个Provider有20个节点，Consumer端需要消费该服务，当Provider有一些大改动的时候，需要进行蓝绿发布来保证上线的稳定性，线上就会存在新旧两个版本的Provider，每个版本的Provider分别有20个节点，并且缓慢地进行切流，将流量从老版本节点导向新版本。这个过程中路由策略起到非常大的作用，需要通过识别蓝绿两个版本的Provider节点，按照设置的比例将流量分配到这两个版本的节点上。路由策略是服务治理的一种，如果没有路由策略的支持，想象一下，为了保证服务的稳定上线，运维团队需要如何操作？是手动部署新版本到其中的两台机器来保证新版本接收十分之一的流量？这种切流的灵活性有限，还存在一定的风险，当新版本有问题时，无法快速将流量切回到旧版本，需要再次重新部署旧版本到这两台机器上。所以服务治理的特性能为团队减少很多人力投入，服务治理特性的丰富程度决定了开发和运维的成本。基础的服务治理有服务注册、路由策略、负载均衡策略等。在选型时，除了项目必备的RPC能力，服务治理的特性支持得越多越好。在后续章节中会介绍服务治理的内容。

2. 可靠性和稳定性

如果在特性方面比较符合选型的标准，那么RPC框架选型需要考量的第二个角度就是它的可靠性和稳定性。软件系统的可靠性和稳定性非常重要，直接决定了产品的用户体验，比如软件系统发生雪崩，会导致产品的许多功能不可用，这是每个公司都不希望看到的结果。衡量一个软件系统的可靠性常用的手段就是比较软件系统服务可用时长占比，占比越高说明软件系统的可靠性和稳定性越高，比如1年内软件系统的服务可用时长占比为99.99%（也称为4个9指标），（1-99.99%）×365×24=0.876小时=52.6分钟，意味着系统在连续运行1年时间里最多可能发生的业务中断时间是52.6分钟。软件系统的可靠性和稳定性由系统故障数量决定。系统故障可以分为两种，一种是人为因素导致的系统故障，另一种是自然因素导致的系统故障。人为因素导致的系统故障有以下几种情况：

- 代码编写导致的系统故障：这类故障的原因主要有代码逻辑问题、第三方库使用误用问题等。
- 配置错误导致的系统故障：这类故障的原因主要有超时配置不合理、流控配置不合理等。
- 系统设计导致的系统故障：这类故障的原因主要有未考虑流量突增的应对方案等。
- 系统资源不足导致的故障：这类故障的原因主要有磁盘被打满、内存不足等。

自然因素导致的系统故障有以下几种情况：

- 网络故障导致的系统故障：网络故障的原因可能有区域断网、网线被挖断等。
- 服务器故障导致的系统故障：服务器故障的原因有机房停电、服务器宕机等。
- 其他依赖的服务故障导致的系统故障：第三方服务故障，系统没有考虑熔断或者降级处理，导致系统出现故障。

在选择开源RPC框架时，自然因素并不需要考虑，但是开源RPC框架会受人为因素影响。由于开源产品参与的人员较多，开发者的水平也有高低之分，编写出来的代码质量也有差别，所以对开源的RPC框架的代码质量需要着重关注，它直接影响系统的可靠性和稳定性。那么到底如何评判一个RPC框架的代码质量呢？在做技术选型和调研时，观察RPC框架的Code Review的严格程度并不可取，因为Code Review是否严格取决于人。也许看到某个维护者是比较严格的，但可能另一个维护者不严格，并且严格程度不可度量，无法在技术选型时作为比较的依据。所以评判一个RPC框架的代码质量真正重要的两个方面就是单测覆盖率和集成测试完善程度，这两个方面是完全有数据可以度量的，可以作为技术选型的依据，并且单测和集成测试保证了RPC框架的整体稳定性和可靠性，从而保证应用该框架的系统的可靠性和稳定性。

3. 性能

性能一直都是非常重要的一个因素，特别是现在微服务架构非常流行，一次请求或许会经过几次甚至是十几次的RPC调用，如果RPC框架本身的性能很差，延迟很高，那么搭建出来的应用服务延迟也非常高，最终导致产品体验非常差，这并不是用户所期望的。通过1.6节我们知道一次RPC调用经历了很多处理过程，而RPC框架又是RPC的解决方案，所以RPC框架的性能也取决于它所使用的序列化技术方案、协议栈、动态代理的实现，以及RPC框架本身编码带来的性能影响。RPC框架中使用的协议栈、序列化技术方案等对性能的影响在后续章节中会详细介绍，在做技术选型时仅通过观察序列化技术方案等来评判RPC框架的性能并不可取，比较片面，比如两个 RPC 框架，其中一个使用 HTTP/1 作为传输协议，另一个使用 HTTP/2 作为传输协议，这并不能说明第二个 RPC 框架的性能就优于第一个 RPC 框架，因为性能受影响的因素非常多。评判 RPC 框架性能最直观的就是测试报告，一些 RPC 框架会有详细的测试报告和性能测试程序，但是有些 RPC 框架在这方面的资料并不全面，所以需要开发人员在技术选型阶段自己做性能测试，输出测试报告作为性能比较的依据。

4. 设计

RPC 框架的设计也非常重要，产品的迭代非常快，多变的需求也给系统的设计增加了很多难度，RPC 框架的设计会影响系统的设计。在技术选型时主要考虑 RPC 框架的可扩展性和对业务代码的侵入性程度。

- 对业务代码的侵入性程度：侵入性程度低可以保证业务系统在重构或者重新更换别的技术栈时灵活性更高，RPC 框架设计需要做到高内聚、低耦合，让业务系统对 RPC 框架的依赖程度最小化。代码侵入性表现为当引入某个 RPC 框架时，需要使用框架内的一些类来接入 RPC 能力，这种 RPC 框架就是具备侵入性的。非侵入性则反之，业务系统不需要依赖 RPC 框架内的类。代码的侵入性程度主要表现在 RPC 框架的接入方式上，比如 Dubbo 框架接入方式有三种，分别是 XML 接入方式、注解接入方式和 API 接入方式。如果采用 XML 接入方式，则可以保证透明化接入应用程序，对应用程序没有任何 API 侵入，只需用 Spring 加载 Dubbo 的配置即可，Dubbo 基于 Spring 的 Schema 扩展进行加载，对应用程序无入侵。再比如 Spring Cloud，通过注解方式实现 RPC 的功能，这就对业务系统有一定的入侵，不过相较于 API 的接入方式，注解接入方式的侵入程度比较低。
- 可扩展性：可扩展性是为了达到正确地预测变化，以及正确地满足变化的需求。开源的 RPC 框架在设计上虽然可以适用更多的业务场景，但还是存在很多 RPC 框架的某一些能力无法满足业务需求的情况，这时 RPC 框架的可扩展性就非常重要。举个例子：RPC 框架只支持基于随机算法的负均衡策略，但在业务场景中需要基于最少活跃调用数算法的负载均衡策略，这时如果 RPC 框架不具备可扩展性，那么只能直接修改 RPC 框架的内部实现。短期内这样做没有问题，但是随着业务发展，开源社区的 RPC 框架提供了一些新的特性，希望能将社区的版本合并到公司内部维护的版本中，这时会异常艰难，很有可能导致合并后的版本与旧版本不兼容。如果 RPC 框架的可扩展性非常好，只需要在 RPC 框架上扩展对应的实现即可，并不会破坏 RPC 框架核心的抽象和设计，这样做能够轻松地让公司维护的版本与开源社区的版本时刻保持同步和兼容。

5. 文档

RPC 框架的文档可以分为接入文档、设计文档、版本说明文档、特性说明文档等。RPC 框架的文档也是技术选型时需要考量的一个因素。完善的文档可以大大降低业务系统接入 RPC 框架的难度，并且在使用 RPC 框架时，如果遇到问题，文档也能起到一定的辅助作用。如果文档不够完善，在遇到问题时，则只能通过研读 RPC 框架的源码才能解决相关的问题，费时费力。

6. 开源社区成熟度

一个开源的 RPC 框架的社区成熟度也是比较重要的考量因素。开源社区的成熟度受很多因素影响，以下几个方面是需要关注的：

- 开源协议：对于开源产品的作者来说，开源协议可以保护作者的知识成果，防止开源产品被恶意利用；对于开源产品的使用者来说，开源协议可以让使用者了解对该开源产品允许进行哪些操作，不允许进行哪些操作。流行的开源协议有 GPL、BSD、MIT、Mozilla、Apache、LGPL 等，在选择 RPC 框架时需要注意它的开源协议，因为不同的开源协议使用的规范也不一样。如果 RPC 框架的初始开发者使用 GPL 协议并公开该框架的源程序后，那么后续使用该框架进行开发软件的人也应当根据 GPL 协议公开自己编写的源程序。Apache 协议就规定每个修改过的文件都必须添加版权说明，但不要求必须把自己编写的源程序进行开源。
- 维护开源产品的团队：维护开源产品的团队是影响开源社区成熟度的一个重要因素，开源产品的维护团队越专业，开源的产品也就越优秀，整个开源产品的生态也就越完备。
- RPC 框架的未来规划：除了了解 RPC 框架现有的能力，还需要考虑其未来的规划，考虑 PC 框架的未来规划是否和公司内部的技术规划比较契合也是非常重要的。
- 用户量：开源的 RPC 框架的用户量决定了该产品的使用场景是否广泛，是否足够成熟。某个 RPC 框架已经在许多公司有对应的实践和应用，也验证了该 RPC 框架相对比较成熟。

第 2 部分 RPC 框架核心组件

第3章 远程通信方式

本章正式介绍RPC框架的组件。本章将介绍远程通信的方式，包括Socket库、Java提供的远程通信方案，并且介绍Java领域中比较流行的Netty、Mina、Grizzly三种网络通信框架。从底层的Socket编程实现远程通信，到高级语言Java支持的远程通信实现方案，再到Java领域的网络应用程序框架，构建网络应用程序越来越便利，门槛越来越低。目前的RPC框架正是集成了开源社区中优秀的网络应用程序框架，才能实现远程通信，从而实现RPC远程调用的功能。

在远程通信的实现方案中，线程模型的设计、操作系统支持的I/O模型都会影响整个方案的性能，一个性能差的远程通信实现方案会导致服务端对系统的资源利用率低、处理请求的能力差。所以除了介绍远程通信的实现方案，本章还穿插介绍了操作系统的I/O模型、基于Reactor模式设计的线程模型，进一步提升读者对各类远程通信方案的理解。

3.1 远程通信方式简介

通信方式是什么？在很久以前，人与人只能通过信件来满足远距离的交流，信件的传递非常依赖邮递员，并且非常不可靠，很容易出现丢失信件的情况。后来电话出现了，让人与人之间的即时通信变成了现实。现在我们可以依赖网络，通过各种社交软件、即时通信软件来满足远距离交流的需求。在这些例子里，邮递员传递信件是通信方式，利用电话交流是通信方式，利用社交软件聊天也是通信方式。对于计算机来说，远程通信依赖操作系统提供的 Socket 接口和互联网，所以调用 Socket 接口实现两台计算机通信就是计算机之间的远程通信方式。

3.1.1 Socket 简介

在 1.2 节中介绍了 IPC，其中有一个非常重要的 IPC 方法就是 Socket（套接字），它是一种应用程序接口。20 世纪 70 年代，美国国防部高级研究计划局（DARPA）将 TCP/IP 的软件提供给加利福尼亚大学伯克利分校后，TCP/IP 很快被集成到 UNIX 中，同时出现了许多成熟的 TCP/IP 应用程序接口（API）。这个 API 被称为 Socket 接口。它其实就是在计算机中提供了一个通信端口，两台具有 Socket 接口的计算机可以通过对应端口进行通信。

从 20 世纪 60 年代开始到 90 年代初，网络技术不断发展，Socket 被作为 TCP/IP 通信的实现基础，更是整个网络世界通信的基石。网络时代的来临，也为机器间协作带来了解决方案，管道、消息队列等 IPC 方式只能在单机中应用，但是基于网络，我们可以共享多台机器的系统资源，实现机器与机器的进程间通信。

Socket 接口有 10 个较为关键的 API。

（1）int socket (int domain, int type, int protocol)

- 函数功能：socket()函数用于创建 Socket 对象，调用 socket()函数时，意味着为一个 Socket 数据结构分配存储空间。Socket 执行体负责管理描述符表。
- 返回值说明：当创建对象成功时，返回非负数的 Socket 描述符；失败时返回-1。Socket 描述符是一个指向内部数据结构的指针，它指向描述符表入口。

参数说明如表 3-1 所示。

表 3-1

参数	说明
domain	使用的协议族。取值有 AF_INET、AF_INET6、AF_PUP、AF_UNIX 等。协议族决定了 Socket 的地址类型，在通信中必须采用对应的地址，如 AF_INET 决定了要用 32 位的 IPv4 地址与 16 位端口号的组合、AF_INET6 决定了可以用 IPv6 地址和 IPv4 地址

续表

参数	说明
type	Socket 的类型。取值分别有 SOCK_STREAM（TCP 类型，保证接收数据的顺序及可靠性）、SOCK_DGRAM（UDP 类型，不保证接收数据的顺序，非可靠连接）、SOCK_RAW（原始类型，允许对底层协议如 IP 或 ICMP 进行直接访问）
protocol	默认值为 0，当参数值为 0 时，选择默认协议，用于所请求类型的返回 Socket，同样可以指定默认协议之外的其他协议

（2）int bind(int sockfd, const struct sockaddr *addr, socklen_t addrlen)

- 函数功能：将一组固定的地址绑定到 sockfd 上，也就是绑定 Socket 到本地地址和端口上，一般是由服务端进行调用的，而绑定的地址和端口号就是为了供客户端连接。
- 返回值说明：返回 0 代表绑定成功，返回-1 代表绑定失败。

参数说明如表 3-2 所示。

表 3-2

参数	说明
sockfd	socket()函数返回的描述符
addr	要绑定的本地 IP 地址和端口号
addrlen	该 Socket 地址的长度

（3）int listen(int sockfd, int backlog)

- 函数功能：它仅被 socket()中 type 值为 SOCK_STREAM（TCP 类型）的服务器程序调用，实现监听服务。
- 返回值说明：返回 0 表示开启监听成功，返回-1 代表开启监听失败。

参数说明如表 3-3 所示。

表 3-3

参数	说明
sockfd	socket()函数返回的描述符
backlog	指定内核为此 Socket 维护的最大连接个数，如果监听队列的长度超过 backlog，则服务器将不受理新的客户连接，客户端也将收到 ECONNREFUSED 错误信息。在内核 2.2 版本之前，backlog 是指所有处于半连接状态（SYN_RCVD）和完全连接状态（ESTABLISHED）的 Socket 上限，但在内核 2.2 版本以后，它只表示处于完全连接状态的 Socket 上限，处于半连接状态的 Socket 上限则由/proc/sys/net/ipv4/tcp_max_syn_backlog 内核参数定义

（4）int accept(int sockfd, struct sockaddr *addr, socklen_t *addrlen)

- 函数功能：该函数的作用主要是从监听的队列中返回下一个建立成功的连接，也就是创建一个新的 Socket 描述符，专门用于与客户端通信。该函数只会在服务端被调用，并且只会被 type 值为 SOCK_STREAM 的服务器程序调用。
- 返回值说明：如果监听队列为空，则线程进入阻塞等待。如果不为空且执行成功，则返回一个新的 Socket 描述符，用该描述符引用与客户端的连接，服务器可通过读写该 Socket 来与对应的客户端进行通信，错误时返回-1。

参数说明如表 3-4 所示。

表 3-4

参数	说明
sockfd	socket()函数返回的描述符
addr	该参数为发起连接请求的客户端的地址
addrlen	该 Socket 地址的长度

（5）int connect(int sockfd, struct sockaddr *serv_addr, int addrlen)

- 函数功能：客户端向服务端发起连接请求。
- 返回值说明：返回 0 表示连接成功，返回-1 表示连接失败。

参数说明如表 3-5 所示。

表 3-5

参数	说明
sockfd	socket()函数返回的描述符
serv_addr	服务端的地址
addrlen	服务端地址长度

（6）int send(int sockfd, const void *buf, int len, int flags)

- 函数功能：用于 TCP 类型的数据发送。
- 返回值说明：返回 0 表示数据成功，但是不代表服务端成功收到数据，只有客户端收到服务端的确认，才能保证数据正常送达，返回-1 表示发送失败。

参数说明如表 3-6 所示。

表 3-6

参数	说明
sockfd	发送端 Socket 描述符

续表

参数	说明
buf	待发送数据的缓冲区
len	待发送数据的字节长度
flags	一般情况下设置为 0，还可以设置为 MSG_OOB（可以发送和接收带外数据）、MSG_PEEK（查看数据而不读取）、MSG_DONTROUTE（发送数据但是不进行路由）、MSG_DONTWAIT（不等待数据发送完成）等

（7）int recv(int sockfd, void *buf, int len, unsigned int flags)

- 函数功能：用于可靠连接（TCP）的数据接收。
- 返回值说明：接收成功时，返回复制的字节数，接收失败则返回-1。

参数说明如表 3-7 所示。

表 3-7

参数	说明
sockfd	接收端 Socket 描述符
buf	接收缓冲区，该缓冲区用来存放 recv 函数收到的数据
len	接收缓冲区的长度
flags	一般情况下设置为 0，在该函数中也可以设置为 MSG_OOB（可以发送和接收带外数据）、MSG_PEEK（查看数据而不读取）等

（8）int sendto(int sockfd, const void *buf, int len, unsigned int flags, const struct sockaddr *dst_addr, int addrlen)

- 函数功能：用于非可靠连接（UDP）的数据发送，因为 UDP 方式未建立连接 Socket，因此需要指定目的协议地址。
- 返回值说明：发送成功时，返回实际传送出去的字符数，发送失败则返回-1。

参数说明如表 3-8 所示。

表 3-8

参数	说明
sockfd	发送端 Socket 描述符
buf	UDP 数据报缓存地址
len	UDP 数据字节长度
flags	一般设置为 0
dst_addr	数据发送的目标地址
addrlen	目标地址的长度

（9）int recvfrom(int s, void *buf, int len, unsigned int flags, struct sockaddr *from, int *fromlen);

- 函数功能：用于非可靠连接（UDP）的数据接收。
- 返回值说明：接收成功时，返回接收的字符数，接收失败则返回-1。

参数说明如表 3-9 所示。

表 3-9

参数	说明
sockfd	接收端 Socket 描述符
buf	用于接收 UDP 数据的缓冲区地址
len	UDP 数据字节长度
flags	一般设置为 0
from	数据来源端的地址
fromlen	数据来源端地址的长度

（10）int closesocket(socket s)

- 函数功能：用于关闭 Socket。
- 返回值说明：关闭成功返回 0，失败则返回-1。

参数说明如表 3-10 所示。

表 3-10

参数	说明
s	需要关闭的 Socket

除了这些 API，Socket 还提供了许多其他 API，比如数据的读写不仅可以用 send()和 recv()，还可以用 read()和 write()，这里就不一一列举了。一个客户端和一个服务端是如何运用这些 API 进行通信的呢？以 TCP 的通信过程为例，如 3-1 所示。

一次简单的 TCP 通信就是调用 Socket 接口中的一些 API 完成的。但是在很多情况下，Socket 接口并不是用于网络编程 API 的最佳选择。因为用 Socket 接口实现网络编程既复杂又烦琐，所以一些高级语言在此之上对这些 API 进行了封装，主要是为了简化 Socket 编程的复杂度，让开发人员无须关心底层的 Socket 细节，也无须花大量时间去学习 C 语言的 Socket 库。下面就以 Java 这门高级语言来举例，看一下它对 Socket 接口的封装是怎么做的。

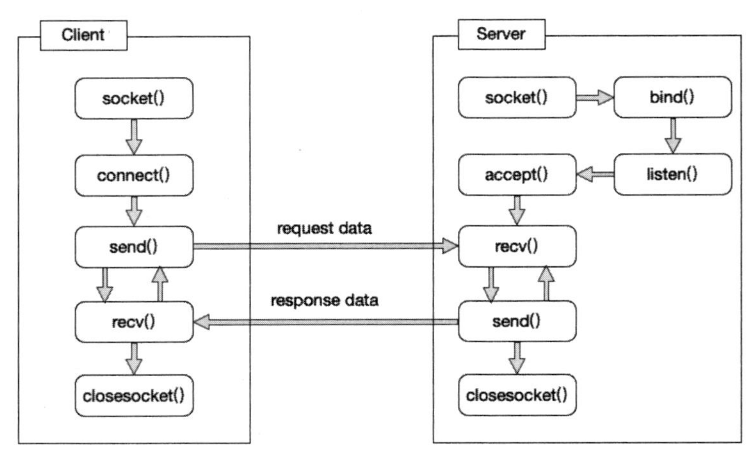

图 3-1

3.1.2 Java 对 Socket 接口的封装

在 Java 中，将图 3-1 中的步骤抽象成许多类，这些类都在 java.net 包下，它们在 JDK1.0 中就已经存在。示例往往是了解 API 最快的方式，所以在介绍 Java 对 Socket 接口的封装之前，先看一个用 Java 原生的 API 搭建客户端和服务端并进行通信的示例。

服务端实现的代码清单：

```
package samples.javasocket;

import java.io.IOException;
import java.io.InputStream;
import java.net.ServerSocket;
import java.net.Socket;

public class Server {
    private static final int DEFAULT_PORT = 3333;
    private final int port;

    public Server() {
        this(DEFAULT_PORT);
    }

    public Server(int port) {
```

```
        this.port = port;
    }

    public void start() throws Exception {
        // 1.创建 ServerSocket 对象
        ServerSocket serverSocket = new ServerSocket(this.port);
        while (true) {
            try {
                // 2.调用 accept 阻塞方法，直到获取新的连接请求
                Socket socket = serverSocket.accept();
                // 3.每个新的客户端连接都需要创建一个线程，负责与客户端通信及数据的读写
                new Thread(() -> {
                    try {
                        byte[] data = new byte[1024];
                        // 4.获取输入流 InputStream 对象
                        InputStream inputStream = socket.getInputStream();
                        while (true) {
                            int len;
                            while ((len = inputStream.read(data)) != -1) {
                                System.out.println(new String(data, 0, len));
                            }
                        }
                    } catch (IOException e) {
                    }
                }).start();

            } catch (IOException e) {
            }
        }
    }

    public static void main(String[] args) throws Exception {
        Server server = new Server();
        server.start();
    }
}
```

上面的代码清单是服务端的实现逻辑，主要有以下几个注意点：

- 服务端的 Socket 被抽象成 ServerSocket 类，创建服务端的第一步就是创建 ServerSocket 对象，ServerSocket 的构造函数中需要传入一个端口号，代表该服务需要暴露在本机的哪个端口。
- 在这里（2）写了一个无限循环来保证服务端无限等待接收客户端的连接请求。serverSocket 的 accept()方法会阻塞等待客户端的连接请求，当有新的连接请求时，accept()方法会返回一个新的 Socket 对象，这个 Socket 对象负责与客户端进行通信。
- 在建立新的连接后，在第 3 步的地方创建了一个新的线程，用于与客户端进行通信。每个新的客户端连接都需要创建一个新的线程。
- 上述逻辑中按字节流方式读取数据，通过调用 Socket 的 getInputStream()方法返回一个 InputStream 对象，用于数据的读取。当然也可以通过 BufferedReader、InputStreamReader 等按字符读取数据。

客户端实现的代码清单：

```
package samples.javasocket;

import java.io.IOException;
import java.net.Socket;
import java.util.Date;

public class Client {

    private final String serverHost;
    private final int serverPort;
    private Socket socket;

    public Client(String serverHost, int serverPort) {
        this.serverHost = serverHost;
        this.serverPort = serverPort;
    }

    public void connect() {
        try {
            Socket socket = new Socket(serverHost, serverPort);
        } catch (IOException e) {
        }
    }
```

```
    public void request() {
        while (true) {
            try {
                if (socket == null) {
                    socket = new Socket(serverHost, serverPort);
                }
                socket.getOutputStream().write((new Date() + ":Hello server.").getBytes());
                socket.getOutputStream().flush();
                Thread.sleep(3000);
            } catch (Exception e) {
            }
        }
    }

    public static void main(String[] args) {
        Client client = new Client("127.0.0.1",3333);
        client.connect();
        client.request();
    }
}
```

先启动 Server.java，再启动 Client.java，服务端控制台有如下输出内容：

```
Mon Dec 21 10:37:53 CST 2020: Hello server.
```

说明通过 Java Socket 搭建的客户端和服务端完成了一次请求。

上面的代码是客户端的实现逻辑，主要有以下几个注意点：

- 对于客户端来说，第 1 步肯定是连接服务端，所以在 connect()方法中只创建了 Socket 对象，其中 serverHost 就是服务端的 IP 地址，serverPort 就是服务端暴露服务的端口。
- 第 2 步就是发送请求，通过 Socket 的 getOutputStream()获得 OutputStream 对象，OutputStream 对象是 Socket 的输出流，用于数据的写入。

一个简易的客户端和服务端就这样完成了。为了节省篇幅，这里省略了处理异常等的代码。运行这两个类的 main 方法，就能在服务端的控制台中看到每 3 秒收到客户端发送的“hello server”消息。在上述代码中，可以隐约看到 Socket 库的影子，那么 Java 提供的 Socket API 到底封装了底层 Linux Socket 的哪些接口呢？在客户端，创建 Socket 对象时的主要逻辑就是调用了上述提到的创建 socket 描述符的 socket()方法和连接远程服务的 connect()方法，OutputStream 对象的

write()方法和flush()方法就是Socket库中的send()方法。在服务端，创建ServerSocket对象时调用了上述提到的socket()、bind()和listen()方法，而ServerSocket的accept()方法则对应了上述提到的底层Socket库中的accept()方法。InputStream的read()方法则对应了上述提到的recv()方法。

从API的使用上来说，Java的API已经对Socket库的API做了一些简化和封装，让开发人员使用起来更加方便。但是在高负载场景下，应用程序需要可靠且高效的I/O调度操作进行远程通信。如果需要搭建一个可靠且高效的应用程序，那么还需要开发人员掌握许多优化技巧，这对于想搭建能承受高负载的应用程序的开发人员来说是一个比较大的挑战。有需求就会有解决方案出现，在高级语言提供的Socket API基础上，又不断产生了一些网络应用程序框架。

3.1.3 网络应用程序框架

在很早以前，网络编程使用的就是Socket库，后来各种高级语言在Socket库的基础上进行了封装，提供了用高级语言打造的Socket API，比如上述Java封装的ServerSocket等。后来在各类高级语言的API的基础上又出现了网络应用程序框架，比如在Java领域，网络应用程序框架层出不穷，市场上有XNIO、IOServer、xSocket、Netty、Mina、Grizzly等网络应用程序框架，它们的出现就是为了让网络编程更加容易，它们能够帮助开发人员快速搭建一个可靠且高效的应用程序。这些网络应用程序框架大多数和RPC、分布式有关，它们用来提供统一且简易的网络编程API，让开发人员更加关注应用程序本身的开发，而不需要关注网络编程的细节。为了能够方便开发人员开发可靠且高效的应用程序，网络应用程序框架还不断地提供各种优化方案，以及提高框架本身的性能。这些网络应用程序框架各有优缺点，目前Netty是使用最广泛的网络应用程序框架，在后续的章节中也会着重介绍。

不管是底层的Socket库，还是高级语言封装的Socket API，或者是网络应用程序框架，它们底层的原理都是一样的，它们只是一种远程通信的实现方案。

3.2 I/O模型

如果两个人面对面地进行交流，则是其中一个人（A）发出声音，以空气作为媒介，将信息（声音）传播到另一个人（B）耳中，B接收信息后以同样的方式将信息传递回去。计算机进程之间的通信与之类似，它们的本质都是从发送端将消息输出，经过一系列传输后输入接收端，然后从接收端将结果输出，经过传输后输入发送端。大多数IPC方法的本质就是I/O操作，站在操作系统的角度上说，I/O一般指访问磁盘数据。而Socket也跟其他的IPC方式一样，都离不开I/O，只是它的I/O被称为网络I/O。网络I/O的本质是流数据的读取与写入，而客户端与服务端之间通信的基石就是基于Socket的进程间通信机制，其中涉及网络I/O。那么一次I/O操作到底经历了什么呢？

在了解 I/O 操作的过程之前，先解释一下什么是用户进程和系统进程：

- 用户进程：通过执行用户程序或内核之外的程序而产生的进程，该类进程可以在用户的控制下运行或关闭。
- 系统进程：可以执行内存资源分配和进程切换等管理操作，系统进程一般无法使用用户权限进行控制。

用户进程所在的区域叫作用户空间，系统进程所在的区域叫作内核空间。系统的内存空间被划分为用户空间和内核空间，这主要是为了保证操作系统的稳定性和安全性。用户进程的数据都存放在用户空间，与系统数据隔离，防止因为数据之间的干扰影响系统的稳定性。而且用户进程不可以直接访问系统数据或者系统资源，它没有办法从内核空间直接获取数据，需要将数据从内核空间复制到用户空间，再获取用户空间中的数据。处于用户态的程序只能访问用户空间，只有处于内核态的程序才可以访问用户空间和内核空间，这样保证了用户进程不能随意操作和更改系统数据。如果用户进程需要访问系统资源或者使用系统数据，则必须调用操作系统提供的接口。这个调用接口的过程就是用户态进程主动要求从用户态切换到内核态的一种方式，也就是平常所说的系统调用。比如双方通信就是对流数据的读取与写入，其中涉及 I/O 操作。网络传输也是一次系统调用，通过网络传输的数据首先从内核空间接收远程主机的数据，然后将数据从内核空间复制到用户空间供用户进程读取。

回到最初的问题，一次 I/O 操作经历了什么？以一次数据的读取为例，无论磁盘 I/O 还是网络 I/O，第一步都是用户进程等待内核准备数据。内核准备数据阶段会将数据复制到内核空间，用户进程也从用户态转变为内核态。磁盘 I/O 和网络 I/O 唯一不同的是在磁盘 I/O 中内核从磁盘读取磁盘数据，而在网络 I/O 中内核从网卡中读取流数据。数据准备完毕后，第二步就是从内核空间将数据复制到目标用户空间供用户进程读取。

了解了一次 I/O 操作的过程后，那么平常说的 I/O 模型又是什么呢？I/O 模型可以理解为机器上进行数据读/写调度的策略模型。不同的 I/O 模型在实现 I/O 操作时有不同的策略。比如在进行 I/O 操作时，内核进入数据准备阶段，该用户进程可以选择占用 CPU，一直阻塞等待数据准备完成后再做下一步操作，也可以选择先执行其他的任务。无论磁盘 I/O 还是网络 I/O，都会受 I/O 模型影响。

I/O 模型可以从两个维度去理解。第一个维度是阻塞与非阻塞，用户进程发起 I/O 操作后，根据是否需要等待 I/O 操作完成才能继续运行，可以分为阻塞和非阻塞两种方式。比如一个服务 A 要调用远程的服务 B（服务 A 和服务 B 是不同机器上的两个进程），服务 A 会执行 Socket 的连接、读/写操作，这些操作的底层逻辑都是发起网络 I/O。当这三个操作执行时，如果使用的是阻塞 I/O 模型，则服务 A 所在的进程将一直阻塞等待执行结果；如果使用的是非阻塞 I/O 模型，则服务 A 所在的进程可以先执行别的任务。举个现实生活中的例子，假设没有烧水壶的时候只能用柴灶烧大锅水，我这个人就是一个用户进程，需要执行烧水这个操作。柴灶就是操作系统的内核线程。我把水放到大锅里面，然后需要不断地烧柴，不能做别的事情，我作为用户进程就是被阻塞的，这就是阻塞 I/O 模型。而现在有了烧水壶，我只要把水倒进去，按下开关，烧水壶就会加热并执行烧水操作，在此期间，我想看电视、写代码都没有问题，只要我定期去检查水烧好了没有，或者烧水壶发出声音提示我水烧好了。如果我看到水烧好了，那么我就可以倒水喝了，也就是用户进程可以继续做后面的事情，这就是非阻塞 I/O 模型。可以看到阻塞与非阻塞针对的对象是 I/O 操作的发起者——用户进程。

第二个维度就是同步与异步。在用户进程发起 I/O 操作后，会由用户态转变为内核态，内核进程在完成复制数据的操作后执行 I/O 操作，操作执行完成后，需要从内核态转变为用户态，并且需要执行复制数据的操作。如果是同步 I/O 操作，则在将数据复制到用户空间的过程中，用户线程会阻塞。如果是异步 I/O 操作，则内核线程直接执行复制数据的操作，完成复制数据的操作后才通知用户进程 I/O 操作完成，不会造成用户线程在复制数据的时候阻塞。还是举烧水的例子，烧水壶把水烧好后，会关闭烧水的开关，等我去倒水。在这个例子中，烧水壶作为内核进程并没有帮我把水倒到杯子中，放在我面前，也就是没有将数据从内核空间复制到用户空间，所以这是同步 I/O 操作。但是我觉得自己倒水太麻烦了，因为我在倒水的时候不能做别的事情。假如有一个机器人烧水壶，它在烧完水后，可以帮我把水倒到杯子里，那么我就可以直接拿来喝，也就是内核进程负责将数据复制到用户进程，用户进程可以直接执行后续操作，这就是异步 I/O 操作。所以同步和异步针对的对象是内核进程。

不同的操作系统有不同的 I/O 模型。比如 Windows 有五种 I/O 模型，分别是 Select I/O（选择 I/O 模型）、WSAAsyncSelect I/O（异步选择 I/O 模型）、WSAEventSelect I/O（事件选择 I/O 模型）、Overlapped I/O（也称作 synchronous I/O ，即重叠 I/O 模型）、I/O Completion Port（简称 IOCP，即输入/输出完成端口 I/O 模型）。Linux 有五种 I/O 模型，它的 I/O 模型也离不开上述两个维度，通过两个维度的组合，衍生出了这五种 I/O 模型，分别是 Blocking I/O（阻塞 I/O 模型）、Non-blocking I/O（非阻塞 I/O 模型）、Multiplexing I/O（非阻塞多路复用 I/O 模型）、Signal Driven I/O（信号驱动 I/O 模型）、Asynchronous I/O（异步 I/O 模型）。前四种是同步 I/O 模型，最后一种是异步 I/O 模型。

- Blocking I/O：用户进程发起 I/O 操作后，内核进入数据准备阶段。数据还未全部准备好时（在网络 I/O 中较为常见），内核一直处于数据准备阶段，而用户进程也被阻塞。
- Non-blocking I/O：用户进程发起 I/O 操作后，内核进入数据准备阶段。数据还未全部准备好时，内核一直处于数据准备阶段，而用户进程暂时先去做其他事情，但是用户进程会每隔一段时间后询问数据是否准备好了。一旦准备好了，用户进程将会继续后续的操作。
- I/O Multiplexing：该模型主要是单个进程就可以同时处理多个网络连接的 I/O 模型，本质上用户进程还是阻塞的，但是 select 不会被阻塞，select/poll/epoll 的方法会不断地轮询所负责的所有 Socket，当某个 Socket 有数据到达时，就通知对应的用户进程。

- Signal Driven I/O：当用户进程执行 I/O 操作（读或写）时，内核马上返回，进程继续运行。在内核进程完成 I/O 操作（或出错）后，通过信号通知进程。
- Asynchronous I/O：跟上面讲的异步情况一样，内核线程直接执行复制数据的过程，完成数据复制后才通知用户进程 I/O 操作完成，不会造成用户线程在复制数据的时候阻塞。

这五种 I/O 模型都是操作系统层面的，操作系统提供了对应模型的一些 API 库，但是与 Socket 库一样，使用上并不友好，并且学习成本高。高级语言在操作系统的 I/O 模型上又进行了封装，并且提供了更加简便的 API。

3.3 Java 对 I/O 模型的封装

Java 对 I/O 模型的封装可以分为 BIO、NIO 和 AIO 三种。

3.3.1 BIO

BIO 是 Blocking I/O 的简称，在 JDK1.0 中就已经存在了，前面章节中关于“Java 对 Socket 接口的封装”，其实就是基于 Java 的 BIO 介绍的。Java BIO 相关的类都在 java.io 包中。它的交互方式是同步阻塞方式，Java 的 BIO 就是基于 Linux 的阻塞 I/O 模型进行抽象封装的。也就是说，当一个 Java 线程在读入输入流或者写入输出流时，在读/写动作完成之前，线程一直会被阻塞。这种 I/O 模型也是最早的 I/O 模型。BIO 的处理架构如图 3-2 所示。

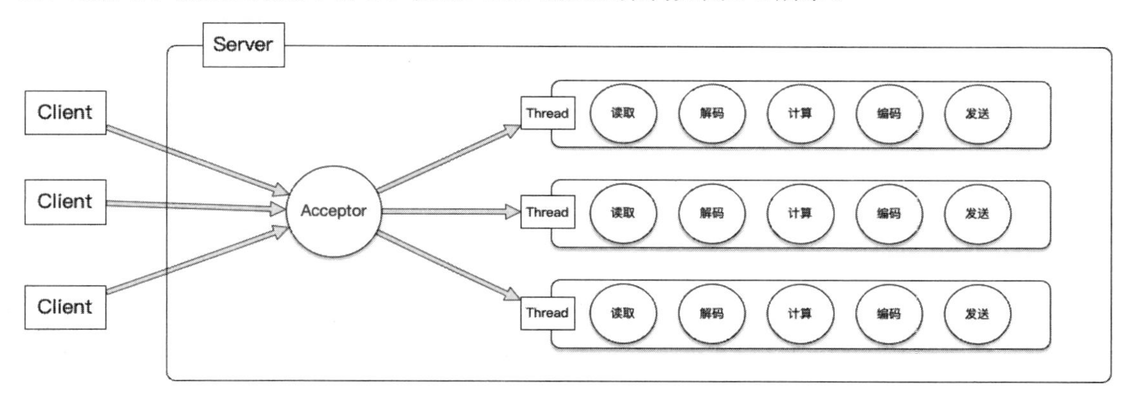

图 3-2

从图 3-2 中可以看到一个客户端的连接请求被接收器接收后，在服务端会创建一个线程与该客户端进行通信，这个线程一般会执行读取、解码、计算、编码、发送这几个步骤。这种模式非常耗费系统资源，首先在服务端需要有一个接收器一直处于阻塞状态等待新的客户端连接请求，其次每当有新的客户端请求连接时，都需要创建新的线程来处理请求，每个线程在处理完请求后都需要销毁。线程的创建和销毁会占用系统资源，如果频繁地创建和销毁大量线程，则会非常耗费 CPU 和内存资源，直接影响系统的吞吐量，导致系统性能急剧下降，极端情况下会造成内存溢出等问题。所以在该架构上又增加了线程池的设计，如图 3-3 所示。

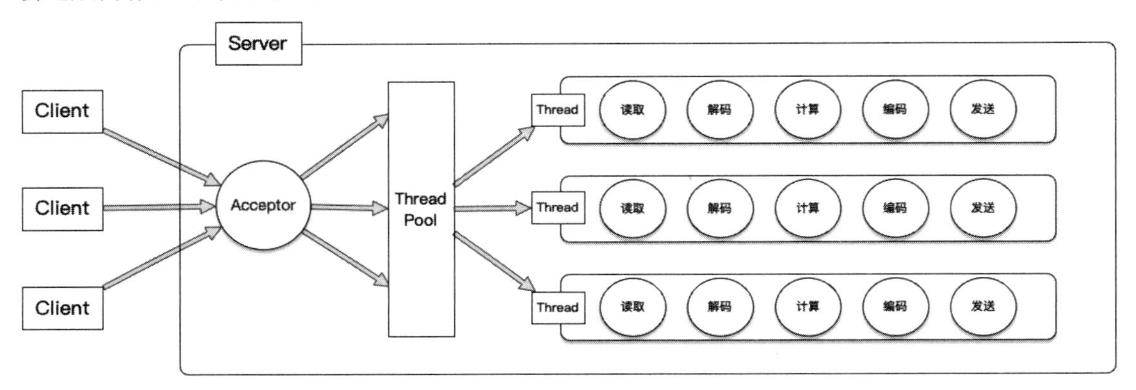

图 3-3

当服务端收到客户端的连接请求后，作为一个任务丢给线程池，让线程池来分配线程执行与客户端通信的逻辑。这样做的好处就是线程的创建和销毁由线程池维护，一个线程在完成任务后并不会立即销毁，而是由后续的任务复用这个线程，从而减少了线程的创建和销毁，节约了系统的开销。这种设计相较于第一种没有线程池的设计，在遇到客户端频繁创建连接请求并与服务端通信时，能够有更好的性能表现。

虽然加入线程池的设计可以提升系统性能，但是当请求量增大、线程数过高时，线程池频繁切换线程带来的成本问题也会被暴露出来，它会导致系统 load 偏高等，并且在服务端需要有一个线程一直阻塞等待客户端的连接请求，在客户端的线程也会因为服务端还没有把请求结果返回而一直阻塞等待。在这种情况下，I/O 会马上成为应用性能的瓶颈。所以，当面对十万级甚至百万级连接的时候，传统的 BIO 模型就显得有些无能为力了。随着移动端应用程序的兴起和各种网络游戏的盛行，百万级长连接日趋普遍。此时，必然需要一种更高效的 I/O 处理模型。NIO 的出现大大地降低了 Java 应用程序在 I/O 上的性能消耗，成为解决高并发与大量连接、I/O 处理问题的有效方式。

3.3.2 NIO

NIO 是 Non-blocking I/O 的简称，在 JDK1.4 的 java.nio 包中引入了全新 Java I/O 类库，Java NIO 相关的类都在这个类库中，它主要提供了 Channel、Selector、Buffer 等新的抽象。Java NIO

和 Linux 中的非阻塞 I/O 有一些区别，它更像是 Linux 中的非阻塞多路复用 I/O，它可以帮助 Java 开发者构建同步非阻塞的多路复用 I/O 应用程序，同时提供更接近操作系统底层高性能的数据操作方式，并且它还支持 select/poll 模型，在 JDK1.5 之后又增加了对 epoll 的支持。NIO 的处理架构如图 3-4 所示。

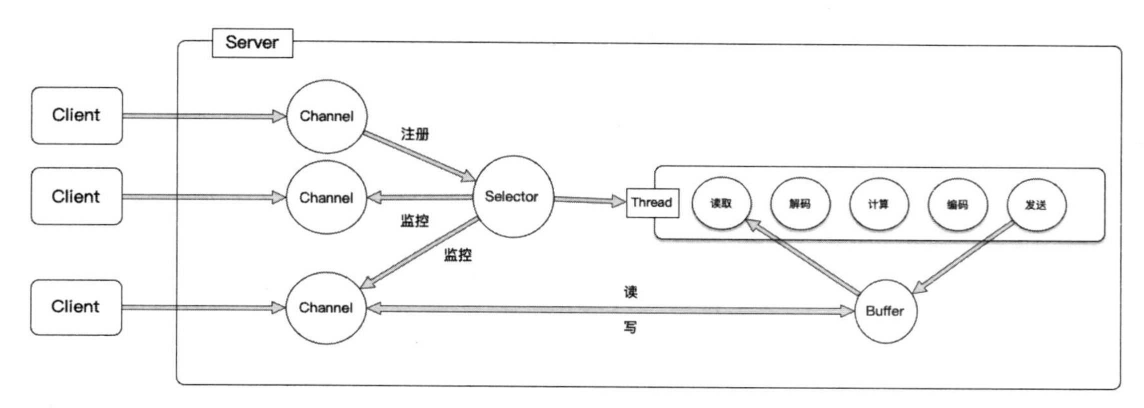

图 3-4

在图 3-4 中有三个重要的抽象概念。

- Channel（通道）：Java 提供了四种 Channel，分别是 FileChannel（用于文件操作）、SocketChannel（用于客户端 TCP 操作）、ServerSocketChannel（用于服务端 TCP 操作）、DatagramChannel（用于 UDP 操作）。Channel 是一个双向的数据读/写通道。Channel 可以实现读和写同时操作，并且同时支持阻塞和非阻塞模式。一个客户端连接对应一个 Channel，当有新的连接请求时，会向 Selector 中注册一个 Channel，并且会将 Channel 与对应的事件处理器进行绑定。事件处理器包含该通道里面的各类事件对应的处理逻辑，事件处理器一共有 4 种，分别是读数据事件处理器、写数据事件处理器、连接事件处理器和接收连接事件处理器。
- Buffer（缓冲区）：可以将 Buffer 看作一个存储数据的容器，Channel 可以对 Buffer 进行读/写操作，并且所有数据的读/写都会经过缓冲区。在 NIO 中，有两种不同的缓冲区，分别是直接缓冲区和非直接缓冲区。直接缓冲区可以直接操作 JVM 的堆外内存，即在系统内核缓存中分配的缓冲区，通过 allocateDirect()方法可以分配直接缓冲区；非直接缓冲区只能操作 JVM 的堆中内存，通过 allocate()方法可以分配非直接缓冲区。Buffer 有许多实现，比如 ByteBuffer、CharBuffer、LongBuffer 等，它们分别对应一种数据类型的实现。
- Selector（选择器）：Selector 通过不断轮询注册在其上的 Channel 来选择并分发已处理就绪的事件，这里的事件有四种，分别是连接事件、接收连接事件、读事件和写事件。

Selector 可以同时轮询和监控多个 Channel，当 Selector 发现某个 Channel 的数据状态发生变化时，会通过 SelectorKey 触发相关事件，并由对此事件感兴趣的事件处理器来执行相关逻辑，数据则从 Buffer 中获取，执行完后再写回 Buffer，以供 Channel 读取。

了解了 Channel、Buffer 和 Selector 后，整个 NIO 的处理过程也就比较简单明了了。从上述的处理架构图中可以看到，当一个客户端连接到来时，服务端会为这个新的连接创建一个 Channel，并将这个 Channel 注册到 Selector 上，Selector 会监控所有注册在自己身上的 Channel，一旦某个 Channel 的数据状态发生变化，比如数据读取完毕，则会触发相关的事件。Channel 的数据读取和写入都只与 Buffer 进行交互。

下面是一个用 Java NIO 搭建客户端和服务端的示例。示例中运用到了 Java NIO 中三个关键的角色，其中 Buffer 选择了 ByteBuffer 作为实现，表示按照字节读取和写入数据。

服务端代码清单：

```
package samples.javanio;

import java.io.IOException;
import java.net.InetSocketAddress;
import java.net.ServerSocket;
import java.nio.ByteBuffer;
import java.nio.channels.SelectionKey;
import java.nio.channels.Selector;
import java.nio.channels.ServerSocketChannel;
import java.nio.channels.SocketChannel;
import java.util.Iterator;
import java.util.Set;

public class Server {
    private Selector selector;

    private static final int DEFAULT_PORT = 3333;
    private final int port;
    public Server() {
        this(DEFAULT_PORT);
    }

    public Server(int port) {
        this.port = port;
```

```
}

public void start() throws IOException {
    ServerSocketChannel serverSocketChannel = ServerSocketChannel.open();
    // 设置 Socket 为非阻塞
    serverSocketChannel.configureBlocking(false);
    // 获取与该 Channel 关联的服务端 Socket
    ServerSocket serverSocket = serverSocketChannel.socket();
    // 绑定服务端地址
    serverSocket.bind(new InetSocketAddress(port));
    // 获取一个 Selector
    selector = Selector.open();
    // 注册 Channel 到 Selector，选择对 OP_ACCEPT 事件感兴趣
    serverSocketChannel.register(selector, SelectionKey.OP_ACCEPT);
    while (true) {
        // 获取就绪的事件集合
        selector.select();
        Set<SelectionKey> selectionKeys = selector.selectedKeys();
        // 处理就绪的事件
        Iterator<SelectionKey> iterator = selectionKeys.iterator();
        while (iterator.hasNext()) {
            SelectionKey selectionKey = iterator.next();
            iterator.remove();
            handleEvent(selectionKey);
        }
    }
}

private void handleEvent(SelectionKey selectionKey) throws IOException {
    SocketChannel client;
    // 如果是连接事件
    if (selectionKey.isAcceptable()) {
        ServerSocketChannel server = (ServerSocketChannel) selectionKey.channel();
        client = server.accept();
        if (null == client) {
            return;
        }
        // 该套接字为非阻塞模式
```

```
            client.configureBlocking(false);
            // 把 Channel 注册到 Selector 上，并且设置对 OP_READ 事件感兴趣
            client.register(selector, SelectionKey.OP_READ);

            // 如果是读事件
        } else if (selectionKey.isReadable()) {
            client = (SocketChannel) selectionKey.channel();
            ByteBuffer receiveBuffer = ByteBuffer.allocate(1024);
            receiveBuffer.clear();
            int count = client.read(receiveBuffer);
            if (count > 0) {
                String receiveContext = new String(receiveBuffer.array(), 0, count);
                System.out.println("receive client msg:" + receiveContext);
            }
            ByteBuffer sendBuffer = ByteBuffer.allocate(1024);
            // 发送数据到客户端
            sendBuffer.clear();
            client = (SocketChannel) selectionKey.channel();
            String sendContent = "Hello client.";
            sendBuffer.put(sendContent.getBytes());
            sendBuffer.flip();
            client.write(sendBuffer);
            System.out.println("send msg to client:" + sendContent);

        }

    }

    public static void main(String[] args) throws IOException{
        Server server = new Server();
        server.start();
    }
}
```

在服务端首先通过 ServerSocketChannel 的 open()方法创建一个 ServerSocketChannel 对象，通过 serverSocketChannel 获取 ServerSocekt 对象进行 Socket 绑定。然后通过 Selector 的 open()方法获取一个 Selector 对象，将 serverSocketChannel 注册到 Selector 上，并且设置只对连接事件

感兴趣，交由 Selector 进行监听和管理。之后就可以调用 Selector 的 select()方法阻塞等待事件就绪，当有事件就绪时，就可以获取所有就绪的 SelectionKey 集合。最后根据不同的就绪事件执行不同的事件处理逻辑。

客户端代码清单：

```
package samples.javanio;

import java.io.IOException;
import java.net.InetSocketAddress;
import java.nio.ByteBuffer;
import java.nio.channels.SelectionKey;
import java.nio.channels.Selector;
import java.nio.channels.SocketChannel;
import java.util.Iterator;
import java.util.Set;
import java.util.concurrent.ExecutorService;
import java.util.concurrent.Executors;

public class Client {

    private final String serverHost;
    private final int serverPort;
    private Selector selector;
    private SelectionKey selectionKey;
    private ExecutorService executorService = Executors.newSingleThreadExecutor();

    private SocketChannel client;

    public Client(String serverHost, int serverPort) {
        this.serverHost = serverHost;
        this.serverPort = serverPort;
    }

    public void connect() throws IOException {
        // 获取一个客户端 Socket 通道
        SocketChannel socketChannel = SocketChannel.open();
        // 设置 Socket 为非阻塞方式
```

```
        socketChannel.configureBlocking(false);
        // 获取一个 Selector
        selector = Selector.open();
        // 注册客户端 Socket 到 Selector
        selectionKey = socketChannel.register(selector, 0);
        // 发起连接
        boolean isConnected = socketChannel.connect(new InetSocketAddress (serverHost,
    serverPort));
        // 如果连接没有马上建立成功，则设置对连接完成事件感兴趣
        if (!isConnected) {
            selectionKey.interestOps(SelectionKey.OP_CONNECT);
        }
        selector.select();
        Set<SelectionKey> selectionKeys = selector.selectedKeys();
        Iterator<SelectionKey> iterator = selectionKeys.iterator();
        selectionKey = iterator.next();
        iterator.remove();
        int readyOps = selectionKey.readyOps();
        if ((readyOps & SelectionKey.OP_CONNECT) != 0) {
            client = (SocketChannel) selectionKey.channel();
        }
        executorService.execute(this::handleEvent);

    }


    private void sendMsg() throws IOException {
        // 等待客户端 Socket 完成与服务端的连接
        if (!client.finishConnect()) {
            throw new Error();
        }
        ByteBuffer sendBuffer = ByteBuffer.allocate(1024);
        sendBuffer.clear();
        sendBuffer.put("hello server.".getBytes());
        sendBuffer.flip();
        // 写数据
        client.write(sendBuffer);
        // 设置对读事件感兴趣
```

```
    if (selectionKey != null) {
        selectionKey.interestOps(SelectionKey.OP_READ);
    }
}

private void handleEvent() {
    try {
        while (true) {
            selector.select();
            Set<SelectionKey> selectionKeys = selector.selectedKeys();
            Iterator<SelectionKey> iterator = selectionKeys.iterator();
            SocketChannel client;
            while (iterator.hasNext()) {
                selectionKey = iterator.next();
                iterator.remove();
                int readyOps = selectionKey.readyOps();
                if ((readyOps & SelectionKey.OP_CONNECT) != 0) {

                } else if ((readyOps & SelectionKey.OP_READ) != 0) {
                    client = (SocketChannel) selectionKey.channel();
                    ByteBuffer receiveBuffer = ByteBuffer.allocate(1024);
                    receiveBuffer.clear();
                    int count = client.read(receiveBuffer);
                    if (count > 0) {
                        String msg = new String(receiveBuffer.array(), 0, count);
                        System.out.println("receive msg from server:" + msg);
                    }

                }
            }
        }
    } catch (IOException e) {

    }

}
```

```
    public static void main(String[] args) throws IOException {
        Client client = new Client("127.0.0.1", 3333);
        client.connect();
        client.sendMsg();
    }
}
```

客户端和服务端大同小异，同样是在 Selector 中注册 Channel，然后根据不同的事件执行不同的逻辑，只是客户端比服务端多了一个连接事件。

先启动 Server.java，再启动 Client.java，在服务端控制台可以看到如下输出内容：

```
receive client msg:Hello server.
send msg to client:Hello client.
```

在客户端控制台可以看到如下输出内容：

```
receive msg from server:Hello client.
```

说明通过 Java NIO 搭建的客户端和服务端完成了一次请求和响应的过程。

看完 Java NIO 的示例和处理架构图后可以发现，其中最核心的就是 Selector，每当连接事件、接收连接事件、读事件和写事件中的一种事件就绪时，相关的事件处理器就会执行对应的逻辑，这种基于事件驱动的模式叫作 Reactor 模式。Reactor 模式也叫反应器模式，Java NIO 就是采用这种模式来实现 I/O 操作的。Reactor 模式的核心思想就是减少线程的等待。当遇到需要等待的 I/O 操作时，先释放资源，而在 I/O 操作完成时，再通过事件驱动的方式，继续接下来的处理，这样从整体上减少了资源的消耗。以下是 Reactor 模式的五种重要角色。

- Handle（句柄或描述符，在 Windows 下称为句柄，在 Linux 下称为描述符）：它是资源在操作系统层面上的一种抽象，表示一种由操作系统提供的资源，比如前面提到的网络编程中的 socket 描述符或者文件描述符。该资源与事件绑定在一起，也可用于表示一个个事件，比如前面提到的客户端的连接事件、服务端的接收连接事件、写数据事件等。
- Synchronous Event Demultiplexer（同步事件分离器）：Handle 代表的事件会被注册到同步事件分离器上，当事件就绪时，同步事件分离器就会分发和处理这些事件。它的本质是一个系统调用，用于等待事件的发生。调用方在调用它的时候会被阻塞，一直阻塞到同步事件分离器上有事件就绪为止。在 Linux 中，同步事件分离器指的就是常用的 I/O 多路复用机制，比如 select、poll、epoll 等系统调用，用来等待一个或多个事件的发生。在 Java NIO 领域中，同步事件分离器对应的组件就是上述讲到的 Selector，对应的阻塞方法就是 select()方法。

- Event Handler（事件处理器）：它由多个回调方法构成，这些回调方法就是对某个事件的逻辑反馈，事件处理器一般都是抽象接口。比如当 Channel 被注册到 Selector 时的回调方法、连接事件发生时的回调方法、写事件发生时的回调方法等都是事件处理器，我们可以实现这些回调方法来达到对某一个事件进行特定反馈的目的。在 Java NIO 中并没有提供事件处理器的抽象供我们使用，但是后续要讲到的 Netty 会支持。
- Concrete Event Handler（具体的事件处理器）：它是事件处理器的实现。它本身实现了事件处理器所提供的各种回调方法，从而实现了特定的业务逻辑。比如针对连接事件需要打印一条日志，就可以在连接事件的回调方法里实现打印日志的逻辑。
- Initiation Dispatcher（初始分发器）：可以把它看作 Reactor，它规定了事件的调度策略，并且用于管理事件处理器，提供了事件处理器的注册、删除等方法，事件处理器需要注册到 Initiation Dispatcher 上才能生效。它是整个事件处理器的核心，Initiation Dispatcher 会通过 Synchronous Event Demultiplexer 来等待事件的发生。一旦事件发生，Initiation Dispatcher 首先会分离出每一个事件，然后找到相应的事件处理器，最后调用相关的回调方法处理这些事件。

Reactor 模式有三种模型，分别是单 Reactor 单线程模型、单 Reactor 多线程模型和主从 Reactor 多线程模型。

1. 单 Reactor 单线程模型

单 Reactor 单线程模型就是在设计中只会有一个 Reactor，并且无论与 I/O 相关的读/写，还是与 I/O 无关的编/解码、计算，都在一个线程上完成。单 Reactor 单线程模型的处理架构如图 3-5 所示。

从图 3-5 中可以看到，客户端的请求可以分为连接请求和其他请求两种，Selector 上注册了一系列的 Channel，Selector 不断地监听这些 Channel，等到某个 Channel 上面的事件就绪，就会将该事件分发给事件处理器。图 3-5 中的 Acceptor 专门处理连接事件，Selector 就是同步事件分离器。这种模型仅用一个线程处理请求，很明显解码、计算及编码的处理会影响后续事件的分发和处理，比如某一些业务处理起来很耗时，这个时候客户端有新的请求进来，要进行 I/O 操作，只能被阻塞。在高并发场景下，处理读/写任务的线程负载过高，处理速度下降，请求就会被堆积，甚至超时，这个完全不符合预期，而且单线程模型不能充分利用多核资源。所以对于解码、计算及编码需要另起线程处理并且采用线程池来管理，这就是下面将介绍的单 Reactor 多线程模型。

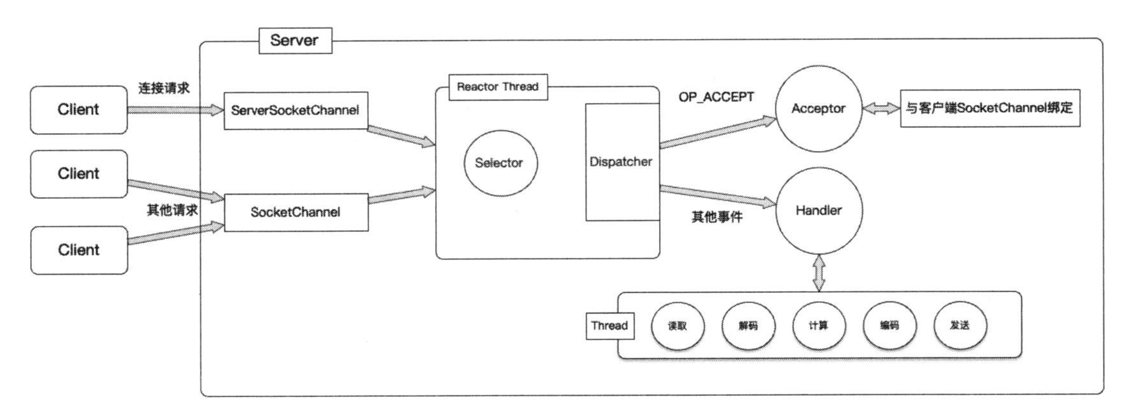

图 3-5

2. 单 Reactor 多线程模型

单 Reactor 多线程模型中的多线程指的是处理 I/O 操作以外的逻辑通过多线程来执行，而 I/O 的读/写和 Reactor 的处理还是由一个线程执行。单 Reactor 多线程模型的处理架构如图 3-6 所示。

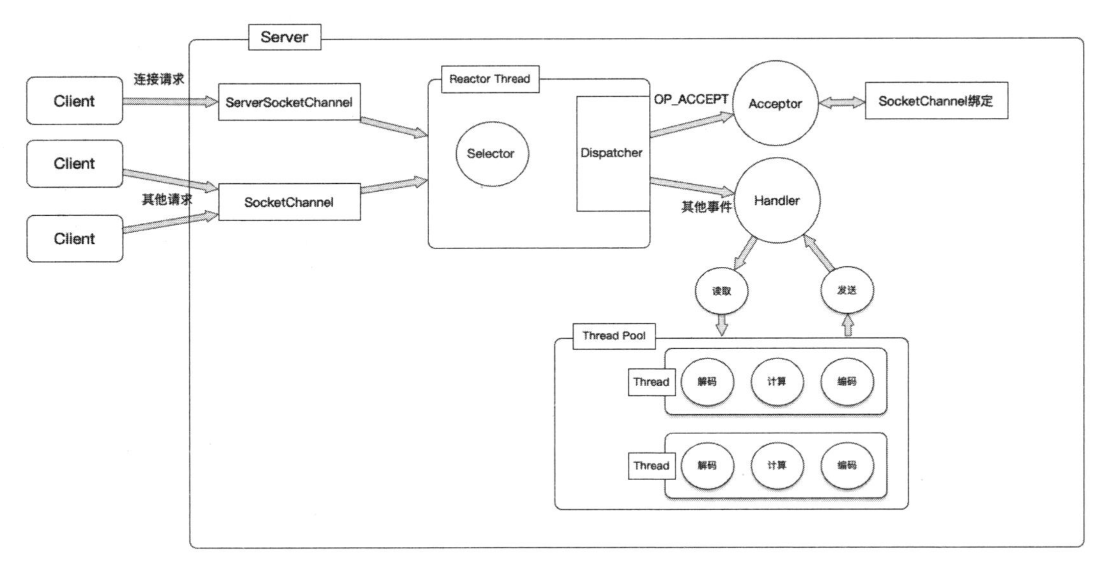

图 3-6

相对于第一种模型来说，将业务逻辑交给线程池来处理，可以充分利用多核 CPU 的处理能力，但是 Reactor 用一个线程处理了所有事件的监听和响应，在高并发应用场景下，容易出现性能瓶颈，所以出现了主从 Reactor 多线程模型。

3. 主从 Reactor 多线程模型

当客户端连接数很多，I/O 操作频繁时，单 Reactor 就会暴露问题。因为单 Reactor 只能同步处理 I/O 操作，连接事件往往没有读/写事件频繁，当 Reactor 角色在处理读/写事件时，新客户端的连接事件就会被阻塞，所以它会影响新客户端建立连接的请求，导致连接超时等情况。在主从 Reactor 多线程模型中专门处理了这个问题。主从 Reactor 多线程模型的处理架构如图 3-7 所示。

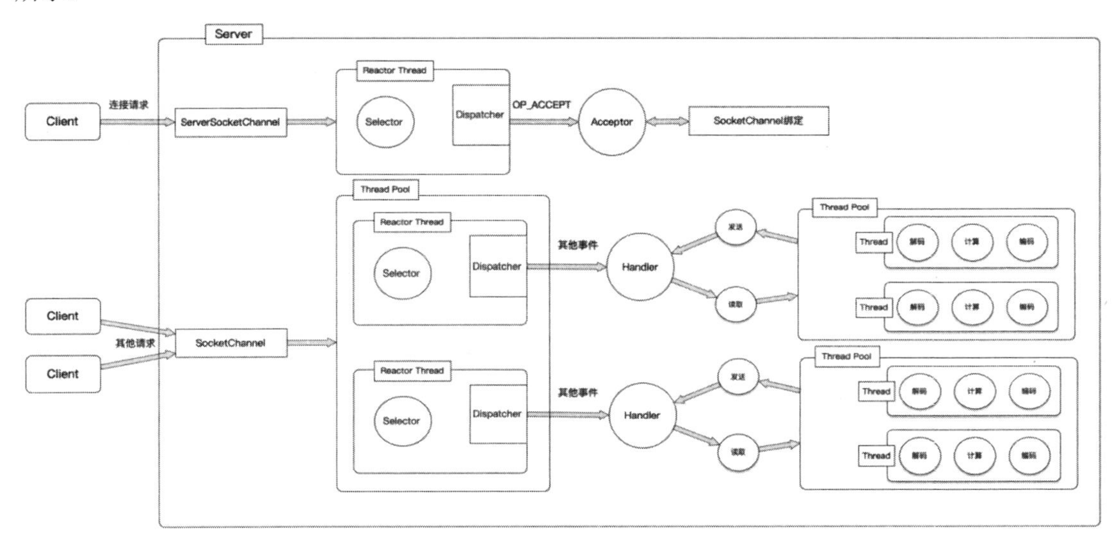

图 3-7

从图 3-7 中可以看到，处理连接事件的线程与处理读/写事件的线程隔离，避免了在读/写事件发生较为频繁的情况下影响新客户端连接的问题。在主从 Reactor 多线程模型中存在多个 Reactor，Main Reactor 一般只有一个，它负责监听和处理连接请求，而 Sub Reactor 可以有多个，用线程池进行管理，Sub Reactor 主要负责监听和处理读/写事件等。当然也可以将 Main Reactor 改为多个，通过线程池管理，但并不是 Main Reactor 越多越好，Main Reactor 的数量主要取决于客户端连接是否频繁。

3.3.3 AIO

AIO 是 Asynchronous I/O 的简称，是 JDK 1.7 之后引入的 Java I/O 新类库，它是 NIO 的升级版本，提供了异步非堵塞的 I/O 操作方式。异步 I/O 是基于事件和回调机制实现的，也就是应用程序发起请求之后会直接返回，不会阻塞，当后台处理完成时，操作系统会通知相应的线程执行后续的操作。在 Java 中，AIO 有两种使用方式：一种是简单的将来式，另一种是回调式。

- 将来式：Java 用 Future 类实现将来式，将执行任务交给线程池执行后，执行任务的线程并不会阻塞，它会返回一个 Future 对象，在执行结束后，Future 对象的状态会变成完成。在 Future 对象中可以获得对应的返回值，但是需要调用 get()方法来获取结果，如果结果还没返回，则调用 get()方法的线程就会被阻塞，这无疑跟同步调用相差无几。如果需要及时得到结果，那么这种方式甚至可能比同步调用的效率更低。
- 回调式：Java 提供了 CompletionHandler 作为回调接口，在调用 read()、write()等方法时，可以传入 CompletionHandler 的实现作为事件完成的回调接口，这种方式需要用户自行编写回调后的业务逻辑。

因为 Future 的 get()方法会阻塞线程，并且 Future 接口无法实现自动回调，所以在 Java 8 中提供了 CompletableFuture，它既支持原来的 Future 的功能，也支持回调式。除此之外，CompletableFuture 还支持不同 CompletableFuture 间的相互协调或组合，方便了异步 I/O 的开发。

下面是一个客户端和服务端的示例，其中用到了将来式和回调式。

服务端代码清单：

```
package samples.javaaio;

import java.net.InetSocketAddress;
import java.nio.ByteBuffer;
import java.nio.channels.AsynchronousServerSocketChannel;
import java.nio.channels.AsynchronousSocketChannel;
import java.nio.channels.CompletionHandler;
import java.util.concurrent.Future;

public class Server {

    private static final int DEFAULT_PORT = 3333;
    private final int port;

    public Server() {
        this(DEFAULT_PORT);
    }

    public Server(int port) {
        this.port = port;
    }
```

```
    public static void main(String[] args) {
        try {
            Server server = new Server();
            server.start();
        } catch (Exception e) {
            e.printStackTrace();
        }
    }


    public void start() throws Exception {
        AsynchronousServerSocketChannel serverSocketChannel =
AsynchronousServerSocketChannel.open();
        serverSocketChannel.bind(new InetSocketAddress(port));
        Future<AsynchronousSocketChannel> accept;
        while (true) {
            // 不会阻塞
            accept = serverSocketChannel.accept();

            // 阻塞等待连接
            AsynchronousSocketChannel socketChannel = accept.get();

            ByteBuffer buffer = ByteBuffer.allocate(1024);
            socketChannel.read(buffer, buffer, new ReadHandler(socketChannel));

        }
    }

    static class ReadHandler implements CompletionHandler<Integer, ByteBuffer> {
        private AsynchronousSocketChannel channel;

        public ReadHandler(AsynchronousSocketChannel channel) {
            this.channel = channel;
        }

        @Override
        public void completed(Integer result, ByteBuffer msg) {
            String body = new String(msg.array(), 0, result);
```

```
                System.out.println("server received data: " + body);

                ByteBuffer sendBuffer = ByteBuffer.allocate(1024);
                // 发送数据到客户端
                sendBuffer.clear();
                String sendContent = "Hello client.";
                sendBuffer.put(sendContent.getBytes());
                sendBuffer.flip();
                Future<Integer> write = channel.write(sendBuffer);
                while (!write.isDone()) {
                    try {
                        Thread.sleep(10);
                    } catch (InterruptedException e) {
                    }
                }
                System.out.println("response success.");

            }

            @Override
            public void failed(Throwable exc, ByteBuffer attachment) {
            }
        }


}
```

与原先NIO的实现方式不同，AIO使用了新的Channel来实现类AsynchronousSocketChannel 和 AsynchronousServerSocketChannel，并且在调用 accept()方法时用到了将来式 Future 来实现异步调用，而在调用 read()方法时则用到了回调式来实现异步调用，当 read()方法执行完成时，就会回调 ReadHandler 重写的 completed()方法。

客户端代码清单：

```
package samples.javaaio;

import java.io.IOException;
import java.net.InetSocketAddress;
```

```
import java.nio.ByteBuffer;
import java.nio.channels.AsynchronousSocketChannel;
import java.util.concurrent.Future;

public class Client {
    private final String serverHost;
    private final int serverPort;
    private AsynchronousSocketChannel clientChannel;

    public Client(String serverHost, int serverPort) {
        this.serverHost = serverHost;
        this.serverPort = serverPort;
    }

    public void connect() throws IOException {
        try {
            clientChannel = AsynchronousSocketChannel.open();
            InetSocketAddress inetSocketAddress = new InetSocketAddress (serverHost,
serverPort);
            Future<Void> connect = clientChannel.connect(inetSocketAddress);

            while (!connect.isDone()) {
                Thread.sleep(10);
            }
        } catch (InterruptedException ignored) {

        }
    }

    private void sendMsg() throws Exception {

        ByteBuffer sendBuffer = ByteBuffer.allocate(1024);
        sendBuffer.clear();
        String sendContent = "Hello server.";
        sendBuffer.put(sendContent.getBytes());
        sendBuffer.flip();
        Future<Integer> write = clientChannel.write(sendBuffer);
        while (!write.isDone()) {
```

```
            try {
                Thread.sleep(10);
            } catch (InterruptedException e) {
            }
        }

        ByteBuffer buffer = ByteBuffer.allocate(1024);
        Future<Integer> read = clientChannel.read(buffer);
        while (!read.isDone()) {
            Thread.sleep(10);
        }
        System.out.println("client received data from server: " + new
String(buffer.array(), 0, read.get()));
    }

    public static void main(String[] args) throws Exception{
        Client client = new Client("127.0.0.1",3333);
        client.connect();
        client.sendMsg();
    }
}
```

为了节省篇幅，客户端在调用 connect()、write()和 read()时采用了将来式，当然也可以选择回调式来实现异步调用。

Java 中的 AIO 采用的是 Proactor 模式，Proactor 模式是 I/O 多路复用技术的另一种常见模式，它主要用于异步 I/O 处理。Proactor 模式有如下六个角色。

- Handle：它和 Reactor 模式中的 Handle 是一个意思，都代表句柄或描述符。
- Proactor：Proactor 负责监听完成事件，当有事件完成时，选择对应的完成事件处理器进行处理。
- Asynchronous Operation Processor（异步操作处理器）：负责执行相关事件的 I/O 操作。
- Completion Event Queue（完成事件队列）：异步操作处理器执行完的 I/O 操作结果会被放入该队列，Proactor 会从该队列中获取相应的结果。
- Completion Event Handler（完成事件处理器）：与 Reactor 模式的 Event Handler 的区别在于，Completion Event Handler 针对的是完成的事件，而 Event Handler 针对的是就绪事件。
- Concrete Completion Event Handler：它是完成事件处理器的具体实现。

Proactor 模式和 Reactor 模式很相似，也会进行事件分发，不同于 Reactor 模式的是，它注册的并不是就绪事件，而是完成事件。这是因为 Reactor 模式是由应用程序自身处理 I/O 操作，而 Proactor 模式则是由内核进程处理 I/O 操作，当执行事件处理器时，Reactor 模式下的 I/O 操作还没有完成，只是就绪，而在 Proactor 模式下 I/O 操作已经完成。比如一次读事件发生，如果是 Reactor 模式，那么在事件分离器收到读事件就绪的信息后，需要主动调用 write()方法，直到 I/O 操作完成，再处理后续事件处理器的逻辑。如果是 Proactor 模式，那么只要读事件一到，在事件分离器上注册后，内核就会执行相关的 I/O 操作，完全不需要应用程序关心，直到监听到 I/O 操作完成，才会选择对应的事件处理器执行相应的逻辑。

3.4 远程通信实现方案之 Netty

Netty 是一款异步的、事件驱动的、用于构建高性能网络应用程序的框架。通俗地说，就是可以用 Netty 搭建客户端和服务端，建立两端之间的通信，实现跨进程通信。前面介绍了 Java 中 I/O 模型的几种封装方式，Netty 则是基于 NIO，并且参考 Reactor 设计模式设计的。而且 Netty 解决了很多 JDK 原生存在的问题，比如解决了原生的 NIO 存在的 epoll Bug，并且 Netty 加入了自己的一些特性，效率也提高了很多，比如相较于 NIO ByteBuffer，Netty 实现了 ByteBuf。

Netty 的创始人是韩国人 Trustin Lee，2004 年 6 月，Trustin Lee 发布了网络应用程序框架 Netty2 的 1.0 版本，Netty2 是 Java 社区中第一个基于事件驱动的网络应用程序框架。它的简单和易用吸引了许多网络应用开发者。随着 Netty2 社区的成熟，其问题也随之出现。Netty2 无法在文本协议上提供正常的通信能力，并且 Netty2 具有严重的设计缺陷，导致用户无法将 Netty2 用于构建具有多个并发客户端的应用程序。目前 Netty2 在 Maven 仓库中最后发布的版本是 2007 年 8 月发布的 1.9.2 版本。2008 年，Trustin Lee 加入 JBoss 公司，同年 10 月，JBoss 发布了 Netty3，Netty3 也正式出现在大众面前。Netty3 解决了 Netty2 中的诸多问题，比如可以支持构建多个并发客户端的应用程序等。Netty3 正式发布后，应用非常广泛，社区也非常活跃，版本迭代也非常迅速。目前 Netty3 在 Maven 仓库中的最新版本是 2020 年 5 月 6 日发布的 3.3.8 版本。2012 年，Trustin Lee 又决定出来单干，2013 年 7 月，Trustin Lee 发布了 Netty4。Netty4 对 Netty 做了诸多优化，比如线程模型的演进、引入内存池化技术等，并且 Netty4 没有做向下兼容，也就是说 Netty4 与 Netty3 不兼容。本节下面的示例如果未做特殊声明，都是基于 Netty4 进行讲解的。2013 年 12 月，Trustin Lee 发布了 Netty5，在 Netty5 中尝试了很多 JDK 的新特性，比如 ForkJoinPool 等，但是 Netty5 的版本迭代并不长久，在 2013 年 12 月发布了 5.0.0 Alpha1 版本，在 2015 年 3 月发布了 5.0.0 Alpha2 版本后就没有再发布新的版本了。2015 年 11 月，*Netty in Action* 的作者 Norman Maurer 提议废弃 Netty5。因为 Netty5 相对于 Netty4，性能并没有太多的提升，并且使用了 ForkJoinPool 等新特性，增加了复杂性，最终 Netty5 停止维护。从 Netty2、Netty3、Netty4 的 groudId 和 artifactId 就能看出 Netty 的发展情况。

Netty2 的 Maven 依赖如下：

```
<dependency>
    <groupId>net.gleamynode</groupId>
    <artifactId>netty2</artifactId>
    <version>1.9.2</version>
</dependency>
```

Netty3 的 Maven 依赖如下：

```
<dependency>
    <groupId>org.jboss.netty</groupId>
    <artifactId>netty</artifactId>
    <version>3.2.10.Final</version>
</dependency>
```

Netty4 的 Maven 依赖如下：

```
<dependency>
    <groupId>io.netty</groupId>
    <artifactId>netty-all</artifactId>
    <version>4.1.55.Final</version>
</dependency>
```

Netty3 和 Netty4 是目前使用最广泛的两个版本。

Netty 被运用在各个技术领域，比如大数据领域的 Spark、Hadoop，分布式领域的 ZooKeeper，消息队列领域的 RocketMQ 和 ActiveMQ 等中都能见到 Netty 的身影，当然它也是 RPC 框架中非常流行的一种远程通信实现方案。

Netty 作为通信方式的实现有哪些优势呢？下面从三个方面来讲述 Netty 比较重要的特性。

1. Netty API 开发门槛低，易用性和可扩展性强

现在应用程序的负载普遍偏高，在这样高负载的背景下，高效且可靠地处理和调度 I/O 操作是非常烦琐的事情，即使使用 JDK 的 I/O 类库，也非常容易出错。Netty 提供了简单的 API 供开发人员使用，它们让开发人员无须关心底层对操作系统的 I/O 调度及对线程的管理。除此之外，在易用性上 Netty 比 Java NIO 更强。比如 Netty 简化了连接事件的处理，JDK NIO 需要自己编写 ByteBuffer 从 Channel 中读取数据的逻辑，但是 Netty 不需要这个步骤，它已经对该读取数据的逻辑做了统一的封装，让开发者无须关心这部分逻辑。再比如在编码步骤中，Java NIO

需要开发人员自行实现编码器和解码器，但是 Netty 提供了强大的编/解码器，例如用于接收二进制数据的解码器 ByteToMessageDecoder、按行分隔的解码器 LineBasedFrameDecoder、接收 JSON 格式的解码器 JsonObjectDecoder 等。这些 API 大大提高了开发者的开发效率，让开发者更加关注上层业务，降低了开发者构建网络应用程序的门槛。除了 Netty 原生提供的丰富且强大的 API，它的可扩展性也非常强。Netty 使开发者更加关注的 ChannelHandler 可扩展，方便开发人员根据业务需要进行定制，并将 ChannelPipeline 基于责任链模式开发，便于业务逻辑的拦截、定制和扩展。Netty 还提供了大量的工厂类、接口等供开发人员扩展，并且提供了各类参数设置，方便开发人员对不同的业务场景设置不同的配置。

2. Netty 实现了高性能通信

Netty 之所以可以实现高性能通信，跟它的特性息息相关。

- 简单而强大的线程模型：线程模型直接反映了一个程序在运行时分配和执行任务的策略，Netty 提供了 EventLoop 和 EventLoopGroup，更加方便开发人员实现 Reactor 模式，基于 Reactor 模式可以设计出简单而强大的线程模型。Netty4 在 Netty3 的基础上进一步演进线程模型，比如使用串行化设计理念来避免多线程并发访问带来的锁竞争和整个运行流程中线程上下文切换带来的 CPU 资源开销等。
- 内存池设计：通过内存池的方式循环利用 ByteBuf，避免了频繁创建和销毁 ByteBuf 带来的性能消耗。内存池主要用来进行内存的管理和分配，有效减少内存碎片，避免内存浪费，同时减少频繁 GC 带来的性能影响。Netty 的内存分配策略参考了结合 buddy 分配和 slab 分配的 jemalloc 算法。
- 堆外内存的使用：TCP 接收和发送缓冲区采用直接内存代替堆内存，避免了内存复制，提升了 I/O 读取和写入性能。
- 并发编程优化：在并发编程中，Netty 也将 JDK 的并发编程的 API 能力发挥到极致，在 Netty 中合理使用线程安全容器、原子类等，提升了系统的并发能力。还在并发编程中做了许多的优化，比如采用环形数组缓冲区，实现无锁化并发编程，代替传统的线程安全容器或锁。
- 协议的支持：提供对 ProtoBuf 等高性能序列化协议的支持。

3. Netty 实现了高可靠通信

除了性能方面，高可靠性也是通信框架的一个衡量指标，以下三个方面是 Netty 实现高可靠通信的保证。

- 链路有效性检测：虽然长连接相对于短连接的性能更高，但是长连接的连接是否存活至关重要。为了知道长连接是否断开，往往需要通过心跳机制周期性地进行链路检测，避免在系统空闲时因网络闪断而断开连接，之后又遇到流量洪峰，大量的通信请求冲击导致请求的消息积压无法处理。通过心跳机制周期性地进行检测，当发现问题时，可以及时关闭链路，重建 TCP 连接，避免发生灾难性问题。Netty 提供了两种链路空闲检测机制。

  - 读空闲超时机制：读空闲超时机制是指在连续 N 个周期没有消息可读时发送心跳包，检测链路是否正常，心跳包发送会持续 M 个周期，如果连续 M 个周期都没有读取到心跳包回包消息，则可以主动关闭链路，重建连接。
  - 写空闲超时机制：写空闲超时机制是指连续 N 个周期没有消息需要发送时发送心跳包，检测链路是否正常，心跳包发送会持续 M 个周期，如果连续 M 个周期都没有读取到心跳包回包消息，则可以主动关闭链路，重建连接。

- 内存保护机制：Netty 可设置内存容量上限，提供各类可配置的设计，包括 ByteBuf 的大小配置、线程池线程数配置等，避免异常请求耗光内存。
- 优雅停机：优雅停机指的是当系统退出时，系统进程不会直接强制退出，如果强制退出，缓冲区中的请求消息没有处理完，则会导致这部分请求失败。如果客户端是阻塞等待请求结果的，还会导致整个客户端阻塞，影响客户端正常的运行。所以当系统退出时，需要等待所有请求处理完成。JVM 通过注册的 Shutdown Hook 拦截退出信号量，然后执行退出操作，比如释放相关模块的资源，不再接收新的请求。当缓冲区的请求消息处理完成或清空等操作完成后，进程才会完全退出。

3.4.1 Netty 核心组件

1. Bootstrap 和 ServerBootstrap

这两个是引导类，都继承了 AbstractBootstrap 类。引导类的作用就是将各个组件进行组装，它可以组装所有需要用到的组件，比如 Channel、EventLoopGroup、ChannelHandler 等。Bootstrap 专门作为客户端的引导类，除了组装客户端相关组件，还提供了绑定和连接方法，用来提供与远程服务建立连接的事件。ServerBootstrap 作为服务端的引导类，除了组装服务端组件，同样提供了 bind 方法，但是没有提供连接方法。因为按照常理，都是客户端连接服务端，服务端只需要监听本地端口，接收和处理该端口上的连接事件等。在 ServerBootstrap 对象调用 bind 方法后，意味着该服务端已经绑定了本机上的端口，并且把端口暴露出来，也就是服务器已经启动，允许客户端进行连接。

2. Channel

Channel 是一个接口，它是 Netty 网络操作抽象类，它除定义了基本的 I/O 操作外，还定义了注册、绑定、连接等方法，并且定义了与 Netty 相关的方法，比如获取该 Channel 的 EventLoop 等。它抽象的就是 Java NIO 中提到的 Channel。Channel 生命周期的状态如下。

- 注册状态：当一个 Channel 注册到 EventLoop 上，可以处理 I/O 时，该 Channel 就是注册状态。ChannelInboundHandler 中的 channelRegistered 方法将在注册时被调用。
- 未注册状态：Channel 没有注册在 EventLoop 上，当一个 Channel 从它的 EventLoop 上解除注册，不再处理 I/O 时，ChannelInboundHandler 中的 channelUnregistered 方法将在注册时被调用。
- 活跃状态：如果 Channel 是连接/绑定、就绪的，则是活跃状态，当 Channel 变成活跃状态时，ChannelInboundHandler 中的 channelActive 方法被调用。
- 非活跃状态：当不再连接到某个远端节点时，Channel 将处于非活跃状态，当 Channel 离开活跃状态时，ChannelInboundHandler 中的 channelInactive 方法被调用。
- 数据可读状态：该状态表明当前的 Channel 有数据可读，当处于该状态时，channelRead 函数会被调用。
- 读数据完成状态：该状态表明当前 Channel 中的数据读取已经完成，当处于该状态时，channelReadComplete 方法将被调用。

3. ChannelFuture

前面讲到 JDK 中提供了 Future，后来又提供了 CompletableFuture 来支持异步。Netty 提供的 ChannelFuture 与 Java 8 提供的 CompletableFuture 有些相似，ChannelFuture 继承了 Netty 中的 io.netty.util.concurrent.Future，io.netty.util.concurrent.Future 类实现了 JDK 中提供的 io.netty.util.concurrent.Future 接口，也就是 ChannelFuture 是在 JDK 的 Future 基础上进行改造的。Netty 的所有 I/O 都会返回一个 ChannelFuture 对象，所有操作都不会阻塞。I/O 操作是否完成、执行结果、执行过程中出现的异常等信息都可以在 ChannelFuture 中获取，这也说明了 Netty 支持全异步。而且还可以为 ChannelFuture 添加监听器 ChannelFutureListener 来提供通知机制，这样就可以知道操作何时完成，见下面的示例：

```
ChannelFuture channelFuture = bootstrap.bind(IP, port).sync();
channelFuture.addListener(new ChannelFutureListener(){
    public void operationComplete(ChannelFuture channelFuture) throws Exception {
        System.out.println("连接完成");
    }
});
```

这部分逻辑执行了一个绑定操作，调用了 addListener 方法，注册了一个 ChannelFutureListener，在绑定操作完成后，会执行 operationComplete 里面的逻辑，如果绑定操作有异常，则可以在 ChannelFuture 中获取相关的 Throwable 类型异常。

4. EventLoop 和 EventLoopGroup

可以将 EventLoop 理解为 Reactor 模式中的 Reactor，每个 EventLoop 维护着一个 Selector 实例，多个 Channel 可以注册在一个 EventLoop 上。当事件到来时，EventLoop 根据不同的事件选择 ChannelHandler 进行处理。在一个 EventLoop 的生命周期内，只能与一个线程进行绑定，也就是 EventLoop 和线程（Thread）一一对应，Reactor 模式的三种实现也体现在 EventLoop 和 EventLoopGroup 上。

5. ChannelHandler

ChannelHandler 是事件发生时的回调处理器，当一个事件发生时，它的回调处理器将被触发，比如当 Channel 的状态变为数据可读状态时，会回调 ChannelHandler 的 channelRead 函数。ChannelHandler 就是 Reactor 模式中的事件处理器。ChannelHandler 的家族里面定义了各类事件的回调方法，当对应事件触发时，相关的回调方法就会被执行。ChannelHandler 有两个子接口 ChannelInboundHandler 和 ChannelOutboundHandler。ChannelInboundHandler 定义了入站数据及状态变化，ChannelOutboundHandler 定义了出站数据及拦截所有出站的操作。ChannelHandler 的生命周期就是从 ChannelHandler 被添加到 ChannelPipeline 中，再到将 ChannelHandler 从 ChannelPipeline 中移除。针对 ChannelHandler 的添加和移除，Netty 也提供了以下两个有关 ChannelHandler 生命周期变更的回调函数：

- handlerAdded：将 ChannelHandler 添加到 ChannelPipeline 中的时候被调用。
- handlerRemoved：将 ChannelHandler 从 ChannelPipeline 中移除的时候被调用。

6. ChannelPipeline

一个客户端连接肯定会发送各类事件的请求，也就是说一个 Channel 内必然会有多个事件产生，那么就存在如图 3-8 所示的情况，会有多个不同的 Handler 实现来响应对应的事件，这时就需要用到 ChannelPipeline。可以把 ChannelPipeline 认为是处理 ChannelHandler 的链，ChannelPipeline 管理着该通道的所有 ChannelHandler，包括 ChannelHandler 的生命周期及执行顺序，还提供了操作 ChannelHandler 的丰富方法，比如添加、删除或者替换 ChannelHandle，并且 ChannelPipeline 有丰富的 API 可以用来影响出站和入站事件。

ChannelPipeline 中包含多个 ChannelInboundHandler 和 ChannelOutboundHandler。一个 Handler，总会有出站或者入站，也就是 ChannelHandler 的子类 ChannelInboundHandler 和 ChannelOutboundHandler，每个出站或者入站都有顺序，这些顺序连接在一起，就形成了 ChannelPipeline。在创建每个 Channel 的时候都会创建一个 ChannelPipeline。Channel 与 ChannelPipeline 是一一对应的，在整

个 Channel 的生命周期内都不会改变。

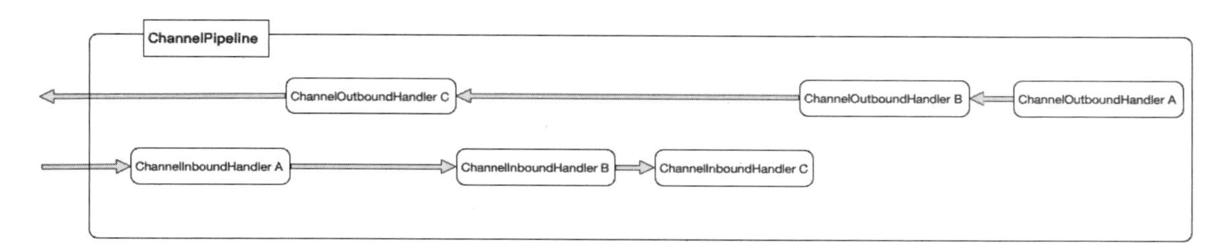

图 3-8

3.4.2 线程模型

Netty 线程模型基于 NIO，并且参考了 Reactor 模式。Netty 线程模型跟 EventLoop 和 EventLoopGroup 息息相关。图 3-9 就是 Netty 在 Reactor 模式基础上设计的线程模型。

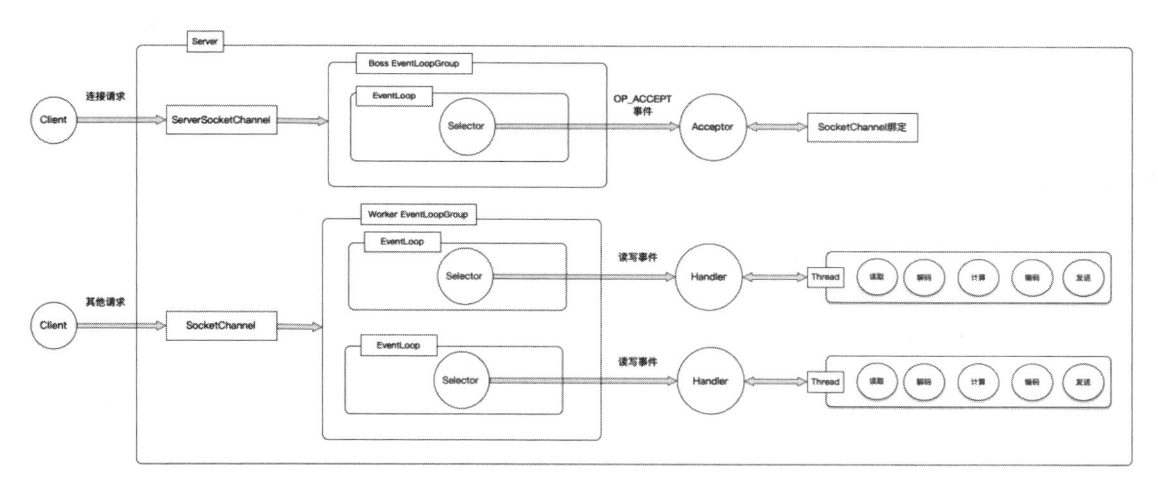

图 3-9

前面说过 EventLoop 和线程（Thread）一一对应，而可以将 EventLoopGroup 理解为线程池。在搭建服务端的时候，经常会创建两个 EventLoopGroup 对象，暂时分别叫作 bossGroup 和 workerGroup。bossGroup 一般只管理一个 EventLoop，专门用来处理客户端的连接事件，类似于 Reactor 模式的主从 Reactor 多线程实现方式，只是一个 EventLoop 对应的就是一个 Reactor，主要负责一些事件的调度策略。EventLoop 可以管理多个 Channel，针对不同的事件选择不同的 ChannelPipeline 进行处理。一个 Channel 对应一个 ChannelPipeline，一个 ChannelPipeline 管理多个 ChannelHandler。

当然我们也可以使用除主从 Reactor 多线程实现方式外的其他实现方式，比如单 Reactor 单线程实现方式等。Netty 的核心实现就是利用 EventLoop 和 EventLoopGroup 来控制 Reactor 数量及线程数量，从而实现 Reactor 模式的各类实现方式。

下面是一个搭建服务端和客户端的示例。

第一步，添加 Maven 依赖。

```
<dependency>
    <groupId>io.netty</groupId>
    <artifactId>netty-all</artifactId>
    <version>4.1.55.Final</version>
</dependency>
```

第二步，编写服务端 NettyServer.java 和 NettyServerHandler.java。

NettyServer.java 代码清单：

```
package samples.netty;

import io.netty.bootstrap.ServerBootstrap;
import io.netty.channel.*;
import io.netty.channel.nio.NioEventLoopGroup;
import io.netty.channel.socket.nio.NioServerSocketChannel;
import io.netty.handler.codec.LengthFieldBasedFrameDecoder;
import io.netty.handler.codec.LengthFieldPrepender;
import io.netty.handler.codec.string.StringDecoder;
import io.netty.handler.codec.string.StringEncoder;
import io.netty.util.CharsetUtil;

public class NettyServer {

    private static String IP = "127.0.0.1";
    private static int port = 3333;
    private static final EventLoopGroup bossGroup = new NioEventLoopGroup
(Runtime.getRuntime().availableProcessors() * 2);
    private static final EventLoopGroup workerGroup = new NioEventLoopGroup(100);

    public static void init() throws Exception {
        ServerBootstrap bootstrap = new ServerBootstrap();
```

```
        bootstrap.group(bossGroup, workerGroup);
        bootstrap.channel(NioServerSocketChannel.class);

        bootstrap.childHandler(new ChannelInitializer<Channel>() {
            @Override
            protected void initChannel(Channel channel) throws Exception {
                // pipeline 管理 Channel 中的 Handler
                ChannelPipeline pipeline = channel.pipeline();
                pipeline.addLast(new LengthFieldBasedFrameDecoder (Integer.MAX_VALUE,
0, 4, 0, 4));
                pipeline.addLast(new LengthFieldPrepender(4));
                pipeline.addLast(new StringDecoder(CharsetUtil.UTF_8));
                pipeline.addLast(new StringEncoder(CharsetUtil.UTF_8));
                pipeline.addLast(new NettyServerHandler());
            }
        });
        ChannelFuture channelFuture = bootstrap.bind(IP, port).sync();
        channelFuture.addListener((ChannelFutureListener)      channelFuture1      ->
System.out.println("Complete connection."));
        channelFuture.channel().closeFuture().sync();
    }


    public static void main(String[] args) throws Exception {
        NettyServer.init();
    }

}
```

NettyServerHandler.java 代码清单：

```
package samples.netty;

import io.netty.buffer.Unpooled;
import io.netty.channel.ChannelFutureListener;
import io.netty.channel.ChannelHandlerContext;
import io.netty.channel.ChannelInboundHandlerAdapter;
```

```
public class NettyServerHandler extends ChannelInboundHandlerAdapter {

    @Override
    public void channelRead(ChannelHandlerContext ctx, Object msg){
        System.out.println("server received data:" + msg);
        ctx.write("Hello client.");
    }

    @Override
    public void channelReadComplete(ChannelHandlerContext ctx) {
        ctx.writeAndFlush(Unpooled.EMPTY_BUFFER)
                .addListener(ChannelFutureListener.CLOSE);
    }

}
```

第三步，编写客户端 NettyClient.java 和 NettyClientHandler.java。

NettyClient.java 代码清单：

```
package samples.netty;

import io.netty.bootstrap.Bootstrap;
import io.netty.channel.*;
import io.netty.channel.nio.NioEventLoopGroup;
import io.netty.channel.socket.SocketChannel;
import io.netty.channel.socket.nio.NioSocketChannel;
import io.netty.handler.codec.LengthFieldBasedFrameDecoder;
import io.netty.handler.codec.LengthFieldPrepender;
import io.netty.handler.codec.string.StringDecoder;
import io.netty.handler.codec.string.StringEncoder;
import io.netty.util.CharsetUtil;

public class NettyClient implements Runnable {

    @Override
    public void run() {
        EventLoopGroup group = new NioEventLoopGroup();
        try {
```

```
            Bootstrap b = new Bootstrap();
            b.group(group);
            b.channel(NioSocketChannel.class).option(ChannelOption.TCP_NODELAY, true);
            b.handler(new ChannelInitializer<SocketChannel>() {
                @Override
                protected void initChannel(SocketChannel ch) throws Exception {
                    ChannelPipeline pipeline = ch.pipeline();
                    pipeline.addLast("frameDecoder", new LengthFieldBasedFrameDecoder
(Integer.MAX_VALUE, 0, 4, 0, 4));
                    pipeline.addLast("frameEncoder", new LengthFieldPrepender(4));
                    pipeline.addLast("decoder", new StringDecoder(CharsetUtil.UTF_8));
                    pipeline.addLast("encoder", new StringEncoder(CharsetUtil.UTF_8));

                    pipeline.addLast("handler", new NettyClientHandler());
                }
            });

            ChannelFuture f = b.connect("127.0.0.1", 3333).sync();
            long cu = System.currentTimeMillis();
            f.channel().writeAndFlush("Hello Server!" + Thread.currentThread().
getName() + ":--->:" + Thread.currentThread().getId());
            System.out.println(Thread.currentThread().getName() + ":--->:" +
Thread.currentThread().getId() + "————————————" + (System.currentTimeMillis() - cu));

            f.channel().closeFuture().sync();

        } catch (Exception e) {

        } finally {
            group.shutdownGracefully();
        }
    }


    public static void main(String[] args) throws Exception {

        for (int i = 0; i < 10; i++) {
            new Thread(new NettyClient(), "【this thread】 " + i).start();
```

```
        }
    }


}
```

NettyClientHandler.java 代码清单：

```
package samples.netty;

import io.netty.channel.ChannelHandlerContext;
import io.netty.channel.ChannelInboundHandlerAdapter;

public class NettyClientHandler extends ChannelInboundHandlerAdapter {
    @Override
    public void channelRead(ChannelHandlerContext ctx, Object msg) throws Exception {
        System.out.println("client received data from server:" + msg);
    }
}
```

先启动服务端应用程序，然后启动客户端应用程序，在服务端控制台可以看到以下输出内容：

```
Complete connection.
server received data:Hello server!【this thread】 2:--->:13
server received data:Hello server!【this thread】 4:--->:15
server received data:Hello server!【this thread】 1:--->:12
server received data:Hello server!【this thread】 5:--->:16
server received data:Hello server!【this thread】 8:--->:19
server received data:Hello server!【this thread】 7:--->:18
server received data:Hello server!【this thread】 6:--->:17
server received data:Hello server!【this thread】 9:--->:20
server received data:Hello server!【this thread】 0:--->:11
server received data:Hello server!【this thread】 3:--->:14
```

如果在客户端控制台看到以下输出内容：

```
client received data from server:Hello client.
```

则说明服务端和客户端都收到了各自的消息，它们之间发生了正常的通信。

3.5　远程通信实现方案之 Mina

Mina（Multipurpose Infrastructure for Network Applications）是一个网络应用程序框架，它与 Netty 颇有渊源。前面提到了 Netty 的整个发展历程，在 Netty2 与 Netty3 之间，还存在一个产品，那就是 Mina，也就是说 Mina 和 Netty 都出自 Trustin Lee 之手。Trustin Lee 收集了大量有关用户喜欢 Netty2 的什么，以及他们希望在 6 个月内获得哪些改进的信息。其中包括用户喜欢 Netty2 的易用性和单元可测试性，并且他们希望 Netty2 能够支持 UDP/IP 和文本协议。当时的Netty2 并不能满足用户的需求，所以急需一种更灵活和更可扩展的网络应用程序框架。在 2003 年的 Apache Directory 上，Alex Karasulu 正在研究基于 Matt Welsh 的 SEDA（分段事件驱动的体系结构）开发的网络应用程序框架。经过几次迭代，Alex Karasulu 意识到 SEDA 管理起来非常困难，并开始研究其他网络应用程序框架以寻找替代方案。他研究了 Netty2 之后，找到了 Trustin Lee，并邀请他一起设计一个新的网络应用程序框架。2004 年 9 月，Trustin Lee 正式加入 Apache Directory 团队，并和 Alex Karasulu 决定将两种体系结构的概念混合在一起，以创建一个新的网络应用程序框架。他们交换了各种想法，以提取两个传统框架的优势，最终推出 Mina。2005 年 5 月官方发布了第一个版本 Mina 0.7.1，并在 Apache Directory Server（ApacheDS）项目中使用，2006 年 10 月发布了 Mina 1.0.0 版本。目前 Mina 还处于维护状态，不过迭代速度并不是很快，最新的版本就是 2020 年 8 月发布的 2.1.4 版本。Mina 相对于 Netty2，扩展性和易用性提高了许多，并且也实现了用户提出的需求。它实现了 ApacheDS 中的几种复杂协议：LDAP、Kerberos、DNS 和 NTP。Mina 是一款非常受欢迎的网络应用程序框架，它也是 RPC 框架中一种远程通信的实现方案。

Mina 作为远程通信的实现方案有什么优势呢？它的优势主要体现在以下几个方面。

（1）支持的协议类型丰富：Mina 提供了适用于各种传输协议的统一 API，它除了支持 TCP/IP，还支持 UDP/IP。在处理 UDP 上，Netty 和 Mina 有一些区别，Netty 将 UDP 无连接的特性暴露出来；而 Mina 对 UDP 进行了高级层次的抽象，可以把 UDP 当成“面向连接”的协议，而要 Netty 做到这一点则比较困难。在 Mina 中，一个 UDP 请求会按照客户端地址产生一个新的 IoSession，过期时间是 1 分钟，这样就可以将一个无连接的 UDP 协议请求抽象成与有连接的协议一样，都用 IoSession 表示。

（2）支持的传输类型丰富：Mina 除了提供 TCP、UDP 这一类网络传输类型，还支持通过 RXTX 实现串行接口的通信传输类型、虚拟机中的管道通信传输类型等，并且它还提供了统一的 API，以方便用户自己实现其他传输类型，这样大大提高了可扩展性。

（3）提供了安全机制：Mina 提供了“开箱即用”的 SSL/TLS。

（4）高度可定制的线程模型：Mina 的线程模型与 Netty3 类似，也是基于 Reactor 模式进行设计的，它能够提供单线程、单线程池、多线程池的线程模型。比如，希望服务端处理的业务线程用线程池进行管理，可在 FilterChain 中添加 ExecutorFilter：

```
acceptor.getFilterChain().addLast("threadPool",        new        ExecutorFilter
(Executors.newCachedThreadPool()));
```

（5）提供了许多可插拔的功能：Mina 中提供的许多功能都是通过 Filter 的责任链设计模式实现的，它们能够做到可插拔，比如提供黑名单功能的 BlacklistFilter、提供传输数据压缩功能的 CompressionFilter 等。

Mina 与 Netty3、Netty4 相比，的确略显小众化，毕竟 Mina 和 Netty 出自同一人之手，而且 Netty3 及后续的版本相较于 Mina 更晚出现，而且现在 Mina 依赖 Apache 维护，Netty 的社区环境和团队的迭代速度也优于 Mina。Mina 中暴露的很多问题都在 Netty 中得以解决，比如部分特性的设计问题引起的性能问题。在开发流程上，Mina 要比 Netty 更方便，因为 Mina 具有更多“开箱即用”的功能，许多功能都被封装在了 IoService 中。缺点是内部的一些特性联系过于紧密，有些特性用户并不需要，但也被集成进来，增加了复杂性，性能有所下降。

Mina 官网提供的分层架构如图 3-10 所示。

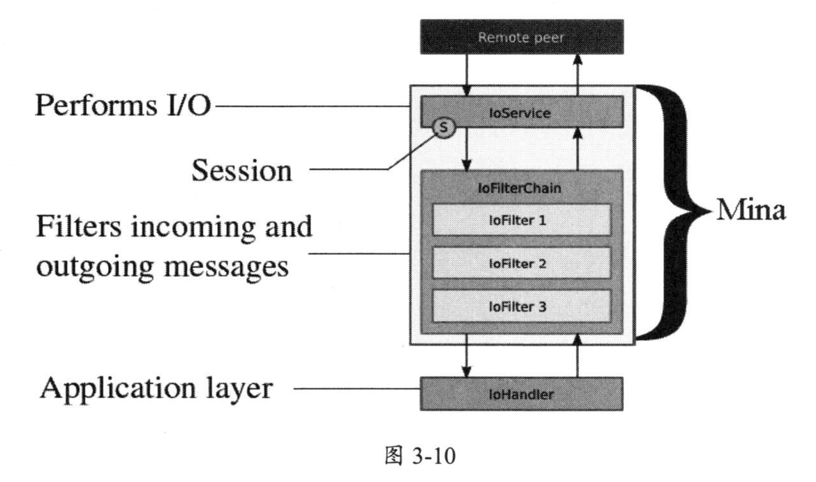

图 3-10

从图 3-10 中可以看到，Mina 的几个核心组件分别是 IoSession、IoService、IoHandler、IoFilter、IoFilterChain，下面分别进行介绍。

- IoSession：IoSession 是对一个连接的抽象，网络通信相关操作的请求都是基于一个 IoSession 实例进行的，它的生命周期和连接绑定在一起，一个 IoSession 代表了一路会话。IoSession 管理着客户端和服务端之间的连接，它可以阻断两端的通信，也可以配置缓冲区大小、连接闲置时间等。IoSession 还有存储功能，可以存储连接相关的附加属性，同时它还可以统计连接中发送和接收的字节数等。

- IoService：IoService 有许多职责，首先是会话管理的职责，因为它需要创建和删除会话，并且它还提供了检测空闲连接的功能。除了会话管理的职责，它还需要管理过滤链、调用不同事件对应的 IoHandler、管理监听器，以及处理服务端和客户端之间的数据传输。Mina 中的 IoService 有两个比较重要的子接口 IoAcceptor 和 IoConnector。
    - IoAcceptor：该接口的实现类用于构建服务端。它负责在客户端和服务端之间创建新的连接，服务端接收传入的连接请求。
    - IoConnector：该接口的实现类用于构建客户端，主要负责发送连接请求到服务端。
- IoHandler：IoHandler 与 Netty 中的 ChannelHandler 有着类似的职责，它是 Reactor 模式中的事件处理器，在一个事件的回调被触发后，就会执行相关的 IoHandler 实现，IoHandler 就是负责业务处理的。IoHandler 有以下七个比较重要的方法。
    - sessionCreated：该方法将在一个新的连接被创建时执行。
    - sessionOpened：该方法将在一个连接被打开时执行。
    - sessionClosed：该方法将在一个连接被关闭时执行。
    - sessionIdle：该方法将在会话变为闲置状态时执行。UDP 不会调用该方法。
    - exceptionCaught：该方法在异常被捕获时执行。
    - messageReceived：该方法在一个消息被接收时执行。
    - messageSent：该方法在一个消息请求被发送时执行。
- IoFuture：IoFuture 与 Netty 中的 ChannelFuture 有一样的职责，都是为了实现所有 I/O 操作不会阻塞，可以进行异步调用。同样它也支持添加监听器，也就是 IoFutureListener 的实现类。当被监听的事件执行时，会执行 operationComplete 里面的逻辑。
- IoFilterChain：IoFilterChain 是 Mina 对 IoFilter 集合的抽象，提供不同功能的 IoFilter 被组装成一个执行链路，该执行链路即 IoFilterChain。
- IoFilter：业务逻辑放在了 IoHandler 的实现类中，那么 IoFilter 的作用是什么呢？还记得 Netty 中有一个叫作 ChannelPipeline 的组件吗？可以认为 ChannelPipeline 是处理 ChannelHandler 的链，ChannelPipeline 管理着该通道的所有 ChannelHandler，包括 ChannelHandler 的生命周期及执行顺序等。IoFilter 也有着类似的职责，作为 IoService 和 IoHandler 的桥梁，IoFilter 有着丰富的实现，可供开发人员任意组合（组合成一个 IoFilterChain）。在执行 IoHandler 的回调方法之前和之后，执行过滤器链中的过滤器，实现对应的功能，起到功能增强的作用。比如 IoFilter 的黑名单过滤器 BlackListFilter、压缩过滤器 CompressionFilter、SSL 加密过滤器 SSLFilter 等，都实现了对应的功能。最典型的就是编解码过滤器，只要在 IoService 的过滤器链里添加所需的编/解码过滤器，就可以在执行 IoHandler 回调方法前后分别进行解码和编码。

除了以上六个核心组件，与 Mina 的线程模型息息相关的 IoProcessor 也非常重要。Mina 的 IoProcessor 负责 I/O 操作的执行，所以一个 IoProcessor 对应一个 Thread。IoProcessor 与 IoAcceptor 或者 IoConnector 本质上是一样的，都是处理事件，但是 IoAcceptor 或者 IoConnector 分别对应接收连接和发送连接事件，而 IoProcessor 则是对应数据的读/写事件。IoProcessor 的职责有点类似于 Reactor 模式中的 Reactor。Mina 的线程模型在设计上也基于 Reactor 模式，并且实现方式取决于配置。当过滤器链没有加入线程池过滤器 ExecutorFilter 的时候，业务逻辑处理和 IoProcessor 使用同一个线程。图 3-11 为 Mina 的线程模型。

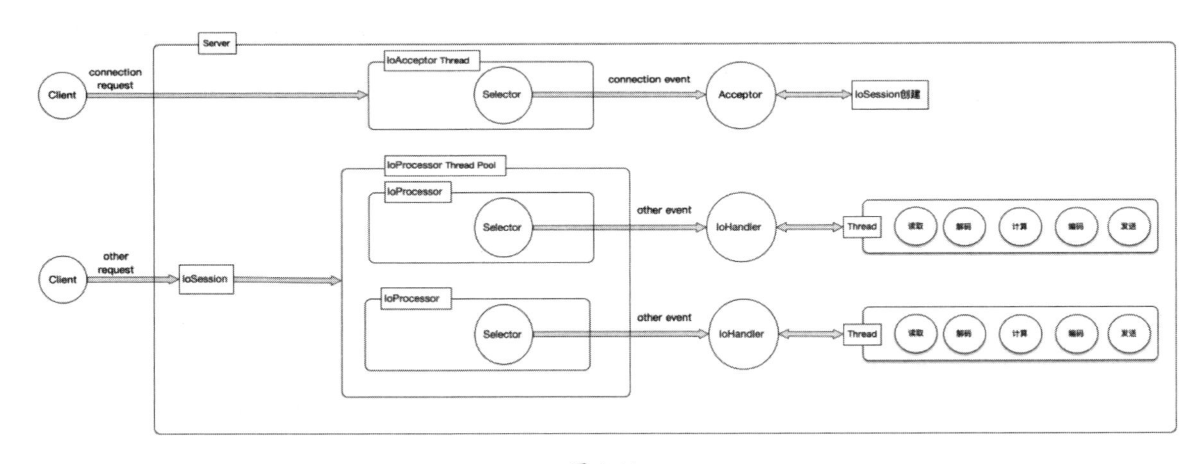

图 3-11

从图 3-11 中可以看到，Mina 的线程模型与 Reactor 模式中的主从 Reactor 多线程模型很类似，这里因为没有加入线程池过滤器 ExecutorFilter，所以每一个 IoProcessor 都和 IoHandler 共用同一个线程。如果添加了 ExecutorFilter，则处理架构图如图 3-12 所示。

通过图 3-12 会发现，计算这一步骤被单独拿了出来，IoProcessor 所在的线程除了执行 I/O 操作，还会调度编/解码等过滤器逻辑。回调的计算逻辑则是真实的业务逻辑，当设置了线程池过滤器时，这一步骤就会用别的线程来执行。不管怎么变化，大致的模型仍基于 Reactor 模式中的主从 Reactor 多线程模型。

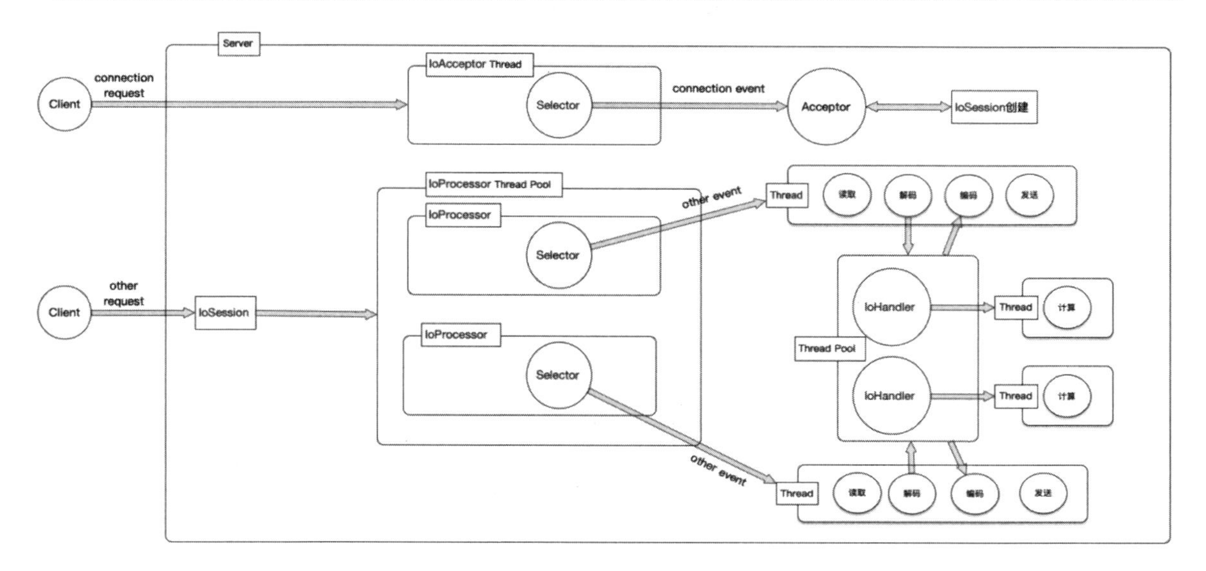

图 3-12

下面是一个 Mina 搭建服务端和客户端的例子。

第一步，添加 Maven 依赖。

```
<dependency>
    <groupId>org.apache.mina</groupId>
    <artifactId>mina-core</artifactId>
    <version>2.0.7</version>
</dependency>
<dependency>
    <groupId>org.apache.mina</groupId>
    <artifactId>mina-integration-spring</artifactId>
    <version>1.1.7</version>
</dependency>
```

第二步，搭建服务端 MinaServer.java 和 MinaServerHandler.java。

MinaServer.java 代码清单：

```
package samples.minaTest;

import org.apache.mina.core.service.IoAcceptor;
import org.apache.mina.core.session.IdleStatus;
```

```
import org.apache.mina.filter.codec.ProtocolCodecFilter;
import org.apache.mina.filter.codec.textline.LineDelimiter;
import org.apache.mina.filter.codec.textline.TextLineCodecFactory;
import org.apache.mina.transport.socket.nio.NioSocketAcceptor;

import java.io.IOException;
import java.net.InetSocketAddress;
import java.nio.charset.Charset;
import java.nio.charset.StandardCharsets;

public class MinaServer {
    public static void init() throws IOException {
        IoAcceptor acceptor = new NioSocketAcceptor();
        acceptor.getSessionConfig().setReadBufferSize(2048);
        acceptor.getSessionConfig().setIdleTime(IdleStatus.BOTH_IDLE, 10);
        acceptor.getFilterChain().addLast("codec",
                new ProtocolCodecFilter(new TextLineCodecFactory
                        (StandardCharsets.UTF_8,
                         LineDelimiter.WINDOWS.getValue(),
                         LineDelimiter.WINDOWS.getValue()))
        );
        acceptor.setHandler(new MinaServerHandler());
        acceptor.bind(new InetSocketAddress(3333));
    }
    public static void main(String[] args) throws IOException {
        MinaServer.init();
    }
}
```

MinaServerHandler.java 代码清单：

```
package samples.minaTest;

import org.apache.mina.core.service.IoHandlerAdapter;
import org.apache.mina.core.session.IoSession;

public class MinaServerHandler extends IoHandlerAdapter {

    @Override
```

```
    public void messageReceived(IoSession session, Object message) throws Exception {
        String str = message.toString();
        System.out.println("The message received is " + str);
    }

    @Override
    public void sessionCreated(IoSession session) throws Exception {
        System.out.println("server session created");
        super.sessionCreated(session);
    }

    @Override
    public void sessionOpened(IoSession session) throws Exception {
        System.out.println("server session Opened");
        super.sessionOpened(session);
    }

    @Override
    public void sessionClosed(IoSession session) throws Exception {
        System.out.println("server session Closed");
        super.sessionClosed(session);
    }

}
```

第三步，搭建客户端 MinaClient.java 和 MinaClientHandler.java。

MinaClient.java 代码清单：

```
package samples.minaTest;

import org.apache.mina.core.service.IoConnector;
import org.apache.mina.filter.codec.ProtocolCodecFilter;
import org.apache.mina.filter.codec.textline.LineDelimiter;
import org.apache.mina.filter.codec.textline.TextLineCodecFactory;
import org.apache.mina.transport.socket.nio.NioSocketConnector;

import java.net.InetSocketAddress;
import java.nio.charset.Charset;
import java.nio.charset.StandardCharsets;
```

```
public class MinaClient {

    public static void main(String[] args) {
        IoConnector connector = new NioSocketConnector();
        connector.setConnectTimeoutMillis(30000);
        connector.getFilterChain().addLast("codec",
                new ProtocolCodecFilter(new TextLineCodecFactory
                        (StandardCharsets.UTF_8,
                         LineDelimiter.WINDOWS.getValue(),
                         LineDelimiter.WINDOWS.getValue())));

        connector.setHandler(new MinaClientHandler("Hello Server!"));

        connector.connect(new InetSocketAddress("127.0.0.1", 3333));

    }

}
```

MinaClientHandler.java 代码清单：

```
package samples.minaTest;

import org.apache.mina.core.service.IoHandlerAdapter;
import org.apache.mina.core.session.IoSession;

public class MinaClientHandler extends IoHandlerAdapter {
    private final String values;

    public MinaClientHandler(String values) {
        this.values = values;
    }
    @Override
    public void sessionOpened(IoSession session) {
        session.write(values);
    }
}
```

先启动服务端应用，再启动客户端应用，如果在服务端控制台看到以下输出内容：

```
server session created
server session Opened
The message received is Hello Server!
```

则说明服务端收到了客户端的请求，它们之间发生了正常的通信。

3.6　远程通信实现方案之 Grizzly

Grizzly 在 2004 年诞生于 GlassFish 项目中。Grizzly 是一种应用程序框架，Grizzly 的目标是帮助开发人员使用 NIO 构建可扩展且强大的服务器，并提供可扩展的框架组件：Web 框架（HTTP/S）、WebSocket、Comet 等。它使用 Java NIO 作为基础，并隐藏了 Java NIO 编程的复杂性，封装了容易使用的高性能的 API。Grizzly 作为 GlassFish 中非常重要的项目之一，除了 GlassFish、Shoal 和 Jersey 等 Java 项目在使用 Grizzly，还有 Wellfleet Software、Open-Xchange 等组织也在使用 Grizzly。Grizzly1.0 在 2006 年时非常流行，很多协议实现都基于 Grizzly。Grizzly 的 2.x 版本止步于 2019 年 1 月发布的 2.4.4 版本，该 2.x 版本现在已经不再维护。2020 年 12 月，Grizzly 发布了最新的 3.0.0 版本，3.x 版本不再向下兼容。

Grizzly 的架构如图 3-13 所示。

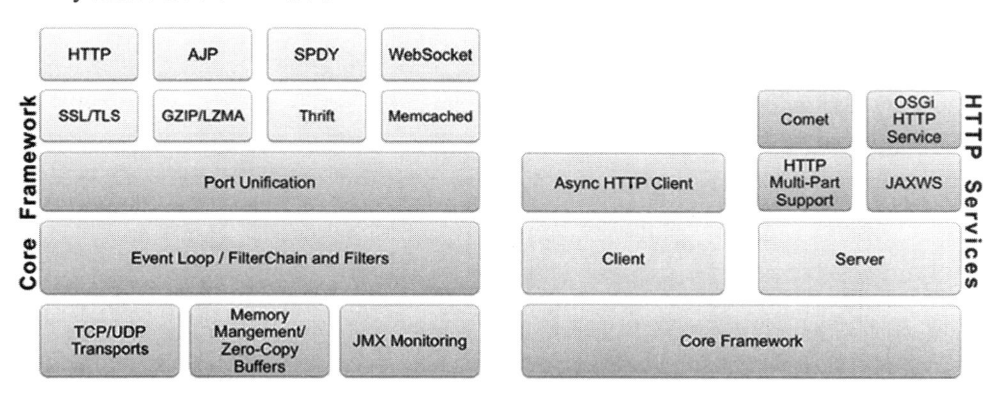

图 3-13

从图 3-13 中可以看到，用 Grizzly 作为通信方式的实现方案有一些突出的特点。

- 增强应用程序在运行时数据的可观测性：Grizzly 提供了监控应用程序在运行时的数据的能力，比如对线程池、缓冲区等数据的监控，使应用程序更具可观测性。Grizzly 提供了监控框架内关键组件的功能，监控功能可以让开发人员更好地掌握各类组件信息，方便对一些异常现象做出告警和处理。Grizzly 还允许通过编写自定义的组件扩展监控接口。核心的监控探针有四个实现。

- ConnectionProbe：提供有关框架内 Connection 的详细信息，比如服务端 Socket 的绑定或客户端的入站连接。
- TransportProbe：提供有关特定传输中发生的事件的详细信息，比如传输启动/停止、发生错误或传输配置已更改的时间。
- MemoryProbe：提供缓冲区分配（池化和非池化）/解除分配的事件信息。
- ThreadPoolProbe：提供与线程池本身的生命周期及其管理的线程的生命周期，以及委派的任务信息相关的详细信息。

- 丰富的参数可配置化：Grizzly 提供了许多配置，用于满足用户在使用过程中根据业务场景来更改相关特性的配置的需求，比如 Grizzly 的传输配置都在 NIOTransportBuilder 中进行管理，主要配置内容为传输实例及其关联的线程池。在 NIOTransportBuilder 中提供了 readBufferSize（用于设置每个连接分配的缓冲区大小，以读取传入数据）、writeBuffersSize（用于设置每个连接将应用的缓冲区大小，以写入传出数据）、keepAlive（开启或者禁用 SO_KEEPALIVE）、workerThreadPoolConfig（用于配置工作线程池）、selectorThreadPoolConfig（用于配置 Selector 的线程池配置）等配置，当然也包括上面讲到的 I/O 策略配置。丰富的配置有助于开发人员定制适应各类场景的配置。Grizzly 的线程池也可以自行选择，分别有三种选择，由 queueLimit 控制。
  - FixedThreadPool：当 queueLimit 属性小于 0 时，将选择此线程池。FixedThreadPool 在执行任务时没有同步，因此它提供了更好的性能。
  - QueueLimitedThreadPool：当 queueLimit 属性大于 0 时，将选择此线程池，QueueLimitedThreadPool 是 FixedThreadPool 的扩展，它提供了与 FixedThreadPool 相同的功能，以及无限制的任务队列。
  - SyncThreadPool：当其他线程池的任何条件都不适用时，将选择此线程池。此线程池确实具有同步功能，可以精确控制线程创建的决策。
- 丰富的协议支持：Grizzly 除了支持 TCP、UDP 这两种传输层协议，还支持 HTTP、WebSocket、AJP、SPDY 等协议。

Grizzly 有以下几个比较核心的组件。

- Transport：Transport 接口有一个实现类 AbstractTransport，维护了传输中的通用逻辑，TCPNIOTransport 和 UDPNIOTransport 是 AbstractTransport 的子类，并且都实现了 SocketBinder 和 SocketConnectorHandler 接口，实现了 bind 和 connect 两个方法。一般会直接创建 TCPNIOTransport 或者 UDPNIOTransport，它们分别针对 TCP 的传输和 UDP 的传输。Transport 和 Connection 是一对多的关系。

- Connection：可以将 Connection 理解为一个 Channel，它维护了连接的状态、读/写超时配置、缓存区大小配置，一个连接对应一个 Connection，而 Connection 和 ProcessorSelector 是多对一的关系。它们与 Reactor 模式里面的 Channel 和 Reactor 的关系一样。当连接成功时，会返回一个 Connection 实例，客户端可以利用该 Connection 实例进行写操作。
- GrizzlyFuture：GrizzlyFuture 继承了 java.util.concurrent.Future 接口，与 Mina 中的 IoFuture、Netty 中的 ChannelFuture 起着一样的作用，都是为了支持异步。比如 Grizzly 中的 GrizzlyFuture 可以在客户端进行写数据的时候才被返回，也就是 Connection 实例调用 write 方法的时候会返回一个 GrizzlyFuture 实例，保证调用写操作时不阻塞。调用的最终结果可以直接从 GrizzlyFuture 中获取。
- Filter 与 FilterChain：Grizzly 里的 Filter 提供了很多功能，例如 LogFilter、SSLFilter 等。有一些并不是 I/O 事件处理过程中必备的，但有一些是必备的，比如 TransportFilter、BaseFilter 和编/解码过滤器。
    - TransportFilter 负责从网络连接读取数据到缓冲区，以及将数据从缓冲区写到网络连接中的逻辑。
    - BaseFilter 负责处理 I/O 事件的回调逻辑，一般会重写 BaseFilter 中的方法来实现自己的业务逻辑。它的职责跟 Reactor 模式中具体的事件处理器一样。它可以处理五类 I/O 事件。
        - ✓ READ：可从 Connection 中获取数据，可以读取和处理数据。
        - ✓ WRITE：数据将被写入 Connection，而 Filter 可以转换数据表示形式，比如 HttpFilter 可以将 HttpPacket 和 Buffer 互相转化。
        - ✓ CONNECT：建立新的客户端连接。
        - ✓ ACCEPT（仅限 TCP）：服务器接收客户端连接事件（TCPNIOServerConnection）。
        - ✓ CLOSE：Connection 关闭事件。
    - 编/解码过滤器负责对数据的编/解码处理。

Grizzly 中的 Filter 还可以通过实现 handleEvent 方法来拦截和处理自定义事件。这些过滤器连接起来就成为 FilterChain。FilterChain 中的过滤器会按特定顺序执行。比如一个基础的 HTTP 服务器执行顺序可以是 TransportFilter→HttpFilter→HttpServerFilter。大多数 I/O 事件是从第一个过滤器开始处理的，除了 WRITE 事件，其处理是从最后一个过滤器到第一个过滤器。Grizzly 的设计与一般的 NIO 框架相比是不同的，它有四种线程模型，并且是可配置的。Grizzly 中的 IOStrategy 决定了如何处理特定的 NIO 事件处理。Grizzly 提供了四种 IOStrategy 实现。

- WorkerThreadIOStrategy：WorkerThreadIOStrategy 会将 Selector 线程和事件处理的工作线程分开，也就是 ProcessorSelector 的 select 方法的执行和 BaseFilter 中的事件处理逻

辑的执行不在同一个线程中。它的优势有两点，第一点是可扩展性高：我们可以根据需要更改选择器和工作线程池的大小来适应不同的场景。第二点是安全性高：避免了某些事件处理期间可能发生问题而影响当前线程，导致同一 ProcessorSelector 上注册的其他连接通道受到影响，这也是线程隔离的优势。该 I/O 策略也有弊端，那就是线程切换会带来不必要的性能开销。

- SameThreadIOStrategy：SameThreadIOStrategy 是用 Selector 所在的线程执行事件处理的逻辑，也就是不存在线程隔离，所有处理逻辑都在同一个线程中。它的优势是避免了 WorkerThreadIOStrategy 的弊端，也就是避免了线程切换带来的不必要的性能开销，是最高效的策略。它的弊端是事件处理期间如果出现某些问题，将影响同一个 ProcessorSelector 上发生的其他事件的处理。
- SimpleDynamicThreadStrategy：WorkerThreadIOStrategy 和 SameThreadIOStrategy 两种策略的优缺点刚好互换，如果能够结合这两种策略，根据负载、收集的统计信息等转换这两种策略，那么就可以充分利用它们的优势。这种策略就是 SimpleDynamicThreadStrategy。它可以在运行时根据当前的负载及系统的一些统计信息来切换这两种策略。它的优势是可以更好地利用系统资源，尽量减少系统 CPU 空闲及资源的浪费。它的弊端是在进行数据统计、指标计算及指标评估的过程中，逻辑不能过于复杂，以防评估逻辑过载导致效率较低，因为它的复杂性将使这个策略与前两个策略相比效率低下。
- LeaderFollowerIOStrategy：LeaderFollowerIOStrategy 类似于 WorkerThreadIOStrategy，只是该策略是将 Selector 线程的 select 逻辑交给工作线程来执行，而事件处理逻辑则由 Selector 线程自己执行。它的优势是这种策略在大部分情况下可以做到线程隔离，并且可以保证 I/O 事件不会被影响。它的弊端是线程处理中发生异常时会影响别的注册通道的 I/O 事件的处理，因为事件处理器的逻辑还是在 Selector 线程中执行的。

I/O 策略是根据 Transport 分配的，因此可以使用 Transport 的 getIOStrategy 或者 setIOStrategy 方法获取/设置 IOStrategy。默认情况下，TCP 和 UDP 传输使用 WorkerThreadIOStrategy。

下面是 Grizzly 搭建客户端和服务端的一个示例。

第一步，添加 Maven 依赖。

```
<dependency>
    <groupId>org.glassfish.grizzly</groupId>
    <artifactId>grizzly-core</artifactId>
    <version>2.1.4</version>
</dependency>
```

第二步，搭建服务端 GrizzlyServer.java 和 GrizzlyServerFilter.java。

GrizzlyServer.java 代码清单：

```
package samples.grizzly;

import org.glassfish.grizzly.filterchain.FilterChainBuilder;
import org.glassfish.grizzly.filterchain.TransportFilter;
import org.glassfish.grizzly.nio.transport.TCPNIOTransport;
import org.glassfish.grizzly.nio.transport.TCPNIOTransportBuilder;
import org.glassfish.grizzly.strategies.SameThreadIOStrategy;
import org.glassfish.grizzly.utils.StringFilter;

import java.io.IOException;
import java.net.InetSocketAddress;
import java.nio.charset.Charset;
import java.nio.charset.StandardCharsets;

public class GrizzlyServer {

    public static void init() throws IOException {
        FilterChainBuilder filterChainBuilder = FilterChainBuilder.stateless();
        filterChainBuilder.add(new TransportFilter());
        filterChainBuilder.add(new StringFilter(StandardCharsets.UTF_8));

        filterChainBuilder.add(new GrizzlyServerFilter());
        TCPNIOTransportBuilder builder = TCPNIOTransportBuilder.newInstance();
        builder.setKeepAlive(true).setReuseAddress(false)
                .setIOStrategy(SameThreadIOStrategy.getInstance());
        TCPNIOTransport transport = builder.build();
        transport.setProcessor(filterChainBuilder.build());
        transport.bind(new InetSocketAddress(3333));
        transport.start();
        // 防止进程结束
        System.in.read();
    }
    public static void main(String[] args) throws IOException {
        GrizzlyServer.init();
    }
}
```

GrizzlyServerFilter.java 代码清单：

```
package samples.grizzly;

import org.glassfish.grizzly.filterchain.BaseFilter;
import org.glassfish.grizzly.filterchain.FilterChainContext;
import org.glassfish.grizzly.filterchain.NextAction;

public class GrizzlyServerFilter extends BaseFilter {

    @Override
    public NextAction handleRead(FilterChainContext ctx) {
        final Object message = ctx.getMessage();
        System.out.println((String) message);
        return ctx.getStopAction();
    }
}
```

第三步，搭建客户端 GrizzlyClient.java 和 GrizzlyClientFilter.java。

GrizzlyClient.java 代码清单：

```
package samples.grizzly;

import org.glassfish.grizzly.Connection;
import org.glassfish.grizzly.filterchain.FilterChainBuilder;
import org.glassfish.grizzly.filterchain.TransportFilter;
import org.glassfish.grizzly.nio.transport.TCPNIOTransport;
import org.glassfish.grizzly.nio.transport.TCPNIOTransportBuilder;
import org.glassfish.grizzly.utils.StringFilter;

import java.io.IOException;
import java.nio.charset.Charset;
import java.nio.charset.StandardCharsets;
import java.util.concurrent.ExecutionException;
import java.util.concurrent.Future;
import java.util.concurrent.TimeUnit;
import java.util.concurrent.TimeoutException;
```

```
public class GrizzlyClient {

    public static void main(String[] args) throws IOException,
            ExecutionException, InterruptedException, TimeoutException {

        Connection connection;
        FilterChainBuilder filterChainBuilder = FilterChainBuilder.stateless();
        filterChainBuilder.add(new TransportFilter());
        filterChainBuilder.add(new StringFilter(StandardCharsets.UTF_8));
        filterChainBuilder.add(new GrizzlyClientFilter());
        final TCPNIOTransport transport = TCPNIOTransportBuilder.newInstance().build();
        transport.setProcessor(filterChainBuilder.build());
        transport.start();
        Future<Connection> future = transport.connect("127.0.0.1", 3333);
        connection = future.get(10, TimeUnit.SECONDS);
        if (connection != null && connection.isOpen()) {
            System.out.println("Connection Success!");
        }
        if (connection != null) {
            connection.write("Hello, Server.");
        }

    }
}
```

GrizzlyClientFilter.java 代码清单：

```
package samples.grizzly;

import org.glassfish.grizzly.filterchain.BaseFilter;
import org.glassfish.grizzly.filterchain.FilterChainContext;
import org.glassfish.grizzly.filterchain.NextAction;

import java.io.IOException;

public class GrizzlyClientFilter extends BaseFilter {
```

```
    @Override
    public NextAction handleRead(final FilterChainContext ctx) throws IOException {
        String serverMsg = ctx.getMessage();
        System.out.println("client received data from server: " + serverMsg);
        return ctx.getStopAction();
    }
}
```

先启动服务端应用，再启动客户端应用，如果在服务端控制台看到以下输出内容：

```
Hello, Server.
```

则说明服务端收到了客户端的请求，它们之间发生了正常的通信。

第 4 章 通信协议

在 RPC 领域中，通信协议的选型尤为重要，它会影响 RPC 的性能。本章将介绍整个网络模型，并且通过网络模型引申出通信协议。在网络模型中，已经存在一些既定的协议，这部分协议可以称为标准协议，除此之外的协议都可以认为是自定义协议。所以本章将通信协议分为标准协议和自定义协议两部分来介绍。在标准协议部分将详细介绍平时较为常见的 HTTP、TCP 和 UDP。在自定义协议部分将介绍自定义协议的优势，并且以 Dubbo 框架中设计的 Dubbo 协议为例进行说明。除此之外，在自定义协议部分还会介绍如何设计自定义协议，在设计自定义协议时需要遵循哪些原则，以及如何评判一个优秀的通信协议等内容。

4.1 标准协议

在现实生活中，“协议”这个词随处可见，比如公司与公司之间的协议、公司与个人之间的服务协议等。协议本身就是多方一起制定的规则或者达成的约定，它的本质是规则和规范的组合体。日常生活中遇到的协议更多的是起到约束的作用，它是完成某项行为时双方实体都必须遵守的规则。比如某个影视相关的 App 在登录账号时就需要用户阅读相关的服务协议并且勾选已读，协议中提到该影视 App 会保护用户个人信息，这就是该影视 App 公司与用户之间的约定。在计算机领域中也存在协议，其中最重要的就是通信协议。计算机中的通信协议又叫计算机网络通信协议，它指双方实体完成通信或服务所必须遵循的规则和约定。计算机网络通信协议能够保障计算机之间完成正确的通信，如果没有通信协议，那么一台计算机收到另一台计算机发送的网络数据包后，就不知道如何解析该数据包，因为计算机缺乏解析通信数据包的规则，这就像一个人听到家人说“该吃饭了”，却不知道这句话到底是什么意思，他只知道是一段音波传入耳中。前面提到了计算机之间的网络通信是 RPC 的基础，所以通信协议也是 RPC 领域中不可或缺的一部分。我们经常在 RPC 领域中看到 RPC 协议这个词，RPC 协议的本质其实就是通信协议，在 RPC 领域中如果没有通信协议，那么计算机就无法进行正常的通信，也就不存在计算机之间的远程过程调用。

两端通信过程中传输的信息也可以叫作传输数据，在 RPC 领域中，传输数据是指需要进行远程调用的服务、方法、参数类型、参数等数据，方便服务端完成正确的方法调用。传输数据从一端发送到被另一端接收的过程中会经历许多变化，比如将传输数据分包发送，如果某个数据包因网络问题在传输过程中丢失了，那么需要发起数据包重传。而要界定这个数据包是否丢失了，就需要在传输的数据包中加入一些分包的标识，以明确每个数据包的边界，这时传输数据就必须按照一定的规则来组装，这样才能实现丢包重传的功能。所以整个数据包中除了原本需要传输的数据，还需要按照既定的规则添加一些必要的数据内容，整个数据包内这些数据块的编排所遵循的规则就是通信协议。通信协议除了数据格式，还包括整个传输数据的编码格式等。通信协议的编码方式大致可以分为三种，第一种是按照二进制格式进行编码，比如传输层的 TCP 等；第二种是按照文本格式进行编码，比如早期 1.1 版本的 HTTP 等；第三种是按照二进制和文本混合的格式进行编码，比如苹果公司早期的 APNs 推送协议等。

在早期，一个公司很容易确定一套内部使用的通信协议，并且让公司内部都使用该协议，从而统一通信协议，以方便内部系统使用。但是随着技术的发展，每个具有独立计算服务体系的信息技术公司都会建立自己的计算机通信规则。对于公司而言，在计算机生态中采用自己的通信协议是最安全可靠的，每个公司都希望自己的协议能够成为行业的标准。随之发生的就是计算机之间的通信协议越来越多，而由于遵循不同通信规则的计算机之间无法通信，所以这种状况对整个时代的网络通信发展是非常不利的。要解决这样的问题，就需要一个“领头羊”来制定标准，统一通信协议，这个“领头羊”就是国际标准化组织（ISO）。

ISO 在 1985 年制定了开放式系统互联（Open System Interconnect）模型，简称 OSI 模型。OSI 模型本身是一个网络互连的参考模型，它定义了不同计算机互连的标准，在模型设计中制定了标准协议。OSI 模型也被称为七层模型，因为 OSI 模型把网络通信分为七层，分别是应用层、表示层、会话层、传输层、网络层、数据链路层和物理层。

- 物理层：物理层作为 OSI 模型的底层，是通信数据传输的基础。物理层的职责是替上层屏蔽物理设备和传输媒介，利用传输媒介为通信的两端建立、管理和释放物理连接，实现数据比特流的透明传输，保证比特流正确地传输到对端。物理层的媒介包括双绞线、电缆、光纤、无线信道等。传输数据在物理层的单位是比特，但是数据本身有另一个名称叫作信号。在物理层的传输介质中传输的信号分为模拟信号和数字信号两种，家里的电话、有线电视用的是模拟信号，计算机上网用的是数字信号。物理层也有许多协议，这些协议保证了在物理层传输的数据的编排规则。物理层协议分为两类，分别是点对点通信线路物理层协议和广播通信线路物理层协议，其中广播通信线路又分为有线通信线路和无线通信线路。比如 DSL、ISDN、Ethernet physical layerIncluding 10BASE-T 等都是物理层协议。
- 数据链路层：数据链路层的职责是确保数据按照一定的格式被封装，并且能够可靠、透明地将数据传输到对端，它管理整个数据链路的建立、维持和释放。数据链路层在物理层之上，在数据链路层中传输的数据单元叫作帧。帧包含地址段和数据段等信息，地址段含有发送节点和接收节点的地址（如 MAC），数据段包含实际要传输的数据，在数据链路层根据对应的协议重新编排这些信息，让这些信息按照一定的格式组装成帧。除了对物理层的原始数据进行封装，数据链路层还会对数据的传输进行错误检测和纠正，保证数据的传输是可靠的，因为在物理层的媒介上传输的数据难免受到各种不可靠因素的影响而产生差错。数据链路层的协议有 FDDI 协议、HDLC 协议、局域网中的以太网协议、广域网中的点对点协议等。
- 网络层：网络层的职责是提供路由和寻址能力，并且它具备一定的拥塞控制、流量控制能力，使两端能够互连且通过通信子网选择最合适的路径。网络层在数据链路层之上，它将数据链路层的帧转换为数据包，然后通过一系列的寻址和路由算法计算后，确定数据包的传输路径，将数据从一台网络设备传送到另一台网络设备。网络层的协议包括 IP、ICMP、RIP、IGMP 等。
- 传输层：传输层在网络层之上，它是具备数据传输能力的最上层，它在 OSI 模型中非常重要。每个机器中可能存在多个进程，为了能够准确地将数据传输到对端的进程，在网络层的基础上，传输层增加了端口的概念，用来明确目标地址的机器上接收数据的进程。除了保证端到端的数据传输，传输层也提供了流量控制、拥塞控制、多路复用、失败重传等能力。在传输层，传输数据单元叫作段或报文。在这一层的协议有 TCP、UDP、SPX 等。后续章节会着重介绍传输层。

- 会话层：什么是会话？我们知道端到端的传输存在传输连接，传输连接会关心两端的地址、端口等信息，会话也是一个连接，叫作会话连接。对于一个会话连接而言，它并不关心端口号等信息，所以会话连接与传输连接存在一对多、一对一、多对一的关系。举个例子，A 要与 B 对话，但是 A 让 C 帮忙查找电话号码、拨通电话，当电话打通后，交由 A 进行通话，在这个过程中 A 与 B 建立了会话连接，中途 A 聊完后还能交给 D 继续此次会话，但是电话可以不用挂断，也就是传输连接还可以是同一个，而建立传输连接和寻址等能力就是上面提到的传输层、网络层所做的事情。会话层在传输层之上，它的主要职责就是会话的管理，比如建立会话、维持会话、终止会话等，它保证了会话数据的可靠传输。除此之外，会话层还能够提供会话的权限认证等能力。
- 表示层：表示层是 OSI 模型的第六层，它主要的职责是确保从一端的应用层所发送的数据可以被另一端的应用层正确地读取，它需要处理的是数据的表示问题，比如数据格式处理、编码、协商和建立数据交换的格式等，它解决了各应用程序之间在数据格式表示上的差异。除此之外，表示层还提供了数据压缩、解压、加密、解密等数据处理能力。该层的协议有 WEP、WPA、Kerberos 等。
- 应用层：应用层是 OSI 模型的最高层，它与应用程序的关系最为紧密，它的职责是为应用程序提供服务，规定应用程序中通信相关的细节，完成用户希望在网络上完成的各种工作，它是各种应用程序和网络之间建立联系的桥梁。此外，该层还负责协调各个应用程序之间的工作。在应用层上可以实现各种服务，比如文件传输服务（FTP）、远程登录服务（Telnet）、电子邮件服务（E-mail）等，这些形形色色的服务都有不同的协议，所以应用层的协议也非常丰富，比如 HTTP、FTP、NFS、SMTP 等。该层会在后续章节着重介绍。

从整个 OSI 模型的设计来看，每一层的职责非常明确，每一层的管辖范围也非常清晰，一次通信会逐层处理，不会出现跨越上一层或者下一层进行处理的情况，这种逐层处理的设计可以让开发者更容易理解数据传输的过程。虽然对每个层级都指定了相关的职责，但是 OSI 七层模型只是一个理论模型，并没有定义如何实现各个层级的功能。在实际落地时采用 OSI 模型，由于其实现过于复杂，且制定周期过长，不利于网络的管理，所以在后续的实践摸索中，在 OSI 模型的基础上演进出了四层模型。四层模型又称为 TCP/IP 模型，TCP/IP 模型也被广泛使用，它一共有应用层、传输层、网络层和网络接口层四层。由于网络接口层的职责不是很明确，理解成本相对较高，所以通常将网络接口层替换为 OSI 模型中的数据链路层和物理层来理解，也就是业界经常提到的五层模型。下面是这三个模型各层的对应关系，如图 4-1 所示。

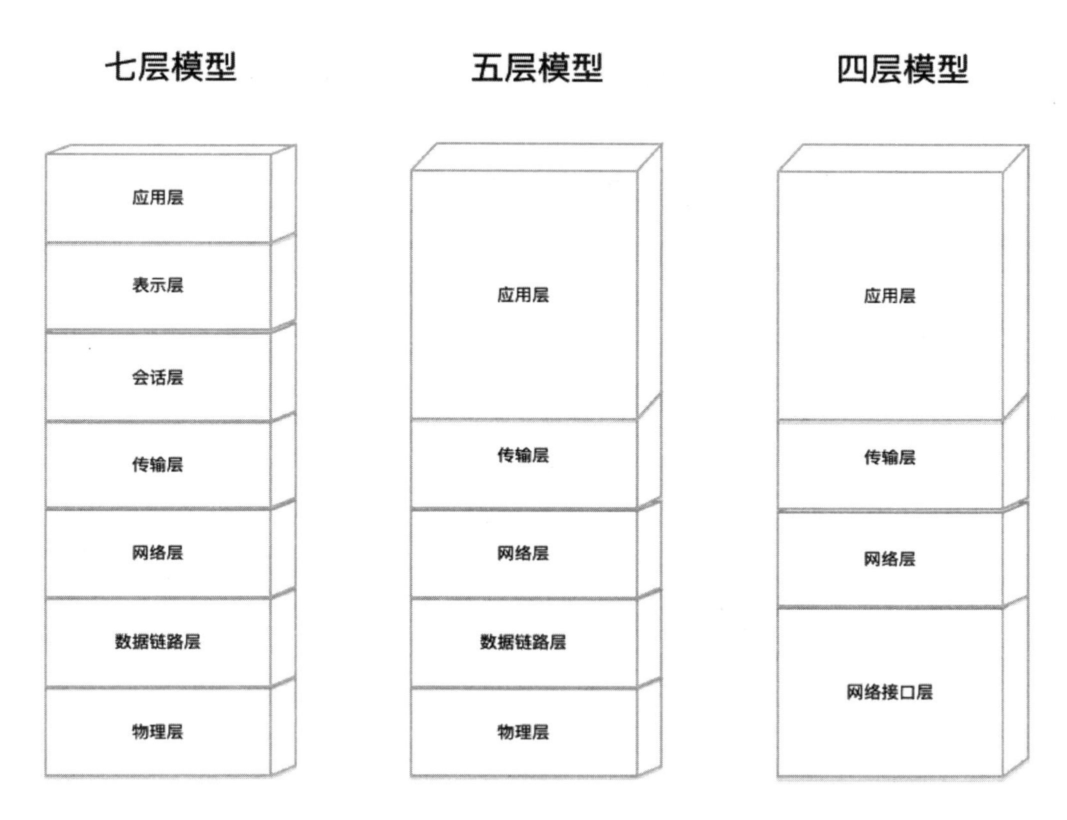

图 4-1

从图 4-1 中可以看出，三个模型中的传输层和网络层是一致的，但是五层模型和四层模型的应用层的概念要比七层模型的应用层更广泛一些，这也是导致一些协议到底作用在哪一层有争议的原因。比如七层模型中会话层的某个协议，从五层模型和四层模型中看，它就是作用于应用层的。

无论哪个模型，至少业界在实现网络互连时有标准的协议可以参照，这也推动了整个互联网的进一步发展，各个公司都可以按照标准协议搭建自己的应用，并且还能与外部应用服务或者机器进行互连通信。在 RPC 领域中，与 RPC 框架息息相关的就是网络模型中的应用层和传输层，后面将着重介绍应用层和传输层的标准协议。

4.2　传输层协议

传输层是两端互连传输数据过程中非常重要的一层，前面简单介绍了传输层的职责，本节将从协议的角度剖析传输层提供的能力。以下是传输层非常重要的特性：

- 提供网络中不同主机上用户进程之间的数据通信、可靠与不可靠的传输。
- 传输层报文段的错误检测。
- 失败重传机制。
- 流量控制机制。
- 拥塞控制机制。

前面提到协议是通信互连中非常重要的内容，许多功能都是通过协议实现的，所以传输层协议就是上述功能的核心，这些特性都会在传输层协议的设计中体现。传输层协议有 TCP、UDP、SPX、NetBIOS、NetBEUI 等，其中 TCP 和 UDP 是使用非常广泛的传输层协议。TCP（Transmission Control Protocol）是传输控制协议，它是面向连接的全双工传输层协议，提供可靠的传输服务。在传输层中，可靠的传输就是通过 TCP 实现的。TCP 的数据结构（主要是 TCP 的协议头结构）如图 4-2 所示。

<table>
<tr><td>比特</td><td>0</td><td>1</td><td>2</td><td>3</td><td>4</td><td>5</td><td>6</td><td>7</td><td>8</td><td>9</td><td>10</td><td>11</td><td>12</td><td>13</td><td>14</td><td>15</td><td>16</td><td>17</td><td>18</td><td>19</td><td>20</td><td>21</td><td>22</td><td>23</td><td>24</td><td>25</td><td>26</td><td>27</td><td>28</td><td>29</td><td>30</td><td>31</td></tr>
<tr><td>0</td><td colspan="16">源端口号</td><td colspan="16">目的端口号</td></tr>
<tr><td>32</td><td colspan="32">序号</td></tr>
<tr><td>64</td><td colspan="32">确认序号</td></tr>
<tr><td>96</td><td colspan="4">头部信息长度</td><td colspan="3">保留位</td><td>NS</td><td>CWR</td><td>ECE</td><td>URG</td><td>ACK</td><td>RSH</td><td>RST</td><td>SYN</td><td>FIN</td><td colspan="16">窗口大小</td></tr>
<tr><td>128</td><td colspan="16">校验和</td><td colspan="16">紧急指针位</td></tr>
<tr><td>160 …</td><td colspan="32">选项</td></tr>
<tr><td>…</td><td colspan="32">数据</td></tr>
</table>

图 4-2

该结构图应该从上往下看，每一行的 32 位数据后紧跟着下一行的 32 位数据。下面是图 4-2 中各个数据的介绍：

- 源端口号和目的端口号：源端口号就是客户端的端口号，目的端口号就是服务端的端口号。
- 序号：一次 TCP 通信过程中某一个传输方向上的字节流的每个字节的编号，通过这个编号确认发送的数据顺序，比如现在的序列号为 100，发送了 1000 字节，下一个序列号就是 1100。
- 确认号：用来响应 TCP 报文段，给收到的 TCP 报文段的序号加 1。
- 头部信息长度：表示该 TCP 头部有多少字节，从头部长度为四位可以看出 TCP 头部长度最大可以达到 60 字节。

- 保留位：用于协议扩展。
- 标志位：TCP 内有九个标志位。
  - NS：它是一个随机和，用于防止 TCP 发送端的数据包标记被意外或恶意改动，它可以有效排除潜在的 ECN 滥用情况。
  - CWR：该数据位与拥塞控制有关，是拥塞窗口减少请求量的标志，用来表示它收到了一个设置 ECE 标志的 TCP 报文段，并会在拥塞控制机制中做出对应的处理，以实现对网络拥塞情况的控制作用。
  - ECE：拥塞控制相关的数据位，用来表示两端之间的通信是否存在网络拥塞，若 ECE=1，则会通知对端，从对端到这边的网络有阻塞。收到数据包的 IP 地址头部携带的 ECN 如果为 1，则 TCP 头部携带的 ECE 会被设为 1。
  - URG：该标志位代表紧急指针是否有效，当 URG=1 时，表明客户端进行数据传输时该 TCP 报文段中有紧急数据要传输。此时传输层会把紧急数据插入本报文段数据的最前面，而在紧急数据后面的数据仍是普通数据，该标志位要与紧急指针配合使用。
  - ACK：该标志位表示确认序号是否有效。当 ACK=1 时确认序号才有效，当 ACK=0 时，确认序号无效。TCP 规定，在连接建立后所有传输的报文段都必须把 ACK 设置为 1。
  - PSH：该标志位表示通知服务端应该立即从 TCP 的接收缓冲区中将数据读走。
  - RST：该标志位表示由于一些异常情况，需要重新建立连接。
  - SYN：该标志位表示该 TCP 数据报文为建立连接的请求。
  - FIN：该标志位表示该 TCP 数据报文为关闭连接的请求。
- 窗口大小：TCP 流量控制特性所需要的数据位，用来告诉对端 TCP 缓冲区还能容纳多少字节的数据。
- 校验和：该数据位用于对数据的错误检测，它由客户端生成并且填充，服务端将对报文段执行 CRC 算法校验，以检验 TCP 报文段在传输中是否损坏。这就是 TCP 协议对传输层的错误检测能力的支持。
- 紧急指针：一个正的偏移量，它和序号段的值相加表示最后一个紧急数据的下一字节的序号，用于标记哪一段数据是紧急数据，方便传输层将该紧急数据插入报文段的最前面。

以上这些数据位是 TCP 报文段必备的内容，从这些数据位的介绍中可以看出许多数据位都与功能相关，比如窗口大小与流量控制有关、检验和与数据包的错误检测有关，标志位中的 SYN 等与可靠传输有关。TCP 以可靠传输著称，它的传输可靠性基于 TCP 的三次握手建立连接和四次挥手断开连接。TCP 三次握手的示意图如图 4-3 所示。

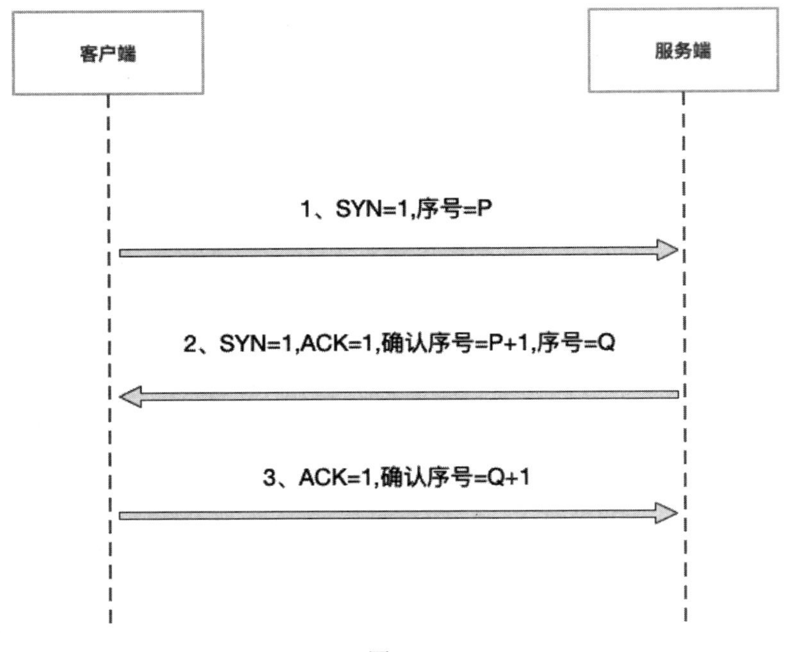

图 4-3

（1）第一次握手：客户端发送一个报文段到服务端，该报文段中的标志位 SYN 为 1，序号为客户端生成的值 P，代表该报文段为一个建立连接的请求。此时，Client 进入 SYN_SENT 状态，等待服务端确认。

（2）第二次握手：服务端收到数据包后由标志位 SYN=1 知道客户端请求建立连接，服务端将标志位 SYN 和 ACK 都置为 1，并且返回一个报文段给客户端，该报文段携带 SYN 和 ACK，还有确认序号 P+1，以及一个随机产生的序号 Q，该报文段代表服务端同意连接请求，服务端进入 SYN_RCVD 状态。

（3）第三次握手：客户端收到确认后，检查确认序号是否为 P+1，ACK 是否为 1。

- 如果正确，则将标志位 ACK 设置为 1，确认序号设置为 Q+1，并将该报文段发送给服务端。此时，客户端进入 ESTABLISHED 状态。
- 服务端检查确认序号是否为 Q+1，ACK 是否为 1，如果正确则连接建立成功。此时服务端进入 ESTABLISHED 状态，完成三次握手，此时客户端与服务端之间建立连接，可以传输数据。

为什么要进行三次握手？如果前两次握手已经发生，但是第三次握手过了很长时间才到达，在第二次握手完成后，服务端一直在等待客户端的请求，这样服务端就白白浪费了一定的资源。而采用了三次握手，在这种情况下，如果服务端没有收到来自客户端的确认，则知道服务端并没有要求建立连接的请求，就不会建立连接。其实三次握手就是双方都要确定对方可以正常收到自己发送的消息。第二次握手的时候客户端就知道服务端可以收到自己发送的消息。第三次握手的时候服务端就知道客户端可以收到自己发送的消息。除了在建立连接时通过三次握手确认，在断开连接时采用了四次挥手机制。TCP 进行四次挥手断开连接的示意图如图 4-4 所示。

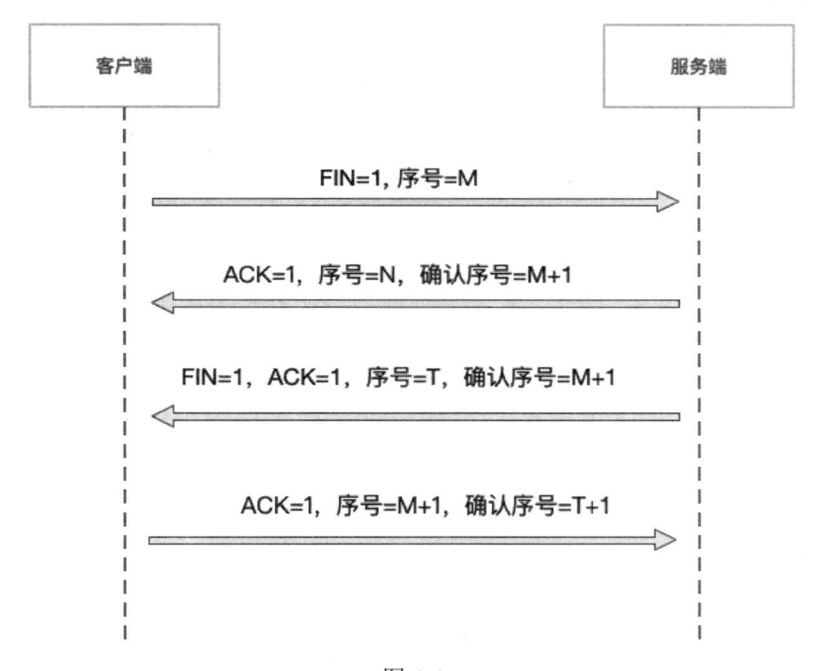

图 4-4

（1）第一次挥手：客户端发送一个携带 FIN=1、序号为 M 的报文段，用来表示客户端想要关闭客户端到服务端的数据传输。此时，服务端进入 FIN_WAIT_1 状态。

（2）第二次挥手：服务端收到携带 FIN=1 的报文段后，发送一个确认的报文段给客户端，其中确认序号为 M+1。此时，服务端进入 CLOSE_WAIT 状态。此时客户端已经没有要发送的数据了，若服务端发送数据，则客户端仍要接收响应，因为可能还有一些请求未完成响应。

（3）第三次挥手：当服务端的所有请求处理完后，服务端发送一个携带 FIN=1、序号为 T、确认序号为 M+1 的报文段给客户端，用来关闭服务端到客户端的数据传输。此时服务端进入 LAST_ACK 状态。

（4）第四次挥手：客户端收到携带 FIN 的报文段后，此时客户端进入 TIME_WAIT 状态。

接着，客户端发送一个携带 ACK=1、序号为 M=1、确认序号为 T+1 的报文段给服务端， 告知服务端客户端收到关闭通知。当服务端收到该报文段后就进入 CLOSED 状态，完成四次挥手。

为什么要进行四次挥手才能成功断开连接？最重要的原因就是为了确保数据能够完成传输。假如两次挥手后就断开连接，第一次客户端发起断连请求，第二次服务端返回对该请求的响应后直接断开，这样做会导致服务端还在处理的请求失败，因为这两次挥手仅代表客户端不再有消息发送给服务端，但是不代表服务端也没有数据需要传输给客户端。而四次挥手的后两次挥手则代表服务端也不再有数据传输给客户端，此时才能正常断开连接。

传输层除了 TCP，UDP 的应用也非常广泛。UDP 是一种面向无连接的协议，该协议关注的是传输速度，它并不能保证传输的可靠性，也无法避免收到重复数据的情况，因为它没有 TCP 烦琐的握手挥手机制。UDP 的头部结构如图 4-5 所示。

比特	0	1	2	3	4	5	6	7	8	9	10	11	12	13	14	15	16	17	18	19	20	21	22	23	24	25	26	27	28	29	30	31
0	源端口号																目的端口号															
32	数据包长度																校验和															
…	数据																															

图 4-5

从图 4-5 中可以看出，UDP 的结构非常简单，源端口号和目的端口号与 TCP 的一样，分别代表客户端的端口号和服务端的端口号。除此之外，UDP 只有数据包长度和校验两部分内容。UDP 头部信息比 TCP 头部信息少得多，这决定了 UDP 传输要比 TCP 传输的速度快。但在可靠性方面，UDP 比 TCP 要差得多。现在绝大多数软件都基于 TCP，因为必须保证数据的可靠性。后续也可能基于 UDP 实现可靠性传输，现在的 HTTP 3.0 就是这么做的，这部分内容后面章节会详细介绍。

4.3 应用层协议

应用进程之间进行网络通信，首先经过的就是应用层，应用层（本章提到的应用层皆为四层模型中的应用层）为应用进程提供了诸多服务，而这些服务都有自己对应的协议。应用层协议主要是为了适应各种应用而出现的最上层协议封装，它用来满足用户的不同需要。举个例子，当用户发送一封邮件时，邮件内容从一台服务器的进程发送至另一台服务器的进程，此时这两个与邮件功能有关的进程之间就需要一种通信协议，它就是 SMTP。这种能被应用进程所解析或者识别的通信协议就是应用层协议。应用层协议只是规定了两端通信的数据格式，它并不具备数据的传输能力。应用层协议决定了应用层为应用进程提供的功能。比如上述提到的 SMTP，还有为了实现文件传输功能而定义的 FTP、为了实现域名解析功能而定义的 DNS 协议等。除了这些协议，在应用层协议中有一个使用非常广泛的协议就是 HTTP，它作为应用层的标准协议，在 RPC 领域中也广泛使用，是许多 RPC 框架的通信协议。比如 Spring Cloud、gRPC 等。下面具体介绍 HTTP。

HTTP 也被称为超文本传输协议，它是由万维网之父蒂姆·贝纳斯·李提出的，后续由万维网联盟（W3C）和 IETF（Internet Engineering Task Force）小组共同维护，进一步完善和发布 HTTP。在 1990 年，HTTP 就成为万维网联盟的支撑协议。随着技术的发展，进程之间通信的数据不再局限于文本内容，还包括图片、视频等数据。作为应用层协议的 HTTP，它支持多种格式的数据传输，比如图片、HTML 等。HTTP 至今一共发布了五个重要的版本，分别是 1991 年发布的 HTTP 0.9、1996 年 5 月发布的 HTTP 1.0、1997 年 1 月发布的 HTTP 1.1、2012 年发布的 HTTP 2.0，以及 2018 年发布的 HTTP 3.0 协议。随着 HTTP 协议版本的不断迭代，它所支持的功能也越来越强大，性能也越来越高。

在最早的 0.9 版本中。HTTP 的内容极其简单，它仅仅支持 GET 这一种请求方式，并且在请求中没有指定协议版本号，而且请求内容中没有请求头和请求体内容。除此之外，HTTP 规定服务器只能响应 HTML 格式的数据内容，不能响应别的格式的数据内容，因为最初 HTTP 只是为了提供一种发送和接收 HTML 页面的方法。目前该版本几乎无人使用。

由于浏览器的出现，在浏览器中能够展示的内容越来越多，它不仅有 HTML 文件数据，还包括图片、音频、视频、JavaScript、CSS 等不同类型的文件，传输的数据编码类型也越来越丰富，此时的 0.9 版本不再能满足需求，所以万维网联盟决定对 HTTP 协议进行改造，推出了 1.0 版本。相较于 0.9 版本，1.0 版本有以下三个非常重要的功能设计：

第一就是支持多种数据类型和格式。除了支持 0.9 版本的 HTML 文件的传输，HTTP 1.0 还支持图片、音频、视频等各种文件的传输，让 HTTP 适应整个互联网时代的发展。除了支持的传输文件类型增多，1.0 版本还支持多种传输的数据编码类型。0.9 版本仅支持 ASCII 码编码的数据传输，在 1.0 版本中，HTTP 支持 UTF-8、GB2312 等多种编码类型，这是 HTTP 被广泛使用的原因之一。

第二就是请求和响应的数据格式发生变化。HTTP 1.0 在数据格式上新增了头部信息，请求中必须携带请求头信息，响应中必须携带响应头信息。该头部信息的设计也为后续 HTTP 支持各种功能奠定了基础。比如支持多种编码格式，如果是 0.9 版本，则仅支持 ASCII 码编码，客户端和服务端都是按照约定俗成的编码方式进行编/解码的，所以两端通信并不会有问题，也就不需要请求头信息。但是因为需要支持多种编码格式，如果没有请求头的设计，那么从客户端发送请求到服务端时，服务端就无法知道客户端对请求的编码方式，此时服务端将无法正常解码并获得请求数据，最终导致请求失败。所以 HTTP 1.0 新增头部信息是为了更好地支持各类特性。

HTTP 头部结构为“key:value”的形式，key 为首部字段名，value 为字段值。HTTP 有非常多的首部字段，根据用途可以分为以下四种：

- 通用首部字段：无论请求还是响应都会使用的字段，比如 Transfer-Encoding、Host 等。
- 请求首部字段：只有请求才会使用的字段，比如 Referer、Range 等。
- 响应首部字段：只有响应才会使用的字段，比如 Location、ETag 等。
- 实体描述首部字段：代表的是请求体或者响应体的某些信息，既可用于请求头内，也可以用于响应头内，它们是仅针对请求报文和响应报文的实体才会使用的字段，比如 Content-Length、Content-Type 等。

HTTP 1.0 支持 Content-Encoding、Content-Length、Content-Type、Expires、Last-Modified 等字段，这些字段都携带 HTTP 支持的特性，比如 Expires，就是为 HTTP 的缓存功能服务，再比如 Content-Encoding，是为了实现数据处理能力，可以设置 gzip、deflate 等值来实现数据的压缩处理。除了一些必备字段，HTTP 1.0 的头部结构还提供了扩展字段，也就是当需要在请求头或者响应头内添加自定义的字段时，HTTP 也允许用户自定义设置头部信息。

第三就是请求方式增强。在 0.9 版本中请求方式仅支持单一的 GET 请求，而在 1.0 版本中 HTTP 增加了 POST 和 HEAD 这两种请求方式。

除了以上的功能设计，HTTP 1.0 还新增了统一的状态码、分块传输数据、数据处理能力、用来增加安全性的权限控制、用来缓存已经下载过的数据的缓存功能等。这些功能也提升了 HTTP 在互联网中的受欢迎程度。HTTP 1.0 的详细内容可见 RFC-1945。

虽然 HTTP 1.0 提供了很多特性，但它也有一些缺点，比如连接无法复用。HTTP 1.0 默认客户端与服务端只保持短暂的连接，客户端的每次请求都需要与服务端建立一次 TCP 连接，服务端完成请求处理返回响应后会与客户端立即断开 TCP 连接，如果客户端还要请求其他资源，就必须再新建一个 TCP 连接。万维网联盟为了解决 HTTP 1.0 遗留的问题，在 1.0 版本发布半年多以后，就发布了 HTTP 1.1。HTTP 1.1 在 1.0 版本的基础上主要优化了以下几点：

- 默认开启连接复用模式：在 1.1 版本中 HTTP 支持 Keep-Alive 模式（连接复用模式），这种模式也被称为长连接模式，并且默认开启。如果想关闭该模式，则可以通过在 HTTP 请求头信息中加入“Connection: close”来达到关闭该模式的目的。在 1.0 版本中如果想开启该模式，那么在请求头内添加“Connection: Keep-Alive”信息就可以开启连接复用模式。连接复用模式可以减少 TCP 建立连接和断开连接的频率，在一个 TCP 连接中可以传送多个 HTTP 请求和响应，减少了建立和断开连接的消耗和延迟，实现高效地发送请求。
- 缓存策略增强：HTTP 1.0 主要使用头部信息中的 If-Modified-Since 和 Expires 实现缓存功能，HTTP 1.1 引入了更多的缓存控制策略，比如 Entity tag、If-Unmodified-Since、

If-Match、If-None-Match 等头部字段。

- 必须传递 Host 信息：由于虚拟主机技术的市场发展，在一台物理服务器上可以存在多个虚拟主机，一次请求需要正确路由到对应的主机上，需要在头部信息内携带主机名信息。
- 支持资源的选择性访问：有的时候只需要请求资源的某一部分，但由于每次请求都会访问所有资源，导致网络开销非常大。所以为了实现带宽优化，HTTP 1.1 在请求头中引入了 Range、Referer 等头部字段，它们允许只请求资源的某个部分，这样就方便了用户自由地选择资源以便于充分利用带宽和连接。
- 头部信息的增强：前面提到，头部的信息大多数都代表了 HTTP 提供的特性，前面几点的优化同样体现在头部信息中。在 1.1 版本中，头部信息增加了许多，也就是 HTTP 支持的特性也新增了不少，比如上述的连接复用模式。以前发送一次请求，必须重新建立连接，但是现在保持长连接后，就无法判断一次请求是否已经完成。如果无法判断，则会导致两次请求包被当成一次请求来处理，出现解码问题。HTTP 通过 Content-Length 和 Transfer-Encoding 判断一次请求是否完成。当浏览器请求的是一个静态资源时，即服务器明确知道返回内容的长度时，可以设置 Content-Length 来控制请求的结束。当服务器并不知道请求结果的长度时，就可以通过指定 Transfer-Encoding: chunked 来告知浏览器当前的编码是将数据分成一块一块传递的。除此之外，还有许多为特性而设计的头部字段，具体的头部信息可以见 HTTP 1.1 的 RFC 文档 RFC-2616。
- 请求方式的再增强：除了 1.0 版本的三种请求方式，1.1 版本又增加了 PUT、DELETE、TRACE、OPTIONS、CONNECT、PATCH 六种请求方式。
- 标准错误类型细化，错误码增多：相较于 1.0 版本，在 1.1 版本中新增了 24 个错误状态响应码。

整体来说，HTTP1.1 比 1.0 版本的易用性更强，功能也更加完善。HTTP 1.1 至今还是非常流行的，在许多领域被使用。虽然 HTTP 1.1 在功能上满足了绝大部分市场需求，但是在性能上并没有太多的优势。比如在 HTTP 1.1 中使用连接复用模式时，虽然能共同使用一个连接通道，但是在一个连接通道中同一时刻只能处理一个请求，在当前的请求没有结束之前，其他的请求只能处于阻塞状态。这意味着我们不能随意在一个管道中发送请求和接收内容，这是 HTTP 1.1 典型的队头阻塞问题。也就是说，如果前面的请求因为请求处理时间长、延迟高，就会阻塞同一连接内后面的请求的正常处理，而在这段时间内，带宽和 CPU 资源都只能等待，导致资源的浪费。Google 内部也采用了 HTTP 协议，但由于 1.1 版本还是有传输数据慢的问题，并不能满足当时 Google 内部的需求，所以 Google 自行研发了 SPDY 协议，并于 2009 年公开了 SPDY 协议，其设计目的是最小化网络延迟，提升网络速度，解决 HTTP/1.1 效率不高的问题。万维网联盟认为该协议的设计不错，于是将 SPDY 协议的特性引入 HTTP，并于 2012 年发布了 HTTP 2。HTTP 2 有以下几点突出的技术：

- 多路复用技术：该技术是 HTTP 2 中最重要的特性，多路复用技术实现了在同一个连接下并发发送请求。它解决了 HTTP 1.1 中的队头阻塞问题，当其中一个请求耗时较久时，不会影响别的请求的正常处理。该技术大大提高了通信传输的效率。
- 头部信息压缩技术：随着 HTTP 1.1 支持的特性越来越多，头部的内容也越来越大，每次请求和响应的数据包也就越来越大，传输的包越大，传输速度也就越慢，所以在 HTTP 2 中对头部信息进行了压缩，以减少传输包的大小，提升网络传输速度。HTTP 2 的消息头的压缩算法采用 HPACK 算法。
- 采用二进制编码进行传输：相比 HTTP/1 的文本格式，HTTP 2 采用二进制格式传输数据，解析起来更高效，并且二进制的传输数据格式的数据包更小。
- 服务端推送技术：以往的版本中只能实现一问一答的模式，也就是只有当客户端发送一次请求时，服务端才能被动地响应该请求，服务端缺乏类似于 WebSocket 这样的 Server Push 技术，让服务端可以将响应主动推送到客户端缓存中，或者在建立连接后，服务端可以主动推送消息给客户端。HTTP 2 支持该服务端推送技术，打破了原有的通信模式。

除了以上几项关键技术，HTTP 2 还有很多零散的特性，这里不做过多的介绍。HTTP 2 是目前市场需要的协议，也有越来越多的公司开始接入 HTTP 2。前面提到的 gRPC 框架就选择了 HTTP 2 作为通信协议。除了 HTTP 2，近几年还出现了 HTTP 3.0，HTTP 3.0 也称作 HTTP over QUIC。HTTP 3.0 的核心是 QUIC（Quick UDP Internet Connections），它是由 Google 在 2015 年提出的 SPDY v3 演化而来的新协议，以往的 HTTP 版本是基于传输层 TCP 的，但 QUIC 是基于传输层 UDP 上的协议。HTTP 3.0 打破了原有的设计理念，它不再基于 TCP。而基于 UDP，能够进一步减少 TCP 三次握手及 TLS 握手的时间，加快了建立连接的速度。在传输速度上，HTTP 3.0 已经达到非常高的程度，但是 UDP 一直以不可靠传输为特点，会不会因为一味追逐高效而丢失传输的可靠性？答案是不会。HTTP 3.0 在 UDP 的基础上通过重传包来保证传输的可靠性。虽然 HTTP 3.0 展现出了许多优势，但是在整个应用环境下，还是面临着许多挑战，比如目前许多服务器和浏览器端都没有对 HTTP/3 提供比较完整的支持，虽然 Chrome 浏览器在几年前就开始支持 Google 版本的 QUIC 协议，但是这个版本的 QUIC 和官方 HTTP 3.0 中的 QUIC 差异比较大。除此之外，部署 HTTP 3.0 也存在非常大的问题。因为系统内核对 UDP 的优化远远还没有达到对 TCP 的优化程度，这还需要一段较长的时间进行试验和发展。但是从各个方面的优势来看，HTTP 3.0 还是可以被期待的。

4.4 自定义协议简介

协议的自定义就是为了满足系统对协议的特殊需求而重新编排协议头和协议体的数据格式，这种重新编排后产生的协议就叫作自定义协议。随着技术的发展，计算机的应用越来越广泛，再加上移动互联网的兴起，在各个领域都能看到互联网应用程序的存在，比如影视相关的应用程序、金融相关的应用程序等。这些应用程序的底层都是各种系统搭建起来的，而不同的系统对通信协议（特别是应用层协议）的要求不一定完全一致。比如前端应用程序与 node 应用程序之间的通信大多会选择 HTTP，因为 HTTP 规定了网络传输的请求格式、响应格式、资源定位和操作的方式，它更加适合这种浏览器接口调用或者 App 接口调用。但是 HTTP 携带的信息太多，比如 HTTP 1.1 的请求中会包含很多无用的内容，这些内容并不是所有系统都需要的，这些无用的信息会增加系统调用中网络通信的负担。虽然标准协议保证了计算机之间能够正常通信，但是对于两个没有交互并且毫不相干的应用程序来说，它们无须统一通信协议，比如影视应用程序的底层系统跟一个金融应用程序的底层系统完全没有关系，也就不需要保证它们之间的应用层协议是一致的，它们只需选择适合自己的应用层协议即可。正因为不同的系统对协议的要求不同，所以很多系统都会根据自身的场景做协议的定制。不过自定义协议基本上都是在传输层以上去做的，比如自定义应用层协议、基于 HTTP 协议改造等。

在设计一个系统时，协议的选型或者设计是至关重要的，相对于 HTTP 这样应用广泛的标准协议，自定义协议到底有哪些优势呢？第一个优势就是自定义协议有良好的可扩展性。系统是需要演进和迭代的，一旦后续的演进计划涉及协议层面的变动，扩展性差的协议就会阻塞系统的演进。而自定义协议可以做一些扩展性设计，这样就可以满足根据业务需求和发展进行扩展的需求。像 HTTP 这样的标准协议并不容易扩展，因为它设计的初衷是为了让该协议更加通用，能够适应各类应用场景。第二个优势就是自定义协议的安全性更高。因为整个传输数据格式都是自定义的，而标准协议的数据格式都是透明且公开的，所以自定义协议可以增强通信的安全性，甚至可以对数据做一些加密处理来保证传输数据的安全性。第三个优势是自定义协议的传输效率更高。协议本身就是数据格式的规则，它会影响一次请求所携带的数据包大小及传输的速度，自定义协议可以根据需要制定高效的且最适合系统本身的协议。当然有的时候可扩展性和高效性会有冲突，这时就需要根据实际场景来做权衡。总体来说自定义协议更具灵活性，但是一个协议的设计和实现的难度是比较大的，如果系统场景比较简单，那么自定义协议反而会增加系统设计的复杂度，延长系统设计和开发的周期，协议自定义的收益可能并不大。

在设计 RPC 框架时，通信协议的选型或者设计至关重要，通信协议会影响 RPC 框架的性能。下面以开源的 RPC 框架 Dubbo 为例，介绍 Dubbo 是如何设计 Dubbo 协议的。Dubbo 协议是在 TCP 传输协议的基础上设计的。官方提供的协议构造如图 4-6 所示。

Dubbo Protocol

Offsets Octet		0	1	2				3
Octet	Bit	0 1 2 3 4 5 6 7	8 9 10 11 12 13 14 15	16	17	18	19 20 21 22 23	24 25 26 27 28 29 30 31
0	0	Magic High	Magic Low	Req/Res	2Way	Event	Serialization ID	Status
4	32	RPC Request ID						
8	64							
12	96	Data Length						
16 ...	128 ...	Variable length part, in turn, is: dubbo version, service name, service version, method name, parameter types, arguments, attachments						

图 4-6

从图 4-6 中能够了解协议中各个数据位的含义：

- 0～7 位和 8～15 位：Magic High 和 Magic Low。类似 Java 字节码文件中的魔数，用来判断该数据包是不是 Dubbo 协议的数据包，就是一个固定的数字。
- 16 位：Req/Res。该数据位代表此次消息是请求消息还是响应消息。在 Dubbo 内部，消息是没有方向的，所以需要通过该标识表示某一个传输的数据包到底是从服务端返回给客户端的响应消息，还是客户端发送给服务端的请求消息。
- 17 位：2Way。该字段表示此次请求是单向的还是双向的。数值为 0 代表单向请求，数值为 1 代表双向请求。单向请求表示此次请求不需要服务端返回响应，双向请求表示此次请求需要服务端返回响应。比如 Dubbo 内设置了只读（ReadOnly）事件，该事件的发送就是单向请求，因为只读事件是在优雅下线时服务端通知所有与该节点建立连接的客户端该服务节点即将下线，不允许继续发送请求到该服务节点上，而这种通知事件的发送并不需要客户端响应任何信息。
- 18 位：Event。该标志位代表此次请求是否为事件请求，Dubbo 内部有心跳事件、只读事件等，一次请求既可能是事件请求，也可能是普通的 RPC 调用，通过该标志位来区分请求的类型，如果是事件请求，则可以直接处理对应的事件，提高处理请求的效率。
- 19～23 位：序列化实现方案的编号，Dubbo 内部支持许多种序列化方案，比如 Hessian 序列化方案、Fastjson 序列化方案、Kryo 序列化方案等，每种方案都有唯一的编号，在协议中携带该编号是为了告诉服务端，该请求包中的请求体数据用哪种序列化方案进行反序列化，这样才能保证服务端正常解析出请求信息。
- 24～31 位：Status。该字段表示此次请求的状态，Dubbo 内部设计了许多状态码，比如数值为 30 代表 CLIENT_TIMEOUT，即客户端超时，数值为 31 代表 SERVER_TIMEOUT，即服务端超时等。

- 32～95 位：ID 编号。该编号为请求的唯一标识，用于将请求和响应关联。
- 96～127 位：数据长度。代表请求的消息体的数据长度。
- 128～…位：该数据位为请求的消息体数据，比如想要调用的方法名、方法参数等数据。

Dubbo 就是一个自定义的协议，根据 Dubbo 框架本身定制的，比如协议中的事件标志位、单双向标志位等，都是为实现 Dubbo 内部的特性而设计的，而 Dubbo 框架支持的其他协议的特性远远没有 Dubbo 协议支持得多。Dubbo 协议采用的是二进制编码，减小了传输的数据包大小。

自定义协议灵活度更高，在设计 RPC 框架时如果许多特性都依赖于协议本身，则可以考虑自定义协议。

4.5 如何设计自定义协议

前面介绍了自定义协议的一些优势和劣势，那么如何设计自定义协议呢？设计自定义协议的原则又是什么呢？在探究这些问题之前，首先我们应该了解一个优秀的协议应该具备哪些特质。

第一个特质就是高可扩展性——对可预知的变更，有足够的弹性用于扩展。协议最初的设计也许仅仅满足了当下的需求，但是需求不可能一成不变，随着需求不断新增和变化，总有一天会面临协议所能提供的能力无法满足需求的情况，此时协议的高可扩展性非常重要，因为一个高可扩展性的协议能够让采用该通信协议的应用程序需更加容易适应不断变化的需求。比如前面提到的 HTTP，在 HTTP 的协议头中可以添加自定义的字段，以满足一些特殊的需求。

第二个特质就是良好的兼容性。除了需求会不断变化，协议在升级时也需要考虑兼容性，特别是作为开源框架的通信协议，兼容性尤其重要。当协议不具备良好的兼容性时，协议的升级将变得异常困难。比如有一个 1.0 版本的协议，在其基础上设计出了 2.0 版本，但是由于没有做好兼容，2.0 版本并不兼容原有的 1.0 版本，所以在进行协议的迁移时，耗时耗力，并且风险还会增大。比如应用程序 A 调用应用程序 B 基于的是 1.0 版本的协议，现在需要升级协议至 2.0 版本，但是由于无法兼容，所以无法让 1.0 版本与 2.0 版本共存，也就是应用程序 A 基于 1.0 版本的协议发送请求，但是应用程序 B 无法基于协议 2.0 版本的数据格式来解析此次请求，这样就会导致升级过程并不平滑，并且升级风险增大。所以一个优秀的通信协议必须具备良好的兼容性，需要实现向前和向后兼容。

第三个特质就是高效性。作为一个通信协议，如何提升通信过程中数据传输的速度是一个亘古不变的话题，协议作为传输数据的规则，直接决定了最后发送的数据包的大小。比如上述提到的 HTTP 1.1 中的头部信息就异常庞大，直接导致请求包增大，请求速度降低。

第四个特质就是较高的安全性。在利用通信协议进行通信的两端中间会经过网络来传输数据，在设计协议时需要着重考虑如何保障传输数据的安全性，比如最简单的是提供加密特性等。

第五个特质就是可靠性。在传输数据的过程中，可能由于各种不确定因素导致中间数据包丢失。如果要保证整个通信过程中数据传输的可靠性，则需要在协议的设计过程中考虑对传输可靠性的支持。一旦出现丢包现象，并且没有任何的补救措施，将是一次非常糟糕的通信。

以上五个优秀的协议所必须具备的特质，也就是我们在设计自定义协议时需要考虑的五个方面。从以上五个方面考虑，在设计一个优秀的自定义协议时，需要分以下五步。

第一步需要明确在设计通信协议时，有两方面需要设计，分别是协议头和协议体，协议头可以认为是携带协议特殊字段的部分，协议体则是我们需要传输的数据实体部分。

第二步是设计协议头的必要字段，在设计协议头的必要字段时，需要考虑以下几个必要的字段（命名不是重点，可以随意更换）：

（1）version：这里的版本号是指协议版本号，传输携带协议版本号是为了加强协议的兼容性，如果没有该字段，当数据包被解析后，服务端就无法知道客户端用的是哪个版本的协议，也就无法实行一些兼容措施。

（2）upgrade：该字段是参考HTTP中的协议协商机制，该机制是在HTTP 1.1中被引入的，这种机制的灵活性非常大，完美地解决了多版本的协议之间的前后兼容问题。举个例子，HTTP除了标准的协议，还衍生出了其他基于HTTP改造的协议，比如WebSocket协议等，一个基于WebSocket协议建立连接请求的请求头会携带以下信息：

```
GET ws://xxx.com/ HTTP/1.1
Connection: Upgrade
Upgrade: websocket
Origin: http://xxx.com
Sec-WebSocket-Version: xxx
Sec-WebSocket-Key: xxx
Sec-WebSocket-Extensions: permessage-deflate; client_max_window_bits
```

从协议头中可以看到，该头部信息中携带了Connection和Upgrade字段，Connection的值为Upgrade，代表此次连接请求希望做协议升级，而Upgrade内携带了想要升级的协议，但这仅仅是升级诉求的协商，并不强制服务端采用该协议，因为客户端的服务无法感知服务端是否支持这种想要升级的协议，所以它需要提出自己升级的诉求，而最终是否升级成功，还是由服务端决定的。当该建立连接的请求到达服务端后，服务端如果返回以下信息，则说明该协议的升级诉求协商成功。

```
HTTP/1.1 101 Switching Protocols
Connection: Upgrade
Upgrade: websocket
```

```
Sec-WebSocket-Accept: xxx
```

此时建立连接完成，两端将以 WebSocket 协议进行通信。如果服务端并不支持这种协议，那么连接的建立还是会成功，但是会通过 HTTP 1.1 进行通信。HTTP 在后续的版本迭代中也都采用了这种机制来确保协议的前后兼容。比如 HTTP 2 在升级时，由于许多浏览器还不支持 HTTP 2，所以这种协议在升级时会让协议迁移变得非常平滑，如表 4-1 所示。

表 4-1

浏览器	服务器	协商结果
不支持 HTTP 2	不支持 HTTP 2	不协商，使用 HTTP 1.1
不支持 HTTP 2	支持 HTTP 2	不协商，使用 HTTP 1.1
支持 HTTP 2	不支持 HTTP 2	协商，使用 HTTP 1.1
支持 HTTP 2	支持 HTTP 2	协商，使用 HTTP 2

这种协议协商机制可以考虑运用在协议设计上，完美地解决兼容性问题。

以下字段是一个通信协议必备的字段，对协议的兼容性、扩展性、可靠性都有不同程度的提升。

（1）extension：扩展字段，在设计通信协议时，预留字段用于扩展，以解决一些可预见的变更对协议带来的影响。

（2）id：该字段为此次通信请求的唯一标识，该标识除了可以将请求和响应绑定在一起，还可以作为丢包重传的依据，提升通信协议的可靠性。

（3）status：状态码字段，预先设计协议必有的一些状态码，可以让使用该通信协议的用户能够直接使用这些状态码，起到“开箱即用”的作用，并且还可以在该字段中添加自定义的状态码，让客户端更加准确地感知通信的结果和服务端的状态变化。

（4）data-length：该字段代表了协议体数据的长度，在进行数据传输时，可能会出现分包或者粘包现象，需要通过数据包的长度来判断是否出现了这些情况，并且让接收数据包的相关服务及时做出修正的措施，提升通信协议的可靠性。

第三步就是确定协议头的编码方式，目前常见的编码方式有两种，一种是二进制编码方式，另一种是文本编码方式。相比较而言，采用二进制的编码方式的数据包要比采用文本编码方式的数据包要小得多，所以二进制的编码方式的协议在通信传输速度上也占一定的优势。为了提高应用程序的性能，降低延迟，在协议层面我们能做的不外乎两点，要么传输的东西越小越好，要么通信两端的距离越近越好。所以从高效性来说，二进制编码方式优于文本编码方式。但是二进制编码方式也有一点劣势，那就是可读性差。在排查问题或者联调时，经常会抓取一些数据包来辅助问题的排查，如果是二进制编码，那么数据包的可读性就非常差，而文本编码方式则有良好的可读性。但是毕竟高效性优先级要高于可读性，所以在选择编码方式时推荐使用二进制编码方式。

确定使用二进制编码方式后，第四步则是确定各数据位及每个字段的排列顺序。一般情况下协议头放置在前，协议体放置在后，而协议头内字段的排列顺序没有要求，只需制定一个固定的格式即可。协议头内所有内容的长度必须不可变，比如 id 设置多少位，version 字段设置多少位都需要确定，需要预留足够的大小。这也是为什么上述提到需要预留一些扩展字段，因为如果没有扩展字段，后续想要进行扩展，就只能进行协议升级。协议体长度可变，因为协议体内包含的数据无法确定。

以上四步是自定义一个协议必须要做的。

5 chapter

第5章 序列化

第4章介绍的通信协议关注的是协议头的内容，而本章要介绍的序列化针对的是整个请求数据中的数据实体部分。本章将从计算机数据的用途开始介绍，引申出序列化的概念，并且帮助读者厘清序列化、反序列化、序列化协议、序列化框架等名词，加深读者对序列化领域的理解。除了介绍序列化的概念，本章还会从数据格式的角度介绍文本格式的序列化方案和二进制格式的序列化方案，其中挑选了业界较为流行的序列化框架进行详细介绍，包括Kryo、Fastjson、ProtoBuf等。本章最后介绍如何做序列化框架的选型，也就是考量序列化框架的几个角度。

5.1 序列化和反序列化

我们经常能够看到序列化、反序列化、序列化框架、序列化协议这样的名词，现在我们就先解释这四个名词的概念。序列化和反序列化是分不开的，因为将数据序列化后，总是需要将序列化后的数据进行还原，也就是反序列化数据。序列化和反序列化是一种数据转化的技术，一般在业界提到序列化技术，就涵盖了序列化和反序列化，下文亦是如此。而序列化框架则是提供这种转化功能的解决方案和工具库。序列化协议就是一种结构化的数据格式，它一般指的是数据格式的规则。

序列化技术操作的目标就是计算机中的数据。数据在计算机中的用途可以分为存储、传输和运算。与序列化技术相关性较大的就是数据的存储和传输。计算机的数据之所以需要进行序列化和反序列化，就是因为数据有存储和传输的需求，比如需要将内存中的某个对象数据按照一定格式存储到数据库中，或者传输到另外一台计算机中。所以从数据的用途来看，序列化就是为了将数据按照规定的格式进行重组，在保持原有的数据语义不变的情况下，达到存储或者传输的目的。反序列化则是为了将序列化后的数据重新还原成具有语义的数据，以达到重新使用或者复用原有数据的目的。

在 RPC 框架中，两端通过网络进行数据传输和交换，序列化和反序列化是必不可少的一环。序列化技术被应用在编码阶段，最终的目的就是实现数据的传输。在一次通信数据包传输过程中，传输的数据包除了协议头，还有协议体的内容。以 Java 为例，协议体的数据在 JVM 中其实就是一个对象，但是进行网络传输时，并没有以对象为单位进行传输的方式，所以需要将对象转化为特殊数据格式的数据，比如转化为二进制数据、JSON 格式的文本数据等。这种将对象转化为特殊格式的数据的行为就是序列化，当接收方收到该数据后，将该数据重新转化为 JVM 中的一个对象，这就是反序列化。在数据传输的场景中，通信协议往往与序列化协议的概念混淆。通信协议和序列化协议是一次正常通信必不可少的，通信协议虽然是整个数据包的编排规则，但它并不关心协议体内真实数据的编排规则，所以通信协议更加倾向于协议头相关的数据编排规则，而序列化协议主要负责协议体内数据的编排规则。只有通信双方的通信协议一致，并且序列化协议一致，也就是约定好的数据格式一致，接收方才能成功将数据包内的协议体数据反序列化，解析出正确的请求数据。

序列化技术可以从多个维度进行分类，最容易理解的是从序列化协议的角度进行分类。前面提到序列化协议是一种结构化的数据格式，而结构化的数据格式往往包含两层含义，第一层含义就是数据整体的格式，比如二进制、JSON、XML 等数据格式。而序列化技术的实现方案根据序列化后的数据格式可以分为以下两种：

- 文本格式的序列化实现方案。
- 二进制格式的序列化实现方案。

第二层含义就是数据的编排顺序和内容构造，比如所有数据都是按照二进制格式编排的，但是先编排数据类型，再编排数据内容，或者根本不编排数据类型，又或者采用别的内容编排方式，都会产生不同的序列化技术实现方案。在计算机中，数据都是以 0 和 1 这样的二进制形式表示、存储和运算的，这也是冯 • 诺依曼体系结构的特点。但是二进制数据只有计算机能读懂，对于人类而言，二进制所代表的语义并不容易理解，人类想要读懂二进制数据，就必须将二进制数据转化为对应的含义，这并不符合自然世界的逻辑。为了让数据更加直观，更加符合人类世界和自然世界的逻辑，出现了 C、Java 等高级语言，它们定义的数据类型，就是为了让数据更加直观，易于理解。在不同的计算机高级编程语言中，数据表示的形式不同，而在同一种编程语言内，数据的表示形式也有许多种类，比如在 Java 中，基本数据类型有 int（整型）、float（浮点类型）等，引用数据类型有 String（字符串类型）等。被这些数据类型修饰符修饰的数据都带有非常强的语义。但是这些数据类型修饰符都是与对应的编程语言强绑定的。数据被序列化之后，最终还需要对数据进行反序列化，并且反序列化后，该数据所代表的语义不能被改变，也就是说具备可还原性的数据才能够真正地应用序列化技术。除了部分指针类型的数据或者资源类型的数据无法具备可还原性，其他大部分数据都是具备可还原性的。如果数据具备可还原性，那么如何保证数据可以正确地序列化呢？第一种方案就是在序列化过程中，在数据中添加数据类型的元数据，这种可称为自描述型的序列化实现方案。比如 Hessian 序列化实现方案，它的实现机制比较注重数据的简化。Java 中有 Integer 数据类型，比如定义了以下的数据：

```
Integer a = 2;
```

Hessian 会将这个数据序列化成以下数据格式：

```
I 2
```

其中“I”代表的就是 Integer 数据类型，而“2”是真正的数据内容。当要对序列化后的数据进行反序列时，就知道将该数据反序列化成 Integer 数据类型。这种 Hessian 序列化方案就是典型的自描述型的序列化实现方案，它在数据中携带了数据类型描述符。

第二种方案就是非自描述型的序列化实现方案。这种方案需要依赖外部的描述文件才能完成正确的反序列化，比如 Protocol Buffer 就必须要有*.proto 文件才能完成反序列化，否则无法识别二进制流中的真实数据类型，Protocol Buffer 的详细内容将在后续章节中介绍。

5.2 文本格式的序列化方案

文本格式的序列化方案是指将数据用某种格式通过文本的格式呈现。目前应用广泛的文本格式有 JSON 格式和 XML 格式两种。

5.2.1 XML 格式

XML（Extensible Markup Language）是由 W3C 定义的一种可扩展标记语言。它是经过了人们几十年的探索才最终形成的通用编码语言。自从人们开始关注电子数据的文档结构和含义后，通用编码就变得非常重要，因为通用编码可以保证一个文档类型能用于任何目的，使用通用编码的电子数据会变得可检索，人们可以用同一套规则去解析使用通用编码的电子数据文档。图形通信协会（Graphic Communications Association，GCA）研发了用通用标签标记数据的方案来实现通用编码。自此之后，IBM 研发了广义标记语言（Generalized Markup Language，GML），美国国家标准协会（American National Standards Institute，ANSI）基于 GML 制定了广义标记语言标准（Standard Generalized Markup Language，SGML），并且 SGML 被飞速推广，但由于 SGML 过于灵活，所以开发一个能处理 SGML 的程序非常复杂和昂贵。20 世纪 90 年代早期，一种非常精简并且支持超级文本的 SGML 文档被研发出来，它就是 HTML。虽然 HTML 非常精简，但是它在设计中抛弃了通用编码的一些基本原则，并且 HTML 设计的许多标签都侧重于展示数据的效果，并没有起到非常好的标记作用。由于 Web 的兴起，亟需一种既能够保证 SGML 的灵活性，又足够精简的标记语言，很幸运，XML 及时出现了。

下面是一个用 XML 描述的示例：

```
<Person-array>
  <Person>
        <name>crazyhzm</name>
    <age>23</age>
    </Person>
    <Person>
    <name>小明</name>
    <age>24</age>
    </Person>
</Person-array>
```

XML 数据的基本单元是元素，元素是由起始标签、元素内容和结束标签组成的。用户把要描述的数据对象放在起始标签和结束标签之间。它的语法格式如下：<标签名称>文本内容＜/标签名称＞。无论文本内容有多长或者多么复杂，XML 元素中都可以再嵌套别的元素，这样使相关信息具有关联性。这种方法定义了 XML 文档数据和数据结构。除了元素，XML 文档的数据中还有声明、注释、根元素、子元素和属性等内容，这部分内容不再具体展开介绍。

XML 格式的序列化方式是比较早期的文本格式序列化方案，从上面的示例就能看出来，它具有很强的可读性。在 Java 领域中，目前常见的 XML 格式的序列化框架有两种。第一种是 JDK

自带的 XML 格式的序列化 API，分别是 java.beans.XMLEncoder 和 java.beans.XMLDecoder，这两个类提供了 XML 格式数据的序列化能力。第二种是 Digester，Digester 框架是从 Struts 发展而来的，它只能从 XML 文件解析成 Java Bean 对象，功能比较单一。第三种是 XStream，XStream 是一个功能比较丰富的框架，它不仅可以将 Java Bean 对象和 XML 数据互转，还支持 JSON 格式的转化。并且它的 API 使用也比较简单。现在大多数 Java Bean 对象和 XML 数据互转都用该框架来实现。下面是 XStream 的使用示例。

首先在 Maven 依赖中加入以下依赖：

```
<dependency>
    <groupId>com.thoughtworks.xstream</groupId>
    <artifactId>xstream</artifactId>
    <version>1.4.15</version>
</dependency>
```

然后编写 Person.java 类：

```
public class Person {
    private String name;
    private Integer age;
    private BigDecimal salary;

    public Person(String name, Integer age, BigDecimal salary) {
        this.name = name;
        this.age = age;
        this.salary = salary;
    }
}
```

最后通过 XStream 的 API 编写序列化逻辑：

```
public static void main(String[] args) {
    XStream xstream = new XStream();
    xstream.alias("person", Person.class);
    Person p = new Person("crazyhzm", 20,new BigDecimal(100));
    String xml = xstream.toXML(p);
    System.out.println(xml);
}
```

执行上述逻辑之后可以看到控制台输出如下内容：

```
<person>
  <name>crazyhzm</name>
  <age>20</age>
  <salary>100</salary>
</person>
```

通过 XStream 可以将一个 Person 对象序列化成 XML 数据格式。序列化后的数据可以用于传输、存储等。以下代码是用 XStream 重新将该数据反序列化，还原成原有的语义：

```
// 反序列化
Person np = (Person)xstream.fromXML(xml);
```

5.2.2 JSON 格式

JSON 是 JavaScript Object Notation 的缩写，可以理解为是 JavaScript 对象的表示法。JSON 格式的数据也是文本形式的一种。JSON 格式要比 XML 格式出现得晚一些，可以说 JSON 是 XML 的替代方案。下面来看一个简单的 JSON 数据：

```
{
    "personList":
    [
        {"name":"crazyhzm","age":23},
        {"name":"小明","age":24}
    ]
}
```

JSON 格式整体看起来每个数据都是 key-value 形式。JSON 数据本身也有自己的一套规范，比如数组就是中括号“[]”包裹起来的内容，数组中的每个元素都用“,”隔开，每个对象都用“{}”包裹起来。JSON 与 XML 相比，序列化后的数据包会更小，反序列化 JSON 格式的数据要比反序列化 XML 格式的数据更容易，速度也会更快。JSON 格式的序列化方案最大的优势与 XML 几乎一致，就是数据可读性强和天然支持异构语言。JSON 格式的序列化方案虽然相对于 XML 格式的序列化方案已经在数据包大小和性能上有所优化，但是作为文本格式的序列化方案，并没有对数据进行压缩，原封不动地呈现了所有数据，并且还增加了一些标识符来帮助反序列化，数据包依旧非常大，在序列化和反序列化的性能上也还有很大的进步空间。目前几种常见的支持 JSON 格式的序列化框架如下：

- Fastjson：该框架是阿里巴巴开源的 JSON 解析库，它可以解析 JSON 格式的字符串，支持将 Java Bean 序列化为 JSON 字符串，也可以从 JSON 字符串反序列化为 Java Bean。它的优点是速度快、社区较为活跃、API 十分简单，不需要第三方库的依赖。
- Jackson：简单易用并且性能相对高一些，流式解析 JSON 格式，在解析数据量大的 JSON 格式文本时比较有优势。将复杂类型的 JSON 转换为 Bean 会出现问题，比如一些集合 Map、List 的转换；将复杂类型的 Bean 转换为 JSON，转换的 JSON 格式不是标准的 JSON 格式。
- Gson：由 Google 开源的 JSON 解析库，功能最全，它没有依赖第三方类库，但是在性能上比 Jackson 和 Fastjson 稍微差一些。
- JSON-lib：最开始的 JSON 解析工具，它在进行 Java Bean 和 JSON 字符串互相转化的时候，依赖了太多的第三方库，并且在转化的时候还有缺陷，比如数值溢出时不抛出错误。该工具库最近一次更新也是在七年前了，它已经满足不了现在的开发要求。

下面详细介绍一下介绍 Fastjson。

Fastjson

Fastjson 从名字上就可以很好理解：快和 JSON 格式。它是阿里巴巴在 2011 年 7 月开源的 JSON 解析库，专注做一件事，就是将 Java 对象与 JSON 字符串互转。Fastjson 以“快”著称，那么为什么它能够做到高性能的序列化和反序列化呢？下面将从序列化和反序列化两个方面分别介绍 Fastjson 中对性能的优化。

从序列化的角度来看，在进行序列化时要将一个对象转化为 JSON 格式的字符串，必定经历两个步骤，第一步就是获取 Java 对象的属性值。JSON 格式中每个数据都是 key-value 的形式。所以在转化为 JSON 格式之前，必须获取对象的属性值。第二步就是将属性名及属性值按照 JSON 的规范组合成 JSON 字符串。Fastjson 在第一步获取属性值时采用了 ASM 库，并没有选择传统的 Java 反射来获取属性值，因为反射的性能很差，远不如直接使用 ASM 库来获取 Java 对象的属性值。并且 Fastjson 并没有将整个 ASM 库引入 Fastjson 框架，而是引入了 ASM 库的部分内容。在第二步中由于用字符串直接拼接的性能太差，而使用 java.lang.StringBuilder 会相对好得多，所以 Fastjson 提供了类似 StringBuilder 的工具类 SerializeWriter，进一步提升了字符串拼接的性能。

除了通过以上两个策略来提升性能，Fastjson 还做了以下三点比较重要的优化：第一点就是用 ThreadLocal 来缓存 buf。SerializeWriter 中有一个 char buf[]属性，每序列化一次，都要做一次分配，它的作用是缓存每次序列化后字符串的内存地址，Fastjson 使用 ThreadLocal 来缓存 buf。这个办法能够减少对象分配和 GC，从而提升性能，见以下两个属性：

```
protected char buf[];
private final static ThreadLocal<char[]> bufLocal = new ThreadLocal<char[]>();
```

以下是 SerializeWriter 的构造方法，当调用 SerializeWriter 的构造方法时，先从 bufLocal 中获取，如果在 bufLocal 中有缓存存在，则把值清空。这样就不需要重新分配对象，也减少了 GC。如果没有缓存，才执行 new char[2048]的操作。

```
public SerializeWriter(Writer writer, int defaultFeatures, SerializerFeature...
features){
    this.writer = writer;
    buf = bufLocal.get();
    if (buf != null) {
        bufLocal.set(null);
    } else {
        buf = new char[2048];
    }
    int featuresValue = defaultFeatures;
    for (SerializerFeature feature : features) {
        featuresValue |= feature.getMask();
    }
    this.features = featuresValue;

    computeFeatures();
}
```

第二点就是使用 IdentityHashMap 存储 Class 和 ObjectSerializer 的映射关系：Fastjson 有一个重要的类叫作 SerializeConfig，其中缓存了各种配置，包括 Class 和 Serizlier 的映射关系。该属性定义如下：

```
private final IdentityHashMap<Type, ObjectSerializer> serializers;
```

其中 ObjectSerializer 是 Fastjson 的一个接口，它定义了序列化的方法，每个类型都对应一个 ObjectSerializer，比如数组类型的序列化就用到了 ArraySerializer 等。每个类型都需要和 ObjectSerializer 做映射，并且缓存，这样能够方便序列化处理类的快速查找、避免 ObjectSerializer 的反复创建。如果使用 HashMap，则存在并发问题；如果使用 ConcurrentHashMap，则会有自旋等待的情况，导致性能变低。Fastjson 实现了一个 IdentityHashMap，它参考了 JDK 自带的 java.util.IdentityHashMap，通过避免 equals 操作来提高性能，Fastjson 重写了值匹配的逻辑，在对比是否为同一个 key 值时只认为 key == entry.key 才算是同一个。除了去掉 equals 操作，Fastjson 还去掉了 transfer 操作，保证并发处理时正常工作，但是不会导致死循环。以下是 IdentityHashMap 实现的 put 方法：

```
public boolean put(K key, V value) {
    final int hash = System.identityHashCode(key);
    final int bucket = hash & indexMask;

    for (Entry<K, V> entry = buckets[bucket]; entry != null; entry = entry.next) {
        if (key == entry.key) {
            entry.value = value;
            return true;
        }
    }

    Entry<K, V> entry = new Entry<K, V>(key, value, hash, buckets[bucket]);
    buckets[bucket] = entry;

    return false;
}
```

第三点优化就是排序输出，为反序列化做准备。Fastjson 默认启用排序：JSON 格式的数据都是一种 key-value 结构，正常的 HashMap 是无序的，Fastjson 默认是按照 key 的顺序进行排序输出的，这样做是为了反序列化读取的时候只需要做 key 的匹配，而不需要把 key 从输入中读取出来。

除了序列化有优化的逻辑，反序列化同样有相关的优化逻辑，比如获取 Java 对象的属性值时，同样默认使用 ASM 库。反序列化方面的优化也有三点。第一点是使用 IdentityHashMap 存储 Class 和 ObjectDeserializer 的映射关系：每个类型都应该和对应的序列化器 ObjectDeserializer 一一映射，并且缓存，减少反复创建序列化器的开销。反序列化时也和序列化时一样，用 IdentityHashMap 进行存储，并且该缓存存放在 ParserConfig 组件中。ParserConfig 封装了反序列化的各类配置信息，定义如下：

```
private final IdentityHashMap<Type, ObjectDeserializer> deserializers = new
IdentityHashMap<Type, ObjectDeserializer>();
```

第二点是读取 token 值时基于预测：Fastjson 在反序列化一个 JSON 字符串时，下一个字符一般情况下是可以预估的。比如字符“}”之后最有可能出现的是“,”“]”“}”等。预测的逻辑被封装在 JSONLexerBase 中。

第三点是与序列化相呼应，快速匹配。与上面序列化有序输出一一对应，反序列化的时候 key-value 的内容是有序的，读取的时候只需要做 key 的匹配，而不需要把 key 读取出来再匹配。在 JavaBeanDeserializer 的 deserialze 方法中可以看到类似于如下的代码片段：

```
else if (fieldClass == String.class) {
    fieldValue = lexer.scanFieldString(name_chars);

    if (lexer.matchStat > 0) {
        matchField = true;
        valueParsed = true;
    } else if (lexer.matchStat == JSONLexer.NOT_MATCH_NAME) {
        continue;
    }
}
```

该方法中还有很多这样的条件判断语句，可以看到读取反序列化数据的时候只需要做 key 的匹配即可。

第四点就是基于 SymbolTable 算法缓存关键字。使用 SymbolTable 算法缓存关键字，可以避免创建新的字符串对象。假设在一个 JSON 字符串中，有成千上万个同样的 JSON 对象的数组，在数据转换过程中，如果不对这些 JSON 对象中的 key 做缓存，那么将存在成千上万个同样的字符串对象（值相同），见下面的例子：

```
{
    "persons":
    [
        {"name":"crazyhzm","age":23},
        {"name":"小明","age":24},
         ...
    ]
}
```

假设 persons 数组有几万个元素，那么就存在几万个 key 是 name 和 age 的值，如果将 name 和 age 的值缓存起来，那么只要创建两个新的字符串对象即可，节省了内存并且提高了性能。

下面是 Fastjson 的使用示例。

首先在 Maven 依赖中加入以下依赖：

```
<dependency>
    <groupId>com.alibaba</groupId>
    <artifactId>fastjson</artifactId>
    <version>1.2.70</version>
</dependency>
```

其次编写一个需要序列化的 Person 类：

```
public class Person {
    private String name;
    private Integer age;
    private BigDecimal salary;

    public Person(String name, Integer age, BigDecimal salary) {
        this.name = name;
        this.age = age;
        this.salary = salary;
    }

    public String getName() {
        return name;
    }

    public void setName(String name) {
        this.name = name;
    }

    public Integer getAge() {
        return age;
    }

    public void setAge(Integer age) {
        this.age = age;
    }

    public BigDecimal getSalary() {
```

```
        return salary;
    }

    public void setSalary(BigDecimal salary) {
        this.salary = salary;
    }
}
```

编写序列化逻辑：

```
public static void main(String[] args) {
     Person person = new Person("crazyhzm",20,new BigDecimal("1234567.890123"));
     String jsonString = JSON.toJSONString(person);
     System.out.println(jsonString);
}
```

执行上述逻辑后可以在控制台看到输出以下结果：

```
{"age":20,"name":"crazyhzm","salary":1234567.890123}
```

编写反序列化逻辑：

```
String jsonString = "{\"name\":\"crazyhzm\",\"age\":23,\"salary\":1234567. 890123}";
Person persion = JSON.parseObject(jsonString ,Person.class);
```

5.3 二进制格式的序列化方案

二进制格式的序列化方案指数据按照某种编排规则通过二进制格式呈现。将对象序列化为二进制格式的数据能够大大减小数据包大小，从而提高传输速度和解析速度。二进制格式的序列化方案相对于文本格式的序列化方案而言，性能较高，对数据容易做加密处理，安全性较高。二进制格式的序列化方案非常多样化，所以现在市面上开源的序列化框架也非常多，这些开源的序列化框架都做了不同程度的优化，提高了序列化框架的性能，比如做数据压缩等。现在的互联网环境对性能要求极高，所以二进制格式的序列化方案被使用得更广泛。下面列举两个二进制格式的序列化方案。第一个方案就是 JDK 原生序列化方式：Java 序列化是在 JDK 1.1 中引入的，Java 序列化的 API 可以帮助我们将 Java 对象和二进制流互相转化，API 的使用也很简单，只要在需要序列化的类定义上实现 java.io.Serializable 接口，然后通过 ObjectInputStream 和

ObjectOutputStream 即可实现两者的转化。该序列化方式将字段类型信息用字符串格式写到了二进制流中，这样反序列化方就可以根据字段信息实现反序列化。该序列化方式生成的字节流太大，并且性能也不高，所以目前基本不会用该序列化方式。第二个方案就是 Kryo：Kryo 是一款优秀的 Java 序列化框架，它是一款快速序列化/反序列化工具，相比于 JDK 的序列化方案，Kryo 使用了字节码生成机制（底层依赖了 ASM 库），因此在序列化和反序列化的性能上提升了不少，Kryo 还做了数据压缩的优化，减小了序列化后的数据包大小。它除了在性能提升方面和简化数据包方面做了优化，还提供了一些非常便利的功能。Kryo 序列化出来的结果是 Kryo 独有的一种格式，它会将这种格式的数据转化为二进制格式的数据。Kryo 目前只有 Java 版本的实现。

Kryo 之所以在序列化和反序列化的性能上有良好的优势，是因为 Kryo 在时间消耗和空间消耗上都做了一定程度的优化，在时间消耗方面的优化，主要是预先缓存了元数据信息。Kryo 先加载类元数据信息，将加载后的二进制数据存入缓存，保证之后的序列化及反序列化都不需要重新加载该类元数据信息。虽然在第一次加载时耗费性能，但是方便了后续的加载。在空间消耗上，为了降低序列化后的数据大小，做出了以下两点优化：

- 变长的设计降低空间消耗：Kryo 对 long、int 这两种数据类型采用变长字节存储来代替 Java 中使用固定的长度存储的模式。以 int 数据类型为例，在 Java 中一般需要 4 字节去存储，而对 Kryo 来说，可以通过 1～5 个变长字节去存储，从而避免较小的数值的高位都是 0，0 存储非常浪费空间。
- 压缩元数据信息：Kryo 提供了单独序列化对象信息，以及将类的元数据信息与对象信息一起序列化两种序列化方式。由于第二种方式携带的类的元数据信息太大，导致序列化后的数据特别大，所以 Kryo 又提供了一种提前注册类的方式，这种方式是在 Kryo 中将 Java 类用唯一 ID 表示，当 Kryo 对 Class 进行序列化时只需要将对应的 ID 数值进行序列化即可，无须序列化类的全部元信息，而在反序列化时也只需根据 ID 来找到对应的类，然后通过类加载进行加载，这样做大大减少了序列化后的数据大小。

Kryo 除了在性能上表现良好，其提供的功能也非常全面，比如它支持分块编码：与 HTTP 中 Transfer-Encoding:chunked 的分块上传机制非常相似，它通过使用小的缓冲区来解决无法得知数据长度的问题。当缓冲区已满时，其长度和数据被写入。将长度及数据作为一个数据块，将整个数据切成很多块进行编码，直到没有更多的数据需要编码，长度为零的块表示块的结尾。Kryo 的 OutputChunked 用于写分块数据，其中 endChunks()方法用于标记一组块的结尾。Kryo 支持自动生成深和浅的对象副本：Kryo 的复制不会序列化为字节然后反转，它使用直接分配的机制。Kryo 还可以解决循环引用问题：它可以序列化相同对象和循环图的多个引用，单开启该能力具有少量的开销，如果确保没有发生循环引用，则只要调用 kryo.setReferences(false)就可以禁用该解决循环引用问题的能力以节省空间，一旦出现循环引用，就会导致栈内存溢出的问题。虽然 Kryo 在性能上表现良好，但 Kryo 也有一些缺陷，在使用过程中必须注意：

- 由于 Kryo 可以把类的元数据信息写到二进制流中，所以对类的匹配是完全对应的，这就导致了对类升级的兼容性很差。所以在使用时两边的 Class 结构要保持一致。
- Kryo 不是线程安全的。每个线程都应该有自己的 Kryo Input 和 Output 实例。此外，bytes[] Input 可能被修改，然后在反序列化期间回到初始状态，因此不应该在多线程中并发使用相同的 bytes[]。可以使用 ThreadLocal 将 Kryo 实例绑定到对应的线程上来解决 Kryo 线程安全问题。
- 因为 Kryo 的实例的创建/初始化是相当昂贵的，如果每个线程都创建 Kryo 的实例，则会非常占用系统资源。所以在多线程的情况下，应该池化 Kryo 实例，Kryo 提供的 KryoPool 允许使用 SoftReferences 保留对 Kryo 实例的引用，这样当 JVM 耗尽内存时，Kryo 实例就可以被 GC 回收。

以下是 Kryo 的一个使用示例。

在 Maven 依赖中加入以下依赖：

```
<dependency>
    <groupId>com.esotericsoftware</groupId>
    <artifactId>kryo</artifactId>
    <version>5.0.3</version>
</dependency>
```

Kryo 的序列化方式根据是否保存对象所属类的元信息可以分为 writeObject 和 writeClassAndObject 两种，如果对象所属类不是 Java 原生的类，也就是自定义的类，则需要执行注册操作。第一种使用方法为调用 Kryo 的 writeObject 方法。使用这种方法时只会序列化对象的实例，不会记录对象所属类的元信息。因为不需要记录对象属性类的原信息，所以这种方法的优势是节省空间，劣势是需要提供序列化目标类作为反序列化的模板。示例如下：

1. 使用 writeObject 对 Java 原生类对象进行序列化的示例

```
private static void originalObjectSerializationTest() {
    Kryo kryo = new Kryo();
    String name = "crazyhzm";
    // 序列化
    try {
        Output output = new Output(new FileOutputStream("kryo.result"));
        kryo.writeObject(output, name);
        output.close();
    } catch (FileNotFoundException e) {
    }
```

```
    // 反序列化
    try {
        Input input = new Input(new FileInputStream("kryo.result"));
        String newName = kryo.readObject(input, String.class);
        System.out.println(newName);
        input.close();
    } catch (FileNotFoundException e) {
    }
}
```

执行上述逻辑后，可以在项目目录下找到一个 kryo.result 文件，该文件中的数据就是将 String 对象序列化后的二进制数据。从控制台看到输出了以下结果：

```
crazyhzm
```

2. 使用 writeObject 对自定义类型的对象进行序列化的示例

```
private static void customizeObjectSerializationTest() {
    Kryo kryo = new Kryo();
    kryo.register(Person.class);
    Person person = new Person("crazyhzm", 25);
    // 序列化
    try {
        Output output = new Output(new FileOutputStream("kryo.result"));
        kryo.writeObject(output, person);
        output.close();
    } catch (FileNotFoundException e) {
    }
    // 反序列化
    try {
        Input input = new Input(new FileInputStream("kryo.result"));
        Person newPerson = kryo.readObject(input, Person.class);
        System.out.println(newPerson.getName());
        System.out.println(newPerson.getAge());
        input.close();
    } catch (FileNotFoundException e) {
    }
}
```

可以看到控制台输出如下结果：

```
crazyhzm
25
```

3. 使用 writeClassAndObject 对 Java 原生类对象进行序列化的示例

与 writeObject 不同，writeClassAndObject 会把对象所属类的元信息也一同写入二进制流，这样做的好处是在读取该二进制流进行反序列化时无须再提供类信息，劣势是空间占用大、网络间传输带宽资源消耗多。Kryo 可以对类进行注册，这样做可以绑定唯一的数字作为 ID，在执行 writeClassAndObject 时仅序列化 ID 即可，无须序列化类的全部元信息。这样做的优势是在节省空间的同时无须在反序列化时提供原始类的信息。

```java
private static void originalObjectSerializationWithObjectTest() {
    Kryo kryo = new Kryo();
    String name = "crazyhzm";
    // 序列化
    try {
        Output output = new Output(new FileOutputStream("kryo.result"));
        kryo.writeClassAndObject(output, name);
        output.close();
    } catch (FileNotFoundException e) {
    }
    // 反序列化
    try {
        Input input = new Input(new FileInputStream("kryo.result"));
        String newName = (String)kryo.readClassAndObject(input);
        System.out.println(newName);
        input.close();
    } catch (FileNotFoundException e) {
    }
}
```

4. 使用 writeClassAndObject 对自定义类型的对象进行序列化的示例

```java
private static void customizeObjectSerializationWithObjectTest() {
    Kryo kryo = new Kryo();
    kryo.register(Person.class);
```

```
    Person person = new Person("crazyhzm", 25);
    try {
        Output output = new Output(new FileOutputStream("kryo.result"));
        kryo.writeClassAndObject(output, person);
        output.close();
    } catch (FileNotFoundException e) {
    }
    try {
        Input input = new Input(new FileInputStream("kryo.result"));
        Person newPerson = (Person) kryo.readClassAndObject(input);
        System.out.println(newPerson.getName());
        System.out.println(newPerson.getAge());
        input.close();
    } catch (FileNotFoundException e) {
    }
}
```

上面介绍的 Kryo 和 JDK 的序列化方案有一个共同的特点，那就是都只能在 Java 语言中使用。二进制格式的序列化方案有一个比较严重的问题——它对异构性语言并不友好。异构语言指的是不同的语言，在序列化技术中，可以理解为应用程序是用 Java 开发的，但是某个序列化框架并不是针对 Java 的语法设计的，可能是针对 Golang 设计的，并且它又是二进制的数据格式，那么该序列化框架不能为 Java 开发的应用程序提供序列化和反序列化能力，从而导致在解析二进制数据时不能解析出正确的内容。所以只支持单语言的序列化框架的应用市场减少了很多。而对异构语言的支持在数据传输中尤为重要，这就涉及异构语言应用之间的 RPC 调用，这部分内容将在后续章节中详细介绍。

有异构语言的需求，就会有解决方案。目前有三个方案可以解决异构语言的问题。第一个方案就是根据相同的机制重新实现对应语言的序列化框架。相同的机制是指对数据的编排都必须保持一致，比如 Kryo 只支持 Java，现在需要支持 Golang 的序列化，从而实现被 Java 版本的 Kryo 框架序列化后的数据能够被 Golang 版本的 Kryo 框架（该版本不存在）反序列化。而在 Golang 版本的 Kryo 框架中需要遵循 Java 版本的 Kryo 框架的设计原则，才能正确地将 Java 的数据转化成 Golang 的数据。比如将 Java 中 int 类型的数据转化为 Golang 中 int32 类型的数据。目前市面上也有一些开源框架为了满足异构语言的需求而衍生出许多语言的版本，Hessian 就是非常典型的例子。它目前已经支持 Java、Python、C++、C#、Erlang、PHP、Ruby、C 等多种语言。Hession 也是一个比较高效的序列化框架，它的实现机制比较注重数据的简化。前面提到 Hessian 会简化数据类型的元数据表达，对于复杂对象，通过 Java 的反射机制，Hession 把对象所有的属性当成一个 Map 来序列化。阿里巴巴在 Hession 的基础上开源了 Hession-lite 版本，解决了一些 Hession 的问题，并且提升了一些性能，该版本目前已经捐献给 Apache。

实现多语言的版本是一种支持异构语言的方案，第二种方案就是通过与编程语言无关的 IDL 来解决异构语言的问题，IDL 会在后续章节中详细介绍。目前通过这种方案实现对多语言的支持，并且较为常见的序列化方案有以下两种：

- Thrift：Thrift 是 Facebook 开源的一个高性能、轻量级 RPC 服务框架，它针对序列化也有自己独特的处理方式，在 Thrift 框架内部提供了对 thrift 协议的序列化的工具，并且减小了序列化后的数据包大小，以及提升了解析的性能，但是 Thrift 没有暴露序列化和反序列化的 API，thrift 协议的序列化能力与 Thrift 框架强耦合，所以它支持其他协议的序列化和反序列化比较困难。由于 Thrift 有 IDL 的设计，支持多语言之间进行远程调用，所以它同样支持多语言之间的序列化。
- ProtoBuf：ProtoBuf 的全称为 Google Protocol Buffer，是 Google 公司内部的混合语言数据标准，它是一种轻便高效的结构化数据存储格式，可用于序列化。它解析速度快，序列化和反序列化 API 非常简单，它的文档也非常丰富，并且可以跟各种传输层协议结合使用。它同样有 IDL 的设计，并且提供了 IDL 的编译器，它支持的语言也非常多，比如 C++、C#、Dart、Golang、Java、Python、Rust 等。

ProtoBuf 除了支持的语言种类多，在性能上也具有非常大的优势，主要体现在以下三个方面。

- 用标识符来识别字段：我们知道 JSON 这种 key-value 的数据格式增加了很多额外的字符，比如“[”等。在前面的.proto 文件示例中可以看到 string name=1 这样的定义，后面的“1”并不是初始值，而是该属性的标识符，ProtoBuf 就是用该标识符代替了属性的定义，它被用来在消息的二进制格式中识别各个字段，所以这里的标识符必须是唯一的。序列化时会将该编号及该属性的值一起转化为二进制数据，反序列化时通过标识符就知道该 value 是哪个属性的。这样做的好处是序列化后的数据大大减小了。
- 自定义可变数据类型 Varint 用来存储整数：这个优化和 Kryo 的优化有些类似。int 整数类型在计算机中占用 4 字节，但是绝大部分的整数都是比较小的整数，实际用不了 4 字节，比如 100 在计算机中的二进制值的前 24 位都是 0，只要用 1 字节就可以存储。ProtoBuf 中定义了 Varint 这种数据类型，可以以不同的长度来存储整数，将数据进一步进行了压缩，减少了序列化的数据大小。
- 记录字符串长度，解析时直接截取：上面讲到用标识符来表示字段，后面紧跟着数据，这样可以直接解析数据。如果是字符串类型，则不能直接解析。所以 ProtoBuf 在真实数据前还添加了该字符串的长度，也用 Varint 类型表示。这种策略可以保证反序列化时直接通过字符串长度来截取后面的真实数据 value。

下面是使用 ProtoBuf 进行序列化的示例。

有关 Maven 的配置可以参照第 2 章 gRPC 中的示例，本节仅关注序列化相关部分。

首先我们需要编写.proto 文件，.proto 文件包含 ProtoBuf 预定义的规则，正因为这个规则，ProtoBuf 才可以支持跨语言序列化。person.proto 示例如下：

```
syntax = "proto3";
option java_multiple_files = true;
option java_package="message";
option java_outer_classname = "MessageProto";
package message;
message Person {
  string name = 1;
  int32 age = 2;
}
```

- 第一行说明使用的是 ProtoBuf 哪个版本的语法，这里使用的是 proto3 的语法，syntax 语句必须是.proto 文件除注释和空行外的首行。、
- 第二到第四行是 ProtoBuf 的一些可选配置项，java_multiple_files 设置为 true 代表将编译完成的文件分成多个。java_package 表示编译完后的包名称，java_outer_classname 表示产生的类的类名，编译完成后，会产生一个 MessageProto.java 文件。
- 第五行定义了类所在的包名，它是一个默认值，当在*.proto 文件中提供了一个明确的 java_package 配置时，以 java_package 的配置优先。
- 第六行则是真正的类定义，上面说过一个结构化的数据被称为一个 message，在 Java 中一个类就是一个 message。上面的示例中定义了一个 Person 类。
- 第七行定义了 Person 类中的 name 属性，类型是字符串，标识符为 1。
- 第八行定义了 Person 类中的 age 属性，类型是 32 位的整型，标识符为 2。

ProtoBuf 支持很多语言，比如 C++、Java、Python、Golang、Ruby、C#和 PHP 等，并且 ProtoBuf 中的消息类型也对应不同语言中的数据类型，比如上述代码中的 int32 在 Java 中对应的就是 int 类型、uint64 对应的就是 long 类型。表 5-1 摘自 ProtoBuf 官网。

表 5-1

.proto	C++	Java	Python	Golang	Ruby	C#	PHP	Dart
double	double	double	float	Float64	Float	double	float	double
float	float	float	float	Float32	Float	float	float	double
int32	int32	int	int	Int32	Fixnum /Bignum (as required)	int	integer	int
int64	int64	long	int/long	int64	Bignum	long	integer/string	Int64

续表

.proto	C++	Java	Python	Go	Ruby	C#	PHP	Dart
uint32	int32	int	int/long	uint32	Fixnum /Bignum (as required)	uint	integer	int
uint64	uint64	long	int/long	uint64	Bignum	ulong	integer/string	Int64
sint32	int32	int	int	int32	Fixnum /Bignum (as required)	int	integer	int
sint64	int64	long	int/long	int64	Bignum	long	integer/string	Int64
fixed32	uint32	int	int/long	uint32	Fixnum /Bignum (as required)	uint	integer	int
fixed64	uint64	long	int/long	uint64	Bignum	ulong	integer/string	Int64
sfixed32	int32	int	int	int32	Fixnum /Bignum (as required)	int	integer	int
sfixed64	int64	long	int/long	int64	Bignum	long	integer/string	Int64
bool	bool	boolean	bool	bool	TrueClass/FalseClass	bool	boolean	bool
string	string	String	str/unicode	string	String (UTF-8)	string	string	String
bytes	string	ByteString	str	[]byte	String (ASCII-8BIT)	ByteString	string	List

从表 5-1 中可以看到 ProtoBuf 支持非常多的语言类型，这也是它应用广泛的一个原因。

首先完成*.proto 文件的编写，然后对该*.proto 文件进行编译，编译步骤可以参考第 2 章 gRPC 中的示例。编译完成后，就可以编写序列化相关的逻辑：

```
public static void main(String[] args) {
    // 序列化
    try {
        File file = new File("protobuf.result");
        OutputStream outputStream = new FileOutputStream(file);
        Person.Builder builder = Person.newBuilder();
        builder.setAge(25);
        builder.setName("crazyhzm");
        builder.build().writeTo(outputStream);
    } catch (IOException e) {
        e.printStackTrace();
    }
    // 反序列化
    try {
        File file = new File("protobuf.result");
        InputStream inputStream = new FileInputStream(file);
        Person user = Person.parseFrom(inputStream);
        System.out.println(user.getName());
        System.out.println(user.getAge());
```

```
    } catch (IOException e) {
        e.printStackTrace();
    }
}
```

执行上述逻辑后，可以从控制台看到以下输出内容：

```
crazyhzm
23
```

5.4　序列化框架选型

在序列化框架选型阶段，需要从多个角度来考量各个序列化框架。在做选型之前，首先需要明确项目的需求，比如需要将序列化框架运用在数据的传输中，但是要明确整个传输过程中更侧重性能，还是更侧重可读性，仅明确这一点就可以在选型初期排除一大批序列化框架。通过初期筛选的序列化框架可以从以下几个角度综合考量：

- 通用性：序列化框架的通用性主要体现在跨语言和跨平台两个方面。如果项目初期或者未来有跨语言或者跨平台的需求，则必须考虑序列化框架的通用性，确保所选的序列化框架满足项目需求。跨语言指的就是前面说的支持异构语言，选择跨语言的序列化框架有两个方案，第一个方案是直接选择文本格式的序列化方案，因为文本格式的序列化方案天生就支持异构语言。无论是哪种编程语言，都能够反序列化文本格式的数据。第二个方案是选择二进制格式的序列化方案，但是必须选择支持异构语言的序列化方案，比如 Hessian 这种实现了多个编程语言版本的序列化方案，或者是 ProtoBuf 这种通过 IDL 文件支持异构语言的序列化方案。
- 性能：性能是序列化框架非常重要的指标。序列化框架的性能可以从时间开销和空间开销两个方面来考量。空间开销可以分为两个方面，第一是序列化框架在序列化或者反序列化过程中对系统内存的开销。比如前面提到的 Fastjson 中使用 SymbolTable 算法缓存关键字，避免创建重复的关键字，这样可以减少许多内存的开销。第二就是序列化后的数据大小。在文本序列化方案中，无论是 JSON 格式还是 XML 格式，都在原始的数据上添加了一些数据描述，比如 JSON 格式数据中的“{}”等，所以文本序列化方案中序列化得到的数据非常大。但是在二进制序列化方案中，可以对数据做压缩，并且还能简化数据类型描述，所以二进制序列化方案序列化后的数据远远小于文本序列化方案序列化后的数据。序列化后的数据大小对于 RPC 调用来说尤为重要，因为数据包越小，意味着一次 RPC 调用所需传输的数据包就越小，这样可以提升 RPC

调用的性能，增加服务端的吞吐量。时间开销则是序列化和反序列化的总耗时，也是就这两个过程的性能。复杂的序列化协议会导致序列化和反序列化耗时较长，这可能会使得序列化和反序列化阶段成为整个系统性能的瓶颈。上述指标只能排除一部分序列化框架，最终还需要通过对候选的序列化框架进行压测，得出压测结果才能下定论。

- 可扩展性：序列化框架的核心是序列化协议，只要是协议，它的扩展性或者兼容性就很重要。现在需求迭代周期短，新需求涌现的速度快，如果序列化协议的可扩展性非常好，那么运用该序列化协议的业务系统就可以支撑需求的不断更迭。比如在 JSON 格式的序列化方案中，整个序列化协议仅限定了整体的数据格式必须按照 JSON 的规范进行编排，但是并没有限定数据的编排顺序。比如以下 JSON 数据：

```
{
    "personList":
    [
        {"name":"crazyhzm","age":23},
        {"name":"小明","age":24}
    ]
}
```

现在要新增一个字段 salary，新增后变成以下数据：

```
{
    "personList":
    [
        {"name":"crazyhzm","age":23,"salary":100},
        {"name":"小明","age":24,"salary":100}
    ]
}
```

此时仍然能从该数据中获取包含两个 Person 对象的数组，并且这两个 Person 的旧数据没有受到破坏，这就体现了良好的可扩展性。

- 安全性：序列化框架的安全性主要体现在序列化协议方面，比如 JSON 格式和 XML 格式的序列化方案在安全性上并不理想，因为 XML 格式和 JSON 格式是业界都熟悉的数据格式，数据格式相对固定，如果没有对数据做加密处理，则非常容易被发现安全漏洞。近几年业界的序列化框架中 Fastjson 暴露的安全漏洞较多，比如远程代码执行漏洞等。在安全性方面，二进制格式的序列化方案相对来说较为安全，第一是序列化为二进制后的数据格式并不像 JSON 和 XML 一样有标准的格式。第二是对二进制数据更加容易加密。在二进制格式的序列化方案中，非自描述型的序列化方案的安全性又要高于自描述型的序列化方案。因为非自描述型的序列化方案如果没有描述文件，则二进制流数据将毫无意义。而自描述型的序列化方案序列化后的数据将携带一定的数据描述，所以这部分二进制数据是具有含义的，安全性自然也略低。

- 支持的数据类型的丰富程度：序列化的目标是数据，所以支持的数据类型对于序列化框架来说也是非常重要的一个指标。因为支持更多的数据类型，所以可以保证序列化框架的使用范围更加广泛。
- 可读性：可读性并不是选择序列化框架的关键，因为可读性高的序列化框架的价值更多体现在项目的联调阶段和排查问题的调试阶段。当接收数据方要将序列化后的数据反序列化时，出现了反序列化失败，为了确定序列化后的数据的正确性，需要查看序列化后的数据内容。比如在发起一次 RPC 调用时，客户端请求调用的数据被传输到服务端，但是服务端反序列化失败，此时最简单的方式就是重新发起一次 RPC 调用，然后抓一下请求包的数据或者记录序列化后的数据，观察数据是否正常。如果是文本格式的序列化方案，则一眼就可以看出数据的正确性，如果是二进制格式的序列化方案，就无法直观地检查数据的正确性。所以在满足别的需求的前提下，尽可能使用可读性较好的方案。良好的可读性可以提升开发效率，加快定位问题的速度。
- 开源社区成熟度和活跃度：只要是开源的框架，开源社区的成熟度和活跃度永远都是需要考量的指标，这决定了该序列化框架的稳定性。使用它的人越多，就说明该框架越优秀，开源的序列化框架的发展也会更快。这方面的考量可以参考前面介绍的 RPC 框架选型中相关的内容。

第6章 动态代理

本章将全面介绍代理模式、静态代理、动态代理的概念、区别和联系，以及它们出现的意义和价值，并且介绍它们在RPC领域的作用。代理模式和动态代理在RPC领域占据了非常重要的地位，RPC领域内的本地存根就是通过代理实现的，在常见的RPC框架中，几乎都有代理模式和动态代理的身影。本章还将介绍Java领域较为常见的三种动态代理的实现方案，并提供了它们的使用示例，通过源码分析来解读这三种方案的实现原理，加深读者对动态代理技术的理解。

6.1　动态代理简介

动态代理技术在很多地方被使用，比如 Java 领域的 Spring 框架，它的 AOP 机制就是通过动态代理实现的。要了解动态代理技术，首先要了解代理是什么。代理在日常生活中其实非常常见，比如果园的农民种水果，待水果成熟后果农还需要销售水果，此时就出现了水果的代理商，它们能够代替果农进行水果的销售，并赚取差价，果农只需和代理商协定好价格，就不需要再关心水果的销售问题，只需要专心照料水果即可，在这个场景中代理商的行为就是代理。代理是一种行为，而果农通过代理商卖水果则是一种模式。在计算机领域中，有一种类似的设计模式叫作代理模式。代理模式是一种结构型设计模式，它的本质是对某个对象提供代理对象，让调用方仅与代理对象交互，无须感知真实的被代理对象。它的目的是控制对被代理对象的访问，解决直接访问对象时带来的问题。

代理模式有三个角色：

- 抽象主题角色（Subject）：它既可以是一个抽象类，也可以是一个接口，它的职责是抽象和定义普通的业务行为。
- 代理主题角色（Proxy）：该角色也被称为代理类，它代理了真实主题角色的行为。
- 真实主题角色（RealSubject）：该角色也被称为被代理类，它实现了真实的业务行为，代理类代理的行为是由该角色真实执行的。

图 6-1 是上述三个角色的关系图，也是代理模式的通用类图。

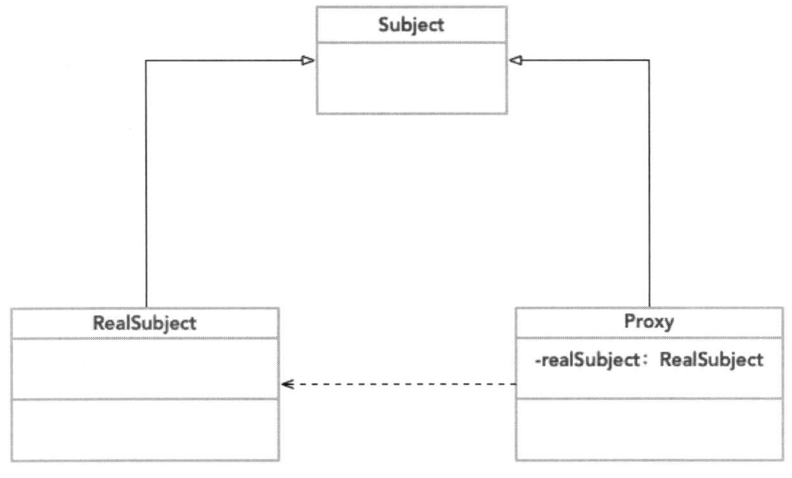

图 6-1

下面以卖水果为例说明代理模式的使用过程。图 6-2 是卖水果的类图。

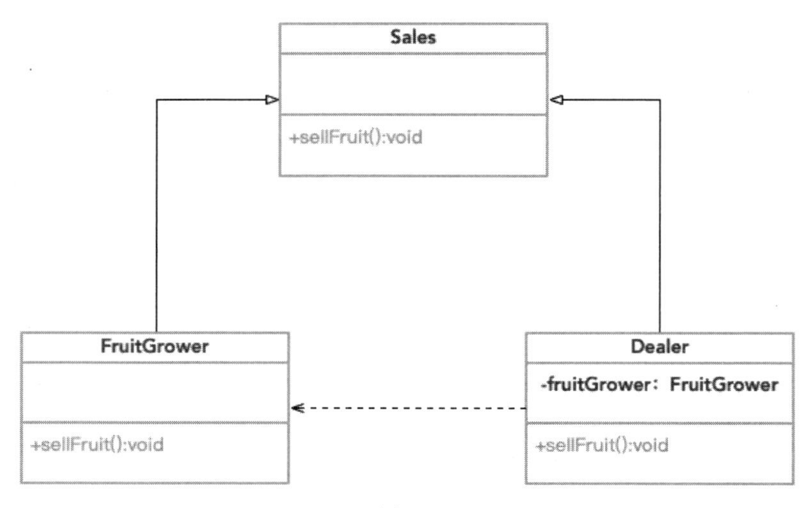

图 6-2

图 6-2 中有三个类，其中抽象主题角色是 Sales，它是一个接口，下面是它的源代码：

```
/**
 * 销售接口
 */
public interface Sales {
    void sellFruit();
}
```

真实主题角色是 FruitGrower 类，它是 Sales 的实现类，下面是它的源代码：

```
/**
 * 果农
 */
public class FruitGrower implements Sales{
    @Override
    public void sellFruit() {
        System.out.println("Successfully sold fruits.");
    }
}
```

代理主题角色是 Dealer 类，下面是它的源代码：

```java
/**
 * 水果代理商、经销商
 */
public class Dealer implements Sales{
    private FruitGrower fruitGrower;

    public Dealer(FruitGrower fruitGrower) {
        this.fruitGrower = fruitGrower;
    }

    @Override
    public void sellFruit() {
        if (fruitGrower == null){
            this.fruitGrower = new FruitGrower();
        }
        // 售卖前涨价
        fruitGrower.sellFruit();
        // 售卖后处理
    }
}
```

从上述例子可以看到，真正出售水果的是果农，但是消费者需要从水果代理商处购买水果，而果农不再直接售卖水果给消费者。

代理模式是一种设计模式，在使用代理模式时，这种自行编写代理类的方式叫作静态代理，在 Java 文件完成编译后，自行编写的代理类会生成实实在在的.class 文件。上述例子中的 Dealer 作为一个代理类，它是真实存在的一个 Java 文件，所以在编译后，会生成 Dealer.class 文件，这种代理方式就是静态代理。

静态代理通常用于对原有业务逻辑的扩充，让被代理类专注于自己的功能而不会被业务逻辑的扩充影响。它也满足了软件开发的开闭原则，即对扩展开发、对修改关闭。

使用静态代理有三个优点，第一个优点就是静态代理让真实主题角色的职责变得更加清晰。真实主题角色只需要实现实际的业务逻辑，不用关心别的业务逻辑，这样能让真实主题角色的职责更加清晰。以上述卖水果的例子来说，果农可以更加专注于水果的生产，而无须关心如何寻找购买者等问题。第二个优点就是提高了扩展性。需求不断在迭代，如果需要在同一个业务逻辑中拓展功能，则可以在代理类中添加相关的功能，无须修改真实主题角色的逻辑。比如需要对水果售卖的价格涨价，那么可以在执行 fruitGrower.sellFruit()之前先涨价。如果真实主题角色的逻辑需要变动，那么代理类也无须改动，因为只要接口不变，定义就没有变。第三个优点就是解耦。静态代理可以让调用者只感知代理主题角色的存在，对于真实主题角色是无感知的。

事物总是有两面性的，除了优点，静态代理也有缺点。第一个缺点就是真实主题角色和代理主题角色有许多冗余的代码，代理主题对象和真实主题对象都实现了抽象主题对象，所以它们会有很多重复代码。当抽象主题角色新增方法时，代理主题对象和真实主题都必须实现对应的方法，哪怕并不是需要代理的方法也需要实现。第二个缺点就是一个代理主题角色只服务于一个真实主题角色，意思就是随着真实主题角色的数量增加，代理主题角色的数量也随之增加，增加了静态代理实现的烦琐度。第三个缺点就是需要在编译之前就确定哪个代理主题角色服务哪个真实主题角色，而无法在其他阶段才确定，比如在运行时确定等。

如果静态代理中的代理主题角色需要开发人员自行生成，才导致烦琐度增加，那么是否可以通过其他方式生成代理主题角色呢？动态代理就解决了这一问题。动态代理从字面上就很好理解，就是动态生成代理类。动态生成代理类是由 JVM 的类加载机制决定的。我们都知道 Java 虚拟机类加载过程主要分为五个阶段：加载、验证、准备、解析、初始化。在加载阶段会通过一个类的全限定名来获取定义此类的二进制字节流，而二进制字节流的来源有很多种，比如从 Zip 包获取、从网络传输流中获取及在运行时通过计算生成等。动态代理技术就是通过运行时计算生成代理类，并且从该生成的代理类中读取二进制字节流，用于类加载。动态代理解决了静态代理的编写代理主题角色烦琐，以及无法在编译后才确定代理哪个真实主题角色这两个缺陷。

动态代理被运用在许多地方，在 RPC 领域中，动态代理也是至关重要的。在整个 RPC 的调用过程中，还未提及本地存根的实现机制，而 RPC 中的本地存根就是通过动态代理实现的。前面章节提到本地存根最重要的作用就是让远程调用像本地调用一样直接进行函数调用，无须关心地址空间隔离、函数不匹配等问题。本地存根让调用者不需要感知是如何发生 RPC 调用的，它屏蔽了下游的编解码、序列化、网络通信等一切细节，让调用者认为只是发起了一次本地的函数调用。从这一点来看，本地存根的作用与代理主题角色的作用非常相似，代理主题角色也起到了让上游调用者无须感知下游细节的作用。所以 RPC 领域中的本地存根是通过代理模式实现的。为什么是动态代理而不是静态代理呢？在 RPC 领域中，代理类代理的是下游服务的接口，如果使用静态代理，那么在编译前就必须编写代理类，在 Provider 端有多少个服务接口，就必须在 Consumer 端实现多少个代理类。而且这些代理类实现的逻辑都是一模一样的，都是执行编/解码、序列化和网络通信等操作，只有代理的服务接口不一样，导致出现非常多的冗余代码，这些无疑都增加了 RPC 的复杂度。而动态代理正好解决了这一问题，在运行时生成代理类，既实现了本地存根的需求，又解决了静态代理的问题。

了解了动态代理在 RPC 领域中的重要性，那么动态代理该如何实现呢？因为需要在运行时生成对应的代理类，所以实现动态代理就存在最关键的三个问题：

- 如何读取被代理类的元数据信息？

- 如何根据获取的类信息生成对应的代理类字节码？
- 如何实例化代理类、创建代理类对象？

只要解决了这三个关键问题，也就实现了动态代理。其中第一个问题中的被代理类可能是接口，也可能不是接口，后面介绍的三种动态代理实现方案中，JDK 自带的动态代理方案只能够代理接口，而其余两种方案都可以代理所有的类。但是在 RPC 领域中，服务基本上是通过接口暴露的，动态代理只需要代理接口即可。第二个问题是这三个问题中最重要的，因为动态代理与静态代理最大的区别就是可以在运行时生成代理类。后面会介绍三种动态代理方案，并且介绍它们的实现原理。第三个问题中的实例化代理类和创建代理类对象大部分都是通过反射技术获取构造函数实现的。虽然动态代理方案都将围绕这三个问题实现，但其中也做了许多的优化和性能提升，比如一些缓存设计等。

6.2 JDK 自带的动态代理方案

Java 的 JDK 从 1.3 版本就开始支持动态代理技术。JDK 动态代理是 JDK 为了解决静态代理中生成大量的代理类造成的冗余问题。JDK 动态代理只支持对接口的代理，主要通过 java.lang.reflect.Proxy 类和 java.lang.reflect.InvocationHandler 接口实现动态代理。

- java.lang.reflect.Proxy 类：可以看作一个生成代理对象的工具类，它封装了生成动态代理类及创建代理类对象的逻辑。
- java.lang.reflect.InvocationHandler 接口：它只定义了一个 invoke 方法，该方法完成了调用真实主题类的对象方法。JDK 动态代理根据被代理的接口生成所有的方法，当生成动态代理类后，所有调用接口的方法都必须先通过 InvocationHandler 的 invoke 方法，统一由 invoke 方法进行真实方法调用，这样做就可以在不改变已有代码结构的情况下增强或者控制对象的行为。

6.2.1 通过 JDK 实现动态代理的示例

下面是一个使用 JDK 实现动态代理的示例，还是以前面卖水果为例，不同的是把静态代理改为动态代理，其中的抽象主题角色 Sales 和真实主题角色 FruitGrower 都不变。根据 JDK 动态代理的实现要求，增加了 InvocationHandler 的实现类 DemoInvocationHandler 及 JDK 动态代理的测试类 JdkProxyTest。

DemoInvocationHandler 的代码如下：

```
public class DemoInvocationHandler implements InvocationHandler {
    /**
```

```
     * 需要代理的目标对象
     */
    private Object target;

    public DemoInvocationHandler(Object target) {
        this.target = target;
    }

    @Override
    public Object invoke(Object proxy, Method method, Object[] args) throws Throwable
{
        System.out.println("------Before selling fruits------");
        // 执行代理的目标对象的方法
        Object result = method.invoke(target,args);
        System.out.println("------After selling fruits------");
        return result;
    }
}
```

JdkProxyTest 的代码如下：

```
public class JdkProxyTest {
    public static void main(String[] args) throws Exception {
        FruitGrower fruitGrower = new FruitGrower();
        ClassLoader classLoader = fruitGrower.getClass().getClassLoader();
        Class<?>[] interfaces = fruitGrower.getClass().getInterfaces();
        InvocationHandler invocationHandler = new DemoInvocationHandler (fruitGrower);
        Sales  proxy  =  (Sales)  Proxy.newProxyInstance(classLoader,  interfaces,
invocationHandler);
        proxy.sellFruit();
    }
}
```

执行该测试类后，可以在控制台看到以下输出内容：

```
------Before selling fruits------
Successfully sold fruits.
------After selling fruits------
```

从输出内容可以看到，在果农售卖水果前后，可以新增其他对应的逻辑，以实现代理的作用。在这个例子中，并没有像之前的静态代理一样创建一个 Dealer 作为代理类，而是在运行时生成了对应的代理类。下面介绍 JDK 动态代理的原理时会展现生成的代理类内容。

6.2.2 通过 JDK 实现动态代理的原理

通过上面的使用示例可以看到，JDK 自带的动态代理方案中最关键的就是 Proxy 的 newProxyInstance 方法，该方法直接返回了一个代理对象。也就是说，在该方法中实现了读取需要代理的服务接口的元数据信息，根据获取的类信息生成对应的代理类字节码和实例化代理类，以及创建代理类对象的目的。下面就这三个关键的步骤来剖析 JDK 动态代理的原理（JDK 版本为 1.8）。

newProxyInstance 是 Proxy 的静态方法，以下是它的源代码及部分重要步骤的注释：

```
public static Object newProxyInstance(ClassLoader loader,
                                      Class<?>[] interfaces,
                                      InvocationHandler h)
    throws IllegalArgumentException
{
    Objects.requireNonNull(h);

    final Class<?>[] intfs = interfaces.clone();
    final SecurityManager sm = System.getSecurityManager();
    if (sm != null) {
        // 1.前置检查
        checkProxyAccess(Reflection.getCallerClass(), loader, intfs);
    }
    // 2.查找或者生成代理类
    Class<?> cl = getProxyClass0(loader, intfs);
    try {
        if (sm != null) {
            checkNewProxyPermission(Reflection.getCallerClass(), cl);
        }

        // 3.通过反射获得构造函数
        final Constructor<?> cons = cl.getConstructor(constructorParams);
        final InvocationHandler ih = h;
        if (!Modifier.isPublic(cl.getModifiers())) {
```

```
            AccessController.doPrivileged(new PrivilegedAction<Void>() {
                public Void run() {
                    cons.setAccessible(true);
                    return null;
                }
            });
        }
        // 4.生成代理类的实例并把 InvocationHandlerImpl 的实例传给它的构造方法
        return cons.newInstance(new Object[]{h});
    } catch (IllegalAccessException|InstantiationException e) {
        throw new InternalError(e.toString(), e);
    } catch (InvocationTargetException e) {
        Throwable t = e.getCause();
        if (t instanceof RuntimeException) {
            throw (RuntimeException) t;
        } else {
            throw new InternalError(t.toString(), t);
        }
    } catch (NoSuchMethodException e) {
        throw new InternalError(e.toString(), e);
    }
}
```

从该方法的源代码可以看出，该方法主要分为四个部分：

（1）前置检查。

（2）查找或者生成代理类。

（3）通过反射获得构造函数。

（4）实例化代理类，创建代理类的对象。

第一步前置检查是对参数合法性的校验。在生成代理类之前，如果启用了安全管理器，则需要先进行前置检查，也就是调用 checkProxyAccess 方法。主要检查的是以下几点：

- 检查该接口对应的类加载器是否为空，也就是参数 loader 是否等于 null。
- 检查调用此方法的方法调用者的类的类加载器是否为空。
- 检查调用线程是否具有执行操作的权限。
- 检查接口类的包是否满足当前调用者的 ClassLoader 的访问权限。

第二步是查找或者生成代理类。在生成代理类之前，首先会查找缓存，是否已经生成该接口的代理类，如果没有缓存命中，则会通过 ProxyClassFactory 的 apply 方法创建代理类。这里着重讲解 ProxyClassFactory 是如何创建代理类的。

ProxyClassFactory：

```
private static final class ProxyClassFactory
    implements BiFunction<ClassLoader, Class<?>[], Class<?>>
{
    // 所有代理类名称的前缀
    private static final String proxyClassNamePrefix = "$Proxy";
    // 下一个用于生成唯一代理类名称的数字
    private static final AtomicLong nextUniqueNumber = new AtomicLong();
    @Override
    public Class<?> apply(ClassLoader loader, Class<?>[] interfaces) {
        Map<Class<?>, Boolean> interfaceSet = new IdentityHashMap<> (interfaces.length);
        for (Class<?> intf : interfaces) {
            Class<?> interfaceClass = null;
            try {
                interfaceClass = Class.forName(intf.getName(), false, loader);
            } catch (ClassNotFoundException e) {
            }
            // 验证类加载器是否将此接口的名称解析为相同的 Class 对象
            if (interfaceClass != intf) {
                throw new IllegalArgumentException(
                    intf + " is not visible from class loader");
            }
            // 验证是不是一个接口
            if (!interfaceClass.isInterface()) {
                throw new IllegalArgumentException(
                    interfaceClass.getName() + " is not an interface");
            }
            // 验证这个接口是否重复生成代理类
            if (interfaceSet.put(interfaceClass, Boolean.TRUE) != null) {
                throw new IllegalArgumentException(
                    "repeated interface: " + interfaceClass.getName());
            }
        }
        String proxyPkg = null;
        int accessFlags = Modifier.PUBLIC | Modifier.FINAL;
```

```
        // 记录非公共代理接口的包
        for (Class<?> intf : interfaces) {
            int flags = intf.getModifiers();
            if (!Modifier.isPublic(flags)) {
                accessFlags = Modifier.FINAL;
                String name = intf.getName();
                int n = name.lastIndexOf('.');
                String pkg = ((n == -1) ? "" : name.substring(0, n + 1));
                if (proxyPkg == null) {
                    proxyPkg = pkg;
                } else if (!pkg.equals(proxyPkg)) {
                    throw new IllegalArgumentException(
                        "non-public interfaces from different packages");
                }
            }
        }
        // 如果没有非公共代理接口，则使用 com.sun.proxy 包名
        if (proxyPkg == null) {
            proxyPkg = ReflectUtil.PROXY_PACKAGE + ".";
        }
        // 生成代理类名称
        long num = nextUniqueNumber.getAndIncrement();
        String proxyName = proxyPkg + proxyClassNamePrefix + num;
        // 生成代理类二进制数据
        byte[] proxyClassFile = ProxyGenerator.generateProxyClass(
            proxyName, interfaces, accessFlags);
        try {
            // 将二进制数据转化为 Class 对象
            return defineClass0(loader, proxyName,
                                proxyClassFile, 0, proxyClassFile.length);
        } catch (ClassFormatError e) {
            throw new IllegalArgumentException(e.toString());
        }
    }
}
```

从上面的注释也可以看出，JDK 动态代理只支持接口代理，如果不是接口，则抛出异常。ProxyClassFactory 的 apply 方法做了一些准备工作，比如类名、包名的生成等，而生成代理类二

进制数据的逻辑被封装在 ProxyGenerator 中，对应的方法是 generateProxyClass。将二进制数据转化为 Class 对象的逻辑是调用了 native 方法 defineClass0。

下面通过测试代码查看上述示例中生成代理类的 class 文件：

```
public static void main(String[] args) {
    String path = "$Proxy0.class";
    byte[]  classFile  =  ProxyGenerator.generateProxyClass("$Proxy0",  new  Class[]
{ TicketSubject.class });
    FileOutputStream out = null;
    try {
        out = new FileOutputStream(path);
        out.write(classFile);
        out.flush();
    } catch (Exception e) {
        e.printStackTrace();
    } finally {
        try {
            out.close();
        } catch (IOException e) {
            e.printStackTrace();
        }
    }

}
```

然后通过反编译来看一下生成的代理类：

```
import java.lang.reflect.InvocationHandler;
import java.lang.reflect.Method;
import java.lang.reflect.Proxy;
import java.lang.reflect.UndeclaredThrowableException;
import samples.proxy.Sales;

public final class $Proxy0 extends Proxy implements Sales {
    private static Method m1;
    private static Method m3;
    private static Method m2;
    private static Method m0;
```

```java
public $Proxy0(InvocationHandler var1) throws  {
    super(var1);
}

public final boolean equals(Object var1) throws  {
    try {
        return (Boolean)super.h.invoke(this, m1, new Object[]{var1});
    } catch (RuntimeException | Error var3) {
        throw var3;
    } catch (Throwable var4) {
        throw new UndeclaredThrowableException(var4);
    }
}

public final void sellFruit() throws  {
    try {
        super.h.invoke(this, m3, (Object[])null);
    } catch (RuntimeException | Error var2) {
        throw var2;
    } catch (Throwable var3) {
        throw new UndeclaredThrowableException(var3);
    }
}

public final String toString() throws  {
    try {
        return (String)super.h.invoke(this, m2, (Object[])null);
    } catch (RuntimeException | Error var2) {
        throw var2;
    } catch (Throwable var3) {
        throw new UndeclaredThrowableException(var3);
    }
}

public final int hashCode() throws  {
    try {
        return (Integer)super.h.invoke(this, m0, (Object[])null);
```

```
        } catch (RuntimeException | Error var2) {
            throw var2;
        } catch (Throwable var3) {
            throw new UndeclaredThrowableException(var3);
        }
    }

    static {
        try {
            m1 = Class.forName("java.lang.Object").getMethod("equals", Class.forName
("java.lang.Object"));
            m3 = Class.forName("samples.proxy.Sales").getMethod("sellFruit");
            m2 = Class.forName("java.lang.Object").getMethod("toString");
            m0 = Class.forName("java.lang.Object").getMethod("hashCode");
        } catch (NoSuchMethodException var2) {
            throw new NoSuchMethodError(var2.getMessage());
        } catch (ClassNotFoundException var3) {
            throw new NoClassDefFoundError(var3.getMessage());
        }
    }
}
```

可以看到实现的动态代理类$Proxy0 继承了 Proxy 并且实现了需要代理的接口 Sales，实现了相关的 sellFruit 方法，通过 InvocationHandler 的 invoke 方法调用真实接口。从整体的逻辑上看，和使用静态代理的方式编写的代理类差不多，并且动态代理类还默认实现了 equals、toString 和 hashCode 方法。

第三步就是通过反射获得构造函数。JDK 自带的动态代理方案中实例化代理类是通过反射获取构造函数实现的。

第四步就是创建代理类的对象，把 InvocationHandler 的实现类的实例对象传给代理类的构造方法。在上述示例中就是 DemoInvocationHandler 的实例被作为参数传入。这是因为生成的代理类的构造函数需要传入 InvocationHandler 对象。

以上四个步骤就是 JDK 自带的动态代理方法的关键步骤。

6.3　CGLib 动态代理方案

CGLib（Code Generation Library）是一个开源的代码生成库，它提供了动态代理等技术支持。它被运用在许多场景中，比如 Hibernate 使用它来满足动态生成持久化对象的字节码的需求，Spring AOP 中也可以选择使用 CGLib 作为动态代理的实现方案。6.2 节讲到的使用 JDK 原生动态代理技术代理的类必须实现一个接口，也就是说只能对该类所实现接口中定义的方法进行代理。但是在实际开发环境中，并不是所有类的设计都需要抽象出接口，并且实现该抽象接口，如果遇到没有抽象接口的情况，就无法使用 JDK 原生动态代理技术。而 CGLib 动态代理技术并没有这样的局限性，并且 CGLib 采用 ASM 字节码生成框架，使用字节码技术生成代理类。唯一需要注意的是，CGLib 不能对声明为 final 的方法进行代理，因为 CGLib 的原理是动态生成被代理类的子类。

CGLib 中与动态代理最相关的就是 Enhancer 类和 MethodInterceptor 接口。

- Enhancer 类：从类命名就可以看出该类的作用就是功能的增强，它是 CGLib 中的一个字节码增强器，方便扩展需要处理的类，是 CGLib 实现动态代理的关键类。它的主要功能就是在运行时为指定的类创建一个代理对象。
- MethodInterceptor 接口：从接口名称的命名就可以看出，MethodInterceptor 接口就是一个方法拦截器，MethodInterceptor 接口的作用与 JDK 中的 InvocationHandler 类似，都是提供执行调用真实主题的方法。使用者可以在调用真实主题的方法前/后添加自己相关的逻辑，实现对被代理类的方法控制及功能的增强。

6.3.1 使用 CGLib 实现动态代理的示例

还是以卖水果为例来说明如何使用 CGLib 实现动态代理。其中抽象主题角色还是 6.2 节中的 Sales，真实主题角色是 FruitGrower。根据 CGLib 实现动态代理的要求，增加了 MethodInterceptor 的实现类 DemoMethodInterceptor 及 CGLib 动态代理的测试类 CGLibProxyTest。

首先添加 CGLib 的 Maven 依赖：

```
<dependency>
    <groupId>cglib</groupId>
    <artifactId>cglib</artifactId>
    <version>3.2.5</version>
</dependency>
```

然后编写 DemoMethodInterceptor.java 和 CGLibProxyTest.java。

DemoMethodInterceptor.java 的代码如下：

```
public class DemoMethodInterceptor implements MethodInterceptor {

    @Override
```

```
    public Object intercept(Object o, Method method, Object[] objects, MethodProxy
methodProxy) throws Throwable {
        System.out.println("------Before selling fruits------");
        // 执行代理的目标对象的方法
        Object result = methodProxy.invokeSuper(o,objects);
        System.out.println("------After selling fruits------");
        return result;
    }
}
```

CGLibProxyTest.java 的代码如下：

```
public class CGLibProxyTest {
    public static void main(String[] args) {
        Enhancer enhancer = new Enhancer();
        enhancer.setSuperclass(FruitGrower.class);
        enhancer.setCallback(new DemoMethodInterceptor());
        Sales proxy = (Sales)enhancer.create();
        proxy.sellFruit();
    }
}
```

执行该测试程序后，可以在控制台看到以下输出内容：

```
------Before selling fruits------
Successfully sold fruits.
------After selling fruits------
```

6.3.2　使用 CGLib 实现动态代理的原理

使用 CGLib 实现动态代理的原理与 JDK 完全不同。从前面的示例来看，使用 CGLib 实现动态代理非常简单，只要实现 MethodInterceptor 接口及调用 Enhancer 中的一些方法即可。根据 6.2 节提到的三个关于实现动态代理的关键问题，下面详细介绍 Enhancer 如何生成代理类，并且完成代理类对象的创建。前面也介绍了 Enhancer 的大致作用，从使用示例来看，setSuperclass 和 setCallback 这两个步骤都是赋值逻辑，最关键的一步还是 Enhancer 的 create 方法，所以下面直接从 Enhancer 的 create 方法开始讲起。

下面是 Enhancer 的 create 方法的源码（这里只是以没有参数的情况举例，所以会把参数类型数组设置为空）：

```
public Object create() {
    // 将 classOnly 设置为 false，代表既要生成代理类，又要创建代理类对象
    classOnly = false;
    // 把参数类型数组设置为空
    argumentTypes = null;
    return createHelper();
}
```

在上述源码中，classOnly 代表是否要创建对象，argumentTypes 代表参数类型。

下面是 Enhancer 的 createHelper 方法的源码：

```
private Object createHelper() {
    // 1.校验
    preValidate();
    // 2.生成唯一 key
    Object key = KEY_FACTORY.newInstance((superclass != null) ? superclass.getName() :
null,
            ReflectUtils.getNames(interfaces),
            filter == ALL_ZERO ? null : new WeakCacheKey<CallbackFilter> (filter),
            callbackTypes,
            useFactory,
            interceptDuringConstruction,
            serialVersionUID);
    this.currentKey = key;
    // 调用父类的 create 方法
    Object result = super.create(key);
    return result;
}
```

该方法中主要执行了以下三个步骤：

（1）校验：对预声明的回调方法进行验证，如果有多个回调，则必须存在作为调度器的 CallbackFilter。

（2）生成唯一 key：构建该类增强操作唯一的 key。

（3）调用父类 AbstractClassGenerator 的 create 方法。

从上述源码可以看出，关键的逻辑发生在 AbstractClassGenerator 的 create 方法中，下面就是 create 方法的源码：

```
protected Object create(Object key) {
    try {
        // 1.获取用于加载生成类的类加载器
        ClassLoader loader = getClassLoader();
        Map<ClassLoader, ClassLoaderData> cache = CACHE;
        // 2.从缓存中获取这个类加载器加载过的数据
        ClassLoaderData data = cache.get(loader);
        // 3.如果没有加载过数据，则同步创建该类加载器的 ClassLoaderData 对象，并且加入缓存
        if (data == null) {
            synchronized (AbstractClassGenerator.class) {
                cache = CACHE;
                data = cache.get(loader);
                if (data == null) {
                    Map<ClassLoader, ClassLoaderData> newCache = new WeakHashMap<ClassLoader,
ClassLoaderData>(cache);
                    data = new ClassLoaderData(loader);
                    newCache.put(loader, data);
                    CACHE = newCache;
                }
            }
        }
        this.key = key;
         // 4.获取对象，这里获取的对象如果是 Class 对象，则代表没有实例化过该类
        Object obj = data.get(this, getUseCache());
        if (obj instanceof Class) {
              // 如果是第一次进行实例化操作，则利用反射进行实例化
            return firstInstance((Class) obj);
        }
         // 如果不是初次实例化，则从 ClassLoaderData 中得到之前维护的内容
        return nextInstance(obj);
    } catch (RuntimeException e) {
        throw e;
    } catch (Error e) {
        throw e;
    } catch (Exception e) {
```

```
        throw new CodeGenerationException(e);
    }
}
```

该方法的逻辑基本都用注释体现出来了，其中有几个比较关键的点：

- 如果需要代理的类已经被代理过，也就是生成过代理类，那么可以从该代理类对应的 ClassLoaderData 对象中获取已经实例化的对象，也就是 AbstractClassGenerator 中的内部类 ClassLoaderData 存放了类加载器加载过的实例对象。
- 如果没有进行过实例化，则第一次实例化是通过反射实现的，也就是调用 firstInstance 方法，反射使用的是 java.lang.reflect 类库，但是在第一次实例化时，会缓存反射过程中关键的实例，比如 Constructor 对象等，具体的缓存实现使用 EnhancerFactoryData 类作为缓存的数据结构，这里就不再展开。由于这些反射过程中的实例在第一次实例化时被缓存了，所以当第二次实例化，也就是调用 nextInstance 方法时，可以直接用缓存中的数据实现代理类的实例化，比 JDK 的实例化效率高。
- 在第三步中，如果缓存中没有对应的 ClassLoaderData 对象，那么会创建一个 ClassLoaderData 对象，在 ClassLoaderData 构造函数中由后置调用的函数实现，用于懒加载。
- 在第四步中调用了 ClassLoaderData 的 get 方法，如果是第一次生成该代理类，则该方法返回的是代理类的 Class 对象，否则返回的是 EnhancerFactoryData 对象。

讲到这里其实代理类对象已经生成了，但是并没有讲解代理类的字节码是如何实现的，所以下面主要讲解如何生成代理类的字节码。根据上述的介绍，生成代理类字节码有两个入口都调用了 AbstractClassGenerator 的 generate 方法，分别是 ClassLoaderData 构造函数，以及第四步中调用的 ClassLoaderData 的 get 方法。下面分别讲解这两个入口。

第一个入口就是 ClassLoaderData 构造函数，下面是 ClassLoaderData 构造函数的源码：

```
public ClassLoaderData(ClassLoader classLoader) {
    if (classLoader == null) {
        throw new IllegalArgumentException("classLoader == null is not yet supported");
    }
    this.classLoader = new WeakReference<ClassLoader>(classLoader);
    // 定义一个生成字节码的函数，用于懒加载
    Function<AbstractClassGenerator, Object> load =
            new Function<AbstractClassGenerator, Object>() {
                public Object apply(AbstractClassGenerator gen) {
                    // 生成代理类 Class 对象
```

```
                Class klass = gen.generate(ClassLoaderData.this);
                return gen.wrapCachedClass(klass);
            }
        };
    // 将函数加入缓存
    generatedClasses = new LoadingCache<AbstractClassGenerator, Object, Object>
(GET_KEY, load);
}
```

在 ClassLoaderData 构造函数中并没有执行 AbstractClassGenerator 的 generate 方法，只是把它作为一个函数缓存起来，触发该方法被调用的逻辑则是在 ClassLoaderData 的 get 方法中，所以还是得从 ClassLoaderData 的 get 方法的实现来了解代理类的字节码生成的过程。以下就是 ClassLoaderData 的 get 方法的源码：

```
public Object get(AbstractClassGenerator gen, boolean useCache) {
    if (!useCache) {
      // 如果不使用缓存，则直接生成代理类
      return gen.generate(ClassLoaderData.this);
    } else {
      // 从缓存中获取，如果不存在，则生成代理类
      Object cachedValue = generatedClasses.get(gen);
      return gen.unwrapCachedValue(cachedValue);
    }
}
```

这里有两个逻辑，useCache 代表是否使用缓存，该配置可以直接通过 Enhancer 的 setUseCache()来配置，默认使用缓存。generatedClasses 是一个 LoadingCache 对象，也就是 ClassLoaderData 构造函数中的 generatedClasses，这里的 generatedClasses.get 其实就是调用了 LoadingCache 的 get 方法。下面是 LoadingCache 的 get 方法的源码：

```
public V get(K key) {
    // 获得缓存的 key
    final KK cacheKey = keyMapper.apply(key);
    Object v = map.get(cacheKey);
    // 如果从缓存中取出的对象是 FutureTask 类型，则说明代理类还在创建中，如果不是 FutureTask
    // 类型，则说明已经创建代理类，可直接返回
    if (v != null && !(v instanceof FutureTask)) {
```

```
        return (V) v;
    }
        // 如果没有对该 key 建立过 FutureTask，那么创建该任务
    return createEntry(key, cacheKey, v);
}
```

从 LoadingCache 的 get 方法的源码可以看出，LoadingCache 的 createEntry 方法在最后被执行，以下就是 LoadingCache 的 createEntry 方法的源码：

```
protected V createEntry(final K key, KK cacheKey, Object v) {
    FutureTask<V> task;
    // 标记为一个新建的流程
    boolean creator = false;
    // 再次检测 V 是否为空，如果不为空，则直接返回该 FutureTask
    if (v != null) {
        task = (FutureTask<V>) v;
    } else {
        // 否则创建 FutureTask，该任务用来调用 apply 方法
        task = new FutureTask<V>(new Callable<V>() {
            public V call() throws Exception {
                return loader.apply(key);
            }
        });
        // 加入集合
        Object prevTask = map.putIfAbsent(cacheKey, task);
        if (prevTask == null) {
            // 如果没有值
            creator = true;
            task.run();
        } else if (prevTask instanceof FutureTask) {
            // prevTask 不为空并且是 FutureTask 类型，则说明有线程在执行 putIfAbsent 之前
            // 已经创建任务了，那就把该线程新建的 task 作为当前的任务
            task = (FutureTask<V>) prevTask;
        } else {
            // 否则返回新的任务 FutureTask
            return (V) prevTask;
        }
    }
```

```
    V result;
    try {
        // 任务执行完后获取执行结果
        result = task.get();
    } catch (InterruptedException e) {
        throw new IllegalStateException("Interrupted while loading cache item", e);
    } catch (ExecutionException e) {
        Throwable cause = e.getCause();
        if (cause instanceof RuntimeException) {
            throw ((RuntimeException) cause);
        }
        throw new IllegalStateException("Unable to load cache item", cause);
    }
    if (creator) {
        // 放入缓存
        map.put(cacheKey, result);
    }
    return result;
}
```

可以看到这里创建了 FutureTask 来执行在 ClassLoaderData 构造函数中缓存的生成字节码的函数，也就是调用了 apply 方法，此时就是执行了代理类的生成逻辑。

AbstractClassGenerator 的 generate 方法的两个调用入口都讲完了，接下来就是如何生成字节码，也就是调用 AbstractClassGenerator 的 generate 方法。下面就是该方法的源码：

```
protected Class generate(ClassLoaderData data) {
    Class gen;
    Object save = CURRENT.get();
    CURRENT.set(this);
    try {
        // 获取用于加载代理类的 ClassLoader
        ClassLoader classLoader = data.getClassLoader();
        if (classLoader == null) {
            throw new IllegalStateException("ClassLoader is null while trying to define
class " + getClassName() + ". It seems that the loader has been expired from a weak
reference somehow. " + "Please file an issue at cglib's issue tracker.");
        }
```

```
        // 生成代理类的类名
        synchronized (classLoader) {
          String name = generateClassName(data.getUniqueNamePredicate());
          data.reserveName(name);
          this.setClassName(name);
        }
        if (attemptLoad) {
            try {
                gen = classLoader.loadClass(getClassName());
                return gen;
            } catch (ClassNotFoundException e) {
                // 忽视
            }
        }
        // 通过 ASM 生成代理类的字节码字节数组数据
        byte[] b = strategy.generate(this);
        // 通过字节码字节数组数据获取代理类的 className
        String className = ClassNameReader.getClassName(new ClassReader(b));
        ProtectionDomain protectionDomain = getProtectionDomain();
        synchronized (classLoader) { // just in case
            if (protectionDomain == null) {
                // 将代理类的字节码字节数组数据转化为代理类的 Class 类型对象
                gen = ReflectUtils.defineClass(className, b, classLoader);
            } else {
                gen = ReflectUtils.defineClass(className, b, classLoader, protectionDomain);
            }
        }
        // 返回代理类
        return gen;
    } catch (RuntimeException e) {
        throw e;
    } catch (Error e) {
        throw e;
    } catch (Exception e) {
        throw new CodeGenerationException(e);
    } finally {
        CURRENT.set(save);
    }
}
```

该方法大致可以分为以下四个步骤：

（1）获取代理类的类加载器。

（2）生成代理类类名。

（3）通过 ASM 生成代理类的字节码字节数组数据。

（4）将代理类的字节码字节数组数据转化为代理类的 Class 类型对象。

至此，CGLib 生成代理类对象的过程就全部介绍完了。从上述的源码中可以看到，CGLib 实现了许多缓存的策略，用于提升动态代理的性能。这里没有讲解如何通过 ASM 生成代理类的字节码字节数组数据，因为它生成 Class 文件的操作和 ASM 库的 ClassVisitor 访问 Class 文件的流程基本类似，具体的实现细节可以参考 Enhancer 的 generateClass 方法。从 CGLib 动态代理的实现原理可以看出，它与 JDK 动态代理的区别是底层的字节码生成技术采用的是 ASM 库，并且做了非常多的优化。

6.4 Javassist 动态代理方案

Javassist 是一款高性能的分析、编辑和创建 Java 字节码的类库，能够在运行时编译、生成 Java 字节码。它和 CGLib 一样都可以动态生成代理类，并且不需要被代理的类实现接口。Javassist 实现动态代理有两种方案，一种比较复杂，另一种比较简单。

第一种方案是指自行通过 Javassist 内置的工具类拼接代理类。该方案需要开发者自己实现创建类、添加字段、添加修饰符、添加方法等逻辑，它只是利用了 Javassist 创建和编辑字节码的能力，因为动态代理的本质就是在运行时生成代理类。具体使用的类如下：

- ClassPool：CtClass 对象容器，数据结构为 Hashtable，其中键是类名称，值表示该类的 CtClass 对象。默认的 ClassPool 使用与底层 JVM 相同的类路径。
- CtClass：表示一个类，其中封装了对类的各种操作，比如让类实现一个接口、将 CtClass 对象转为 Class 对象等方法。
- CtMethods：表示类中的方法，可以操作类中的方法，包括修改、添加方法等。
- CtFields：表示类中的字段，可以操作类中的字段、包括修改、添加字段等。

第二种方案比较简单，它只需要使用 ProxyFactory 生成代理类即可，具体涉及的类如下：

- ProxyFactory：该类封装了各种生成 Class 对象的方法。它是 Javassist 实现代理的关键类，它的主要功能就是为非接口类型创建一个代理对象。
- MethodHandler：和 JDK 中的 InvocationHandler 的作用类似，它也只定义了一个 invoke 方法，该方法用来调用真实主题类的对象方法。可以结合下面的使用示例及 JDK 中 InvocationHandler 进行理解。

这两种方案相比，第一种方案的灵活性更高，可以自定义一些字段和方法。但是实现起来比较复杂，会增加开发者的工作量。

6.4.1 使用 Javassist 实现动态代理的示例

下面这个示例使用了简单的方案实现，其中抽象主题角色和真实主题角色仍然不变。根据 Javassist 实现动态代理的要求，增加了 MethodHandler 的实现类 DemoMethodHandler 及 Javassist 动态代理的测试类 JavassistProxyTest。

首先添加 Javassist 的 Maven 依赖：

```
<dependency>
    <groupId>org.javassist</groupId>
    <artifactId>javassist</artifactId>
    <version>3.26.0-GA</version>
</dependency>
```

然后编写 DemoMethodHandler.java 和 JavassistProxyTest.java。

DemoMethodHandler.java 的代码如下：

```
public class DemoMethodHandler implements MethodHandler {

    public Object invoke(Object self, Method m, Method proceed, Object[] args) throws
Throwable {
        System.out.println("------执行真实方法前------");
        // 执行代理的目标对象的方法
        Object result = proceed.invoke(self, args);
        System.out.println("------执行真实方法后------");
        return result;
    }
}
```

JavassistProxyTest.java 的代码如下：

```
public class JavassistTest {

    public static void main(String[] args) throws Exception{
        ProxyFactory proxyFactory = new ProxyFactory();
```

```
        // 设置被代理类
        proxyFactory.setSuperclass(FruitGrower.class);
        // 设置方法过滤器
        proxyFactory.setFilter(new MethodFilter() {
            @Override
            public boolean isHandled(Method method) {
                return !"finalize".equals(method.getName());
            }
        });
        // 创建代理类
        Class c = proxyFactory.createClass();
        Sales proxy = (Sales) c.newInstance();
        // 设置方法调用处理器
        ((Proxy) proxy).setHandler(new DemoMethodHandler());
        // 调用方法
        proxy.sellFruit();
    }
}
```

执行该测试程序后，可以在控制台看到以下输出内容：

```
------Before selling fruits------
Successfully sold fruits.
------After selling fruits------
```

6.4.2　使用 Javassist 实现动态代理的原理

Javassist 的两种使用方案中，复杂的方案主要用于有编辑代理类字节码需求和对字节码操作灵活性较高的场景，它的许多原理已经暴露给使用者了，下面仅介绍简单的使用方案。

前面的创建 ProxyFactory 对象、设置被代理类及设置方法过滤器比较好理解，重点是 ProxyFactory 的 createClass 方法，它是生成代理类字节码的关键。下面基于源码来解析创建代理类的过程。ProxyFactory 的 createClass 方法的源码如下：

```
public Class<?> createClass() {
    if (signature == null) {
        // 方法检测
```

```
        computeSignature(methodFilter);
    }
    // 创建字节码
    return createClass1(null);
}
```

ProxyFactory 的 createClass 方法内的逻辑可以分为两步，分别是方法校验过滤和生成代理类字节码。第一步方法校验过滤主要是执行 ProxyFactory 的 computeSignature 方法，下面是该方法的源码：

```
private void computeSignature(MethodFilter filter) // throws CannotCompileException
{
    // 对所有方法进行排序，生成代理类名前缀
    makeSortedMethodList();

    int l = signatureMethods.size();
    // 字节数组的最大长度
    int maxBytes = ((l + 7) >> 3);
    signature = new byte[maxBytes];
    for (int idx = 0; idx < l; idx++)
    {
        Method m = signatureMethods.get(idx).getValue();
        int mod = m.getModifiers();
        // 校验所有方法，过滤被 final、static 或者 private 修饰的方法
        // 并且执行自定义过滤器
        if (!Modifier.isFinal(mod) && !Modifier.isStatic(mod)
                && isVisible(mod, basename, m) && (filter == null || filter.isHandled(m)))
{
            // 将方法标记在字节数组中
            setBit(signature, idx);
        }
    }
}
```

该方法主要做了以下工作：

- 获取所有声明的方法，该方法包括父类及接口的所有 public、protected、 private 方法，并且对这些方法进行排序。

- 生成代理类名前缀。如果类名以“java.”开头或者只允许生成 public 方法，则代理类名前缀将被设置为"javassist.util.proxy." + basename.replace('.', '_')。
- 方法签名校验：过滤被 final、static、private 修饰的方法，再根据自定义过滤器过滤一遍。
- 将过滤后的方法标记在字节数组中。

第二步生成代理类字节码，主要是调用了 ProxyFactory 的 createClass1 方法。下面是该方法的源码：

```
private Class<?> createClass1(Lookup lookup) {
    Class<?> result = thisClass;
    if (result == null) {
            // 获取类加载器
        ClassLoader cl = getClassLoader();
        synchronized (proxyCache) {
            // 如果使用缓存区，则执行 createClass2
            if (factoryUseCache)
                createClass2(cl, lookup);
            else
                createClass3(cl, lookup);
            result = thisClass;
            // don't retain any unwanted references
            thisClass = null;
        }
    }

    return result;
}
```

如果使用缓存区，则执行 createClass2，否则调用 createClass3 方法。下面介绍这两个方法。

createClass2 方法的源码如下：

```
private void createClass2(ClassLoader cl, Lookup lookup) {
    // 获取缓存的 key
    String key = getKey(superClass, interfaces, signature, factoryWriteReplace);
    /*
     * Excessive concurrency causes a large memory footprint and slows the
     * execution speed down (with JDK 1.5).  Thus, we use a jumbo lock for
     * reducing concrrency.
```

```
        */
    // synchronized (proxyCache) {
            // 首先通过类加载器查找其所加载过的类
        Map<String,ProxyDetails> cacheForTheLoader = proxyCache.get(cl);
        ProxyDetails details;
            // 如果 cacheForTheLoader 为空，则创建一个与该类相关的 map 集合，用来记录该类
            // 加载器加载过的类
        if (cacheForTheLoader == null) {
            cacheForTheLoader = new HashMap<String,ProxyDetails>();
            proxyCache.put(cl, cacheForTheLoader);
        }
            //通过 key 去缓存中搜索
        details = cacheForTheLoader.get(key);
            // 如果在缓存中存在该 Class 对象，则直接从缓存的 ProxyDetail 中获取 Class 对象并返回
        if (details != null) {
            Reference<Class<?>> reference = details.proxyClass;
            thisClass = reference.get();
            if (thisClass != null) {
                return;
            }
        }
            // 否则还是执行 createClass3 方法
        createClass3(cl, lookup);
            // 创建 ProxyDetails 对象
        details = new  ProxyDetails(signature, thisClass, factoryWriteReplace);
            // 缓存 ProxyDetails 对象，方便下次从缓存中获取
        cacheForTheLoader.put(key, details);
    // }
}
```

createClass2 方法其实只比 createClass3 方法多了缓存的设计，如果没有在缓存中命中，那么还是会执行 createClass3 方法来创建 Class 对象。createClass3 方法是创建代理类字节码的开始。下面是 createClass3 方法的源码：

```
private void createClass3(ClassLoader cl, Lookup lookup) {

    // 生成代理类类名
    allocateClassName();
```

```
    try {
        // 生成 ClassFile 对象
        ClassFile cf = make();
        // 是否将 Class 写入指定存储目录
        if (writeDirectory != null)
            FactoryHelper.writeFile(cf, writeDirectory);
            // lookup 用于加载代理类。它需要适当的权限来调用 defineClass 代理类。当 lookup
            // 不为空时直接用 lookup 加载代理类
        if (lookup == null)
            thisClass = FactoryHelper.toClass(cf, getClassInTheSamePackage(), cl, getDomain());
        else
            thisClass = FactoryHelper.toClass(cf, lookup);
            // 为代理类 Class 对象的字段 _filter_signature 设置值
        setField(FILTER_SIGNATURE_FIELD, signature);
        // legacy behaviour : we only set the default interceptor static field if we
are not using the cache
        if (!factoryUseCache) {
            // 为代理类 Class 对象的字段 default_interceptor 设置值
            setField(DEFAULT_INTERCEPTOR, handler);
        }
    }
    catch (CannotCompileException e) {
        throw new RuntimeException(e.getMessage(), e);
    }

}
```

该方法有几点需要注意：

（1）生成代理类类名：基于上述生成的类名前缀生成唯一的类名，形如“javassist.TrainStation$$jvstbb7_0”，该类名主要是调用 allocateClassName 方法生成的。

（2）生成 ClassFile 对象：ClassFile 对象表示一个 Java.class 文件，该文件由常量池、方法、字段和属性组成。可以将 ClassFile 理解为存储.class 文件内容的一个数据结构。

（3）根据配置决定是否将代理类字节码数据写入本地文件目录：该配置主要用来调试，查看生成的.class 文件是否正确。

（4）生成代理类：如果 lookup 不为空，则直接调用 lookup 加载代理类。这里的 lookup 是 java.lang.invoke.MethodHandles 的 Lookup 对象。默认 lookup 为空。

（5）为代理类添加_filter_signature 和 default_interceptor 字段的值。

下面介绍 FactoryHelper 的两个 toClass 重载方法。以下是 FactoryHelper 的 toClass 重载方法一的源码：

```
public static Class<?> toClass(ClassFile cf, Class<?> neighbor,
                               ClassLoader loader, ProtectionDomain domain)
    throws CannotCompileException
{
    try {
        // 将 ClassFile 对象转化为字节数组
        byte[] b = toBytecode(cf);
        // 判断是否只代理公开的方法，也就是排除了 private 修饰的方法
        if (ProxyFactory.onlyPublicMethods)
            // 将除 private 修饰的方法外的所有方法编织到代理类中
            return DefineClassHelper.toPublicClass(cf.getName(), b);
        else
            // 将所有方法都编织到代理类中
            return DefineClassHelper.toClass(cf.getName(), neighbor,
                                             loader, domain, b);
    }
    catch (IOException e) {
        throw new CannotCompileException(e);
    }
}
```

这里主要分两步实现，首先将 ClassFile 对象转化为字节数组，然后将字节数组转化为代理类 Class 对象。

DefineClassHelper 的 toPublicClass 方法如下：

```
static Class<?> toPublicClass(String className, byte[] bcode)
    throws CannotCompileException
{
    try {
        // 获得 Lookup 对象
        Lookup lookup = MethodHandles.lookup();
        // 排除 private 修饰的方法
        lookup = lookup.dropLookupMode(java.lang.invoke.MethodHandles.Lookup.PRIVATE);
```

```
        // 生成 Class 对象
        return lookup.defineClass(bcode);
    }
    catch (Throwable t) {
        throw new CannotCompileException(t);
    }
}
```

该方法中主要调用了 lookup 的能力，其中 dropLookupMode 和 defineClass 方法都是 JDK9 及以上版本才支持的，defineClass 方法用来代替 sun.misc.Unsafe。

DefineClassHelper 的 toClass 方法如下：

```
public static Class<?> toClass(String className, Class<?> neighbor, ClassLoader loader,
                               ProtectionDomain domain, byte[] bcode)
    throws CannotCompileException
{
    try {
        // 创建代理类
        return privileged.defineClass(className, bcode, 0, bcode.length,
                                      neighbor, loader, domain);
    }
    catch (RuntimeException e) {
        throw e;
    }
    catch (CannotCompileException e) {
        throw e;
    }
    catch (ClassFormatError e) {
        Throwable t = e.getCause();
        throw new CannotCompileException(t == null ? e : t);
    }
    catch (Exception e) {
        throw new CannotCompileException(e);
    }
}
```

该方法只是捕获了各类异常，其中 privileged 是 DefineClassHelper 的内部类 Helper 的实例对象，同样 Helper 的 defineClass 方法也是一个抽象方法，它有四个实现，分别对应了 JDK7、

JDK9、JDK11 和 JDK 其他版本，这是因为不同版本在生成类的方式上发生了改变。

以下是 FactoryHelper 的 toClass 重载方法二的源码：

```
public static Class<?> toClass(ClassFile cf, java.lang.invoke.MethodHandles. Lookup lookup)
    throws CannotCompileException
{
    try {
        // 将 ClassFile 对象转化为字节数组
        byte[] b = toBytecode(cf);
        // 转化为 Class 对象
        return DefineClassHelper.toClass(lookup, b);
    }
    catch (IOException e) {
        throw new CannotCompileException(e);
    }
}
```

DefineClassHelper 的 toClass 方法如下：

```
public static Class<?> toClass(Lookup lookup, byte[] bcode)
    throws CannotCompileException
{
    try {
        // 调用 lookup 直接生成 Class 对象
        return lookup.defineClass(bcode);
    } catch (IllegalAccessException | IllegalArgumentException e) {
        throw new CannotCompileException(e.getMessage());
    }
}
```

生成字节码的逻辑都已经讲完了，根据 JDK 版本的不同，生成代理类的方式也会不同，比如上述提到的 JDK9 加入了 lookup 的 defineClass 方法来替代 sun.misc.Unsafe 的 defineClass 方法等。而实例化代理类是通过 newInstance()实现的，newInstance 是使用反射实现的。

动态代理本质上就是在运行时生成代理类，Javassist 在生成代理类上拥有两种方案，一种是自成一派的字节码操作类库，另一种则是封装好的代理工厂实现。在 RPC 的选型中，更多会选择使用复杂的实现方式，因为这样做的灵活性更高，并且可以通过缓存等设计进一步提高动态代理的性能。

第 7 章 实现一个简易的 RPC 框架

前面章节提到的都是学习 RPC 需要掌握的内容，本章将带领读者亲手实现一个简易的 RPC 框架，在实践中理解 RPC 的各个组成部分，从而加深对前面章节内容的理解。本章会提供 RPC 框架示例工程的全部源码，为了降低与前面章节内容的重复程度，该示例工程中的部分组件使用了新的实现方案，比如使用 Javassist 的复杂使用方式实现动态代理，使用 Protostuff 作为序列化的实现方案等。读者可以用前面章节提到的各个实现方案来替换示例工程内的相关部分。该示例工程的目的是让读者能够了解 RPC 相关的内容，所以会忽略其他内容的设计，比如对异常的处理、日志的记录等，也尽量减少设计模式的使用，旨在用更简单的方式表达 RPC 框架的各个组成部分。所以除了 RPC 相关的内容，其他内容不建议参考和学习，比如其中的日志的记录是为了更好地理解每个步骤，这样的日志记录设计在真实的使用场景中完全没有参考价值。

7.1 实现简易的RPC框架

实现一个RPC框架之前需要明确RPC框架的需求。RPC框架最核心的需求就是提供远程调用的能力，从该需求可以得出结论，一个RPC框架肯定具备远程调用过程中所有需要的组件，包括远程通信方式、通信协议、序列化方式等，这些组件是搭建RPC的核心组成部分的重要手段。比如通过动态代理实现本地存根等。

目前RPC框架更多被应用在服务化领域中，在服务化场景下，除了提供远程调用的能力，RPC框架的次要需求就是具备一定的服务治理能力。服务治理能力的内容范围非常广泛，既存在相对比较紧急且重要的服务治理能力需求，也存在重要但并不太紧急的服务治理能力需求。两者之间的区分就是该服务治理能力是否影响整个远程调用的链路。如果影响，则是重要且紧急的服务治理能力需求，反之则为不紧急的需求。比如接入用于服务注册和服务发现的注册中心，用于保护系统、起到流控作用的负载均衡策略等就是相对比较紧急的需求。因为这些需求用于实现分布式系统的高可用和高可靠。除此之外，还有用于分析错误链路的链路追踪等需求，相对而言并没有那么紧急。如果把RPC框架的需求放到"重要紧急四象限"中，那么重要且紧急的需求就是实现远程调用的能力，其次就是实现紧急且重要的服务治理能力，最后是实现重要且不紧急的服务治理能力。"重要紧急四象限"如图7-1所示。

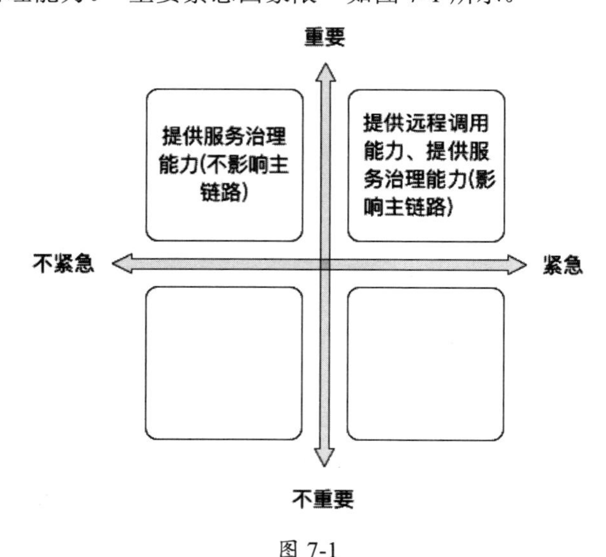

图7-1

在这几类需求中并没有出现不重要的需求，因为作为一个RPC框架，在服务治理方面可以有非常大的发挥空间，服务治理能力本身就是RPC框架非常重要的需求，只是将其中的一些内容做了优先级的排序。这里仅考虑了服务化的需求优先级，因为这三类需求是在RPC框架中特有的，而像配置方式、日志记录等需求则是许多框架都需要具备的，这里就不再过多地提及。

将 RPC 框架的需求优先级排序后，实现一个 RPC 框架的步骤也就明了了。实现一个 RPC 框架可以分为三步，第一步就是实现远程调用相关的能力，包括 RPC 协议的制定、序列化方案的制定、远程通信实现方案的制定、本地存根实现方案的制定。第二步就是实现必要的服务治理能力，包括服务注册、服务发现、负载均衡策略、容错机制、路由策略等能力。第三步就是实现优先级最低的服务治理能力，比如链路追踪、应用监控和故障告警等能力。

本章提供了一个简易的 RPC 框架，以供读者提升对 RPC 框架原理的理解程度。该 RPC 框架使用的编程语言是 Java，使用的管理和构建工具是 Maven，使用的代码版本控制工具是 Git。该 RPC 框架主要使用了以下组件库：

- Spring：基于 Spring 的自定义 schema，实现通过 XML 配置来使用该 RPC 框架的目的。
- Netty：作为远程通信的实现方案。
- log4j：作为日志打印和输出方案。
- Javassist 和 CGLib：作为动态代理的实现方案，用于实现本地存根，默认选用了 Javassist。因为 Javassist 的实现方案较难理解，为了不影响对整个 RPC 调用链路的理解，所以本章实现了 CGLib 的动态代理方案。
- ZooKeeper：作为注册中心的实现方案。
- Curator：作为 ZooKeeper 的客户端实现方案。
- Protostuff：作为序列化实现方案。

可以在源码中查看 pom.xml 配置文件来了解每个 Maven 依赖的版本。后续会通过实现 RPC 框架的步骤来介绍该 RPC 框架示例。

7.2 实现远程调用

RPC 框架最核心的能力就是实现远程调用，而实现远程调用的关键就是实现以下四部分：

- 制定 RPC 协议。
- 制定序列化方案，实现编/解码器。
- 实现远程通信。
- 实现本地存根。

第一部分是制定 RPC 协议，它是实现 RPC 框架的第一步，也是非常重要的一步，因为 RPC 协议是远程调用的核心，RPC 框架的许多特性会体现在 RPC 协议上。为了便于理解，本章提供的 RPC 框架示例并没有设计复杂的协议头内容，仅关注协议体的内容。从示例工程的源码可以看到，在 samples.rpc.framework.remoting 下有 Request.java 和 Response.java 两个类，它们的源码如下所示。

Request.java：

```
public class Request implements Serializable {

    private String requestId;

    private String className;

    private String methodName;

    private String[] types;

    private Object[] args;

    private String clientApplicationName;

    private String clientIp;

    private ServiceConfig service;

    /**
     * 省略 getter 和 setter 方法
     */
}
```

Response.java：

```
public class Response implements Serializable {

    private String requestId;

    private Boolean isSuccess;

    private Object result;

    private Throwable error;
```

```
    /**
     * 省略 getter 和 setter 方法
     */

}
```

从源码中可以看到，Request 中封装的属性是发起一次 RPC 请求的必备内容。其中包括请求 id、服务名称、方法名称、参数类型、请求参数等。Response 中封装的属性是一次 RPC 请求响应所需的值，包括请求 id、响应结果等。Request 和 Response 是请求体和响应体对应的模型。在整个 RPC 请求中，它们不断地被序列化和反序列化。

第二部分则是制定序列化方案，实现编/解码器。它关乎请求或者响应以什么样的数据格式在网络中传输。在示例工程中使用 Protostuff 实现了序列化和反序列化的能力，实现 Request、Response 与二进制值之间的转化。Protostuff 的实现细节主要被封装在 ProtostuffSerialization 类中，该类主要提供了序列化和反序列化两个方法。而编/解码器一般与序列化的关系密不可分，下面是示例工程中的编码器 Encoder.java 和解码器 Decoder.java 的源码。

Encoder.java：

```
public class Encoder extends MessageToByteEncoder {

    private Class<?> genericClass;

    public Encoder(Class<?> genericClass) {
        this.genericClass = genericClass;
    }

    @Override
    public void encode(ChannelHandlerContext ctx, Object msg, ByteBuf out) throws
Exception {
        if (genericClass.isInstance(msg)) {
            byte[] data = ProtostuffSerialization.serialize(msg);
            out.writeInt(data.length);
            out.writeBytes(data);
        }
    }
}
```

Decoder.java：

```
public class Decoder extends ByteToMessageDecoder {
    private Class<?> genericClass;

    public Decoder(Class<?> genericClass) {
        this.genericClass = genericClass;
    }

    @Override
    public void decode(ChannelHandlerContext ctx, ByteBuf in, List<Object> out) throws
Exception {
        if (in.readableBytes() < 4) {
            return;
        }
        in.markReaderIndex();
        int dataLength = in.readInt();
        if (dataLength < 0) {
            ctx.close();
        }
        if (in.readableBytes() < dataLength) {
            in.resetReaderIndex();
            return;
        }
        byte[] data = new byte[dataLength];
        in.readBytes(data);

        Object obj = ProtostuffSerialization.deserialize(data, genericClass);
        out.add(obj);
    }
}
```

从上述编码器和解码器的源码看到，它们都依赖 ProtostuffSerialization，并且在编码器内调用了 ProtostuffSerialization 的 serialize 方法，在解码器内调用了 ProtostuffSerialization 的 deserialize 方法。因为整个示例工程选用了 Netty 作为远程通信的实现方案，所以在实现编/解码器时采用了 Netty 中的编码器 MessageToByteEncoder 和解码器 ByteToMessageDecoder，它们分别提供了把消息对象转化为字节流数据及将字节流数据转化为消息对象的能力。

第三部分是实现远程通信，远程通信是 RPC 的根基，本书的 RPC 框架示例工程采用了 Netty 作为远程通信的实现方案。首先实现服务端，下面是服务端的源码：

```
public class Server extends Thread{

    private Logger logger = Logger.getLogger(Server.class);

    private Integer port;

    public Server(int port) {
        this.port = port;
    }

    @Override
    public void run() {
        logger.info("server start...");
        EventLoopGroup bossGroup = new NioEventLoopGroup();
        EventLoopGroup workerGroup = new NioEventLoopGroup();
        try {
            ServerBootstrap serverBootstrap = new ServerBootstrap();

            serverBootstrap.group(bossGroup, workerGroup).channel
(NioServerSocketChannel.class)
                    .childHandler(new ChannelInitializer<SocketChannel>() {
                        @Override
                        protected void initChannel(SocketChannel ch) {
                            ch.pipeline().addLast(new Decoder(Request.class));
                            ch.pipeline().addLast(new Encoder(Response.class));
                            ch.pipeline().addLast(new ServerHandler());
                        }

                    })
                    .option(ChannelOption.SO_BACKLOG, 128)
                    .childOption(ChannelOption.SO_KEEPALIVE, true);

            ChannelFuture channelFuture = serverBootstrap.bind(port).sync();
            logger.info("server started successfully, listened[" + port + "]port");
```

```
            // 等待服务器关闭
            channelFuture.channel().closeFuture().sync();
        } catch (Exception e) {
            logger.error("server failed to start, listened[" + port + "]port", e);
        } finally {
            workerGroup.shutdownGracefully();
            bossGroup.shutdownGracefully();
        }
    }
}
```

从该源码中可以看到，在 pipeline 中添加了编码器 Encoder 对象和解码器对象 Decoder，分别处理的是 Request 和 Response 模型。除此之外，在 pipeline 中还添加了服务端的消息处理器 ServerHandler，下面是 ServerHandler 的源码：

```
public class ServerHandler extends ChannelInboundHandlerAdapter {
    private Logger logger = Logger.getLogger(ServerHandler.class);

    @Override
    public void channelRead(ChannelHandlerContext ctx, Object msg) {
        Response response = new Response();
        try {
            Request request = (Request) msg;
            logger.info("the server receives the message:" + request.getRequestId());

            // 获取本地暴露的所有服务
            Map<String, ServiceConfig> serviceMap = SpringUtil.getApplicationContext().
getBeansOfType(ServiceConfig.class);
            ServiceConfig service = null;

            // 匹配客户端请求的服务
            for (String key : serviceMap.keySet()) {
                if (serviceMap.get(key).getName().equals(request.getClassName())) {
                    service = serviceMap.get(key);
                    break;
                }
            }
            if (service == null) {
```

```
                throw new RuntimeException("no service found: " + request.getClassName());
            }
            // 获取服务的实现类
            Object serviceImpl = SpringUtil.getApplicationContext().getBean (service.getRef());
            if (serviceImpl == null) {
                throw new RuntimeException("no available service found: " + request.
getClassName());
            }

            // 转换参数和参数类型
            Map<String, Object> map = TypeParseUtil.parseTypeString2Class (request.getTypes(),
request.getArgs());
            Class<?>[] classTypes = (Class<?>[]) map.get("classTypes");
            Object[] args = (Object[]) map.get("args");

            // 通过反射调用方法获取返回值
            Object result = serviceImpl.getClass().getMethod(request. getMethodName(),
classTypes).invoke(serviceImpl, args);
            response.setResult(result);
            response.setSuccess(true);
        } catch (Throwable e) {
            logger.error("the server failed to process the request.", e);
            response.setSuccess(false);
            response.setError(e);
        }

        ctx.write(response);
        ctx.flush();
    }
}
```

ServerHandler 内封装了处理 RPC 请求的全过程，当 Server 端收到 RPC 请求后，首先将 msg 对象强制转化为 Request 类型，而 msg 对象在此之前就是经过 Decoder 解码后获得的对象。然后根据收到的请求中的数据，获取真实需要调用的接口、方法、参数等内容，通过反射调用对应的方法，并且获得返回值，将返回值赋值到 Response 中，最终重新将 Response 序列化成可被网络传输的字节流。

客户端与服务端一样，同样采用了 Netty，下列是客户端的实现细节：

```
public class Client {

    private Logger logger = Logger.getLogger(Client.class);

    private ReferenceConfig referenceConfig;

    private ChannelFuture channelFuture;

    private ClientHandler clientHandler;

    public Client(ReferenceConfig referenceConfig) {
        this.referenceConfig = referenceConfig;
    }

    public ServiceConfig connectServer() {
        logger.info("connecting to the server: " +
                referenceConfig.getDirectServerIp() + ":" + referenceConfig.getDirectServerPort());

        EventLoopGroup workerGroup = new NioEventLoopGroup();
        Bootstrap bootstrap = new Bootstrap();
        bootstrap.group(workerGroup).channel(NioSocketChannel.class)
                .option(ChannelOption.SO_KEEPALIVE, true)
                .handler(new ChannelInitializer<SocketChannel>() {
                    @Override
                    public void initChannel(SocketChannel ch) throws Exception {
                        ch.pipeline().addLast(new Encoder(Request.class));
                        ch.pipeline().addLast(new Decoder(Response.class));

                        clientHandler = new ClientHandler();
                        ch.pipeline().addLast(new RpcReadTimeoutHandler (clientHandler,
referenceConfig.getTimeout(), TimeUnit.MILLISECONDS));
                        ch.pipeline().addLast(clientHandler);
                    }
                });

        try {
            if (!StringUtils.isEmpty(referenceConfig.getDirectServerIp())) {
```

```
                channelFuture = bootstrap.connect(referenceConfig.getDirectServerIp(),
referenceConfig.getDirectServerPort()).sync();
                logger.info("successfully connected");
            }
        } catch (Exception e) {
            throw new RuntimeException(e);
        }
        return null;
    }

    public Response remoteCall(Request request) throws Throwable {

        // 发送请求
        channelFuture.channel().writeAndFlush(request).sync();
        channelFuture.channel().closeFuture().sync();

        // 接收响应
        Response response = clientHandler.getResponse();
        logger.info("receive a response from the server: " + response. getRequestId());

        if (response.getSuccess()) {
            return response;
        }

        throw response.getError();
    }

}
```

从源码中可以看到，客户端和服务端一样都在 pipeline 中添加了编码器和解码器对象，与服务端不同的是，客户端需要对 Request 进行编码，对 Response 进行解码，刚好与服务端相反。另外就是添加了 ClientHandler 响应处理器，不过 ClientHandler 的逻辑比较简单，就不在这里做过多介绍。客户端需要关注两点，第一是在示例工程内添加了直连模式，只需要在配置中配置了服务端的地址，即可完成客户端与服务端的连接，并进行远程通信。ReferenceConfig 中的 directServerIp 和 directServerPort 就是服务端的 IP 地址和 port。第二是 Client 类中的 remoteCall 是为本地存根提供的，本地存根屏蔽了远程调用的细节，屏蔽的就是 remoteCall 方法内的内容，让调用方认为发起远程调用和本地函数调用一样。

第四部分就是实现本地存根，在该示例工程中使用了两种动态代理方案来实现本地存根，分别是 Javassist 和 CGLib，其中 Javassist 采用了比较复杂的实现方式，以补充前面章节没有介绍的复杂使用方式。而添加 CGLib 实现方案是因为使用它较为简单，避免陷入动态代理实现的细节。其中与 Javassist 实现动态代理相关的类如下：

- ClassGenerator：该类中依赖了 Javassist 的 API，提供了动态生成代理类字节码的能力。
- Proxy：该类依赖 ClassGenerator，对服务接口进行代理，生成对应代理类。
- JavassistProxyFactory：代理类生成工程类，依赖 Proxy。
- InvokerInvocationHandler：真实的调用。

与 CGLib 实现动态代理相关的类包括 CglibProxyFactory、InvokerMethodInterceptor，前面章节已经详细介绍这部分内容，这里就不再详细展开介绍。

从 JavassistProxyFactory 或者 CglibProxyFactory 中获取的代理类就是本地存根，它本身屏蔽的远程调用过程都被封装在 InvokerInvocationHandler 或者 InvokerMethodInterceptor 中。下面是 InvokerInvocationHandler 的源码：

```
public class InvokerInvocationHandler implements InvocationHandler {

    private Logger logger = Logger.getLogger(InvokerInvocationHandler.class);

    private ReferenceConfig referenceConfig;

    public InvokerInvocationHandler(ReferenceConfig referenceConfig) {
        this.referenceConfig = referenceConfig;
    }

    @Override
    public Object invoke(Object proxy, Method method, Object[] args) throws Throwable
{
        return invoke(method.getName(), method.getParameterTypes(), args);
    }

    public Object invoke(String methodName, Class[] argTypes, Object[] args) throws
Throwable {
        // 同步调用
        return remoteCall(referenceConfig, methodName, argTypes, args);
    }
```

```java
    private Object remoteCall(ReferenceConfig refrence, String methodName, Class[]
argTypes, Object[] args) throws Throwable {
        // 准备请求参数
        Request request = new Request();
        request.setRequestId(RpcContext.getUuid().get());
        request.setClientApplicationName(RpcContext.getApplicationName());
        request.setClientIp(RpcContext.getLocalIp());
        // 必要参数
        request.setClassName(referenceConfig.getName());
        request.setMethodName(methodName);
        request.setTypes(getTypes(argTypes));
        request.setArgs(args);
        Response response;
        try {
            Client client = new Client(refrence);
            ServiceConfig service = client.connectServer();
            request.setService(service);
            response = client.remoteCall(request);
            return response.getResult();
        } catch (Throwable e) {
            logger.error(e);
            throw e;
        }
    }

    private String[] getTypes(Class<?>[] methodTypes) {
        String[] types = new String[methodTypes.length];
        for (int i = 0; i < methodTypes.length; i++) {
            types[i] = methodTypes[i].getName();
        }
        return types;
    }
}
```

在该类中可以看到 ReferenceConfig 和 ServiceConfig 两个关键类，ReferenceConfig 中封装了服务引用所需的内容，比如需要引用的服务接口、接口实现类等，而 ServiceConfig 中封装了服务端的 IP 地址、port、服务接口、接口实现类等有关服务的内容，一个 ServiceConfig 代表一个服务的实例信息。在 RPC 框架中，动态代理代理的并不是具体的实现类对象，而是在动态代理类中执行了远程调用过程的逻辑。比如上述源码中的 remoteCall 就是代理类真实调用的逻辑。

这四部分是 RPC 调用必备的内容，完成这四部分后，就可以将实现的框架称作 RPC 框架。具体的实现细节可以参考源码。

7.3 实现服务治理能力

RPC 框架很多时候被运用在服务化场景中，所以 RPC 框架并不仅仅提供简单的远程调用的能力，还需要提供一些服务的治理能力。7.2 节实现了远程调用的逻辑后，在使用 RPC 框架时还是会觉得并没有那么便利，服务的可用性和可靠性也没有得到保障。所以在本示例工程中添加了两个服务治理能力，第一个就是服务注册和服务发现，第二个就是负载均衡策略。

首先是服务注册和服务发现。提到服务注册和服务发现就需要接入注册中心，本 RPC 框架示例中采用 ZooKeeper 作为服务的注册中心。在 RPC 框架中需要搭建 ZooKeeper 的客户端，与 ZooKeeper 的服务端进行通信，采用 curator-framework 框架作为 ZooKeeper 的客户端实现方案。下面就是 ZooKeeper 客户端的实现细节：

```
public class ZookeeperClient {

    private Logger logger = Logger.getLogger(ZookeeperClient.class);

    private static ZookeeperClient instance;

    private CuratorFramework zkClient;

    private ZookeeperClient(String ip, String port) {
        logger.info("start to connect to the zk server: [" + ip + ":" + port + "]");
        zkClient = CuratorFrameworkFactory.newClient(ip + ":" + port, new RetryNTimes(10, 5000));
        zkClient.start();
        logger.info("successfully connected to the zk server: [" + ip + ":" + port + "]");
    }

    public static ZookeeperClient getInstance(String ip, String port) {
        if (null == instance) {
            instance = new ZookeeperClient(ip, port);
        }
```

```
        return instance;
    }

    private boolean exists(String path) {
        boolean result = false;
        try {
            result = zkClient.checkExists().forPath(path) != null;
        } catch (Exception e) {
            logger.error(e);
        }
        return result;
    }

    public void createPath(String path) {
        if (!exists(path)) {
            String[] paths = path.substring(1).split("/");
            String temp = "";
            for (String dir : paths) {
                temp += "/" + dir;
                if (!exists(temp)) {
                    try {
                        zkClient.create().withMode(CreateMode.PERSISTENT). forPath(temp);
                    } catch (Exception e) {
                        logger.error(e);
                    }
                }
            }
        }
    }

    public void saveNode(String path, Object data) {
        try {
            if (exists(path)) {
                zkClient.setData().forPath(path, Serializer.serialize(data));

            } else {
                String[] paths = path.substring(1).split("/");
                String temp = "";
```

```
            for (String dir : paths) {
                temp += "/" + dir;
                if (!exists(temp)) {
                    zkClient.create().withMode(CreateMode.EPHEMERAL). forPath(temp);
                }
            }
            zkClient.setData().forPath(path, Serializer.serialize(data));
        }
    } catch (Exception e) {
        logger.error(e);
    }
}

public List<String> getChildNodes(String path) throws Exception{
    if (!exists(path)) {
        return new ArrayList<>();
    }
    return zkClient.getChildren().forPath(path);
}

public Object getNode(String path) {
    if (!exists(path)) {
        return null;
    }
    try {
        return Serializer.deserialize(zkClient.getData().forPath(path));

    }catch (Exception e){
        logger.error(e);
        return null;
    }
}

public void subscribeChildChange(String path, CuratorListener listener) {
    zkClient.getCuratorListenable().addListener(listener);
}
}
```

在该类中可以看到ZookeeperClient通过curator-framework框架中的CuratorFramework完成了与服务端的通信，并且通过CuratorFramework实现了创建临时节点、创建永久节点、获取节点等方法。如果是服务节点信息，则创建的都是临时节点，并且会有过期时间的设置，服务端的服务注册就是通过ZookeeperClient实现的。在ServiceConfig中有一个registerService方法，其中封装了使用ZookeeperClient完成服务注册的逻辑，下面是该方法的源码：

```
private void registerService() throws Exception {
    RegisterConfig register = (RegisterConfig) SpringUtil.getApplicationContext().
getBean("register");
    ServerConfig server = (ServerConfig) applicationContext.getBean("server");

    this.setPort(server.getPort());

    String basePath = "/samples/" + this.getName() + "/provider";
    String path = basePath + "/" + InetAddress.getLocalHost().getHostAddress() + "_" + port;

    ZookeeperClient client = ZookeeperClient.getInstance(register.getIp(), register.getPort());

    client.createPath(basePath);

    this.setIp(InetAddress.getLocalHost().getHostAddress());
    client.saveNode(path, this);
    logger.info("service published successfully: [" + path + "]");
}
```

registerService是通过Spring Bean初始化机制调用的，ServiceConfig作为一个Spring Bean，它实现了InitializingBean接口，并实现了afterPropertiesSet，在ServiceConfig被初始化后afterPropertiesSet将被调用，并在afterPropertiesSet内执行了registerService方法。

服务注册发生在ServiceConfig内，而服务发现发生在ReferenceConfig内。服务发现的本质就是从注册中心获取需要引用的接口的节点，所以，服务发现本质上就是订阅注册中心的信息。在ReferenceConfig内封装了subscribeServiceChange方法，该方法中封装的就是订阅的逻辑，它的源码如下：

```
private void subscribeServiceChange() {
    RegisterConfig register = (RegisterConfig) SpringUtil.getApplicationContext().
getBean("register");
```

```
    String path = "/samples/" + name + "/provider";
    logger.info("Start subscription service: [" + path + "]");
    // 订阅子目录变化
    ZookeeperClient.getInstance(register.getIp(), register.getPort()). subscribeChildChange
(path, new ServiceChangeListener(name));
}
```

该方法同样使用了 ZookeeperClient 的订阅方法，实现对某个服务的订阅。以上就是示例工程中有关服务注册和服务发现的关键内容，注册中心相关的内容将在后续章节中详细介绍。

第二个服务治理能力则是负载均衡策略。7.2 节提到通过配置 directServerIp 和 directServerPort 来完成客户端和服务端的连接，如果配置了多个服务端节点或者使用注册中心后就不再需要自行配置服务端的地址，在进行服务发现时发现需要引用的服务提供了多个服务实例节点，此时就需要一些负载均衡策略来选择本次请求应该发送到哪个节点上。本示例工程中提供了随机的负载均衡算法，其中与负载均衡策略有关的类有 LoadBalance 和 LoadBalancePolicy，以下是 LoadBalance 的源码：

```
public final class LoadBalance {

    private LoadBalance() {
    }

    public static ServiceConfig getService(ReferenceConfig reference, String loadBalance)
throws Exception {
        List<ServiceConfig> services = reference.getServices();
        if (services.isEmpty()) {
            throw new RuntimeException("no service available");
        }

        long count = reference.getRefCount();
        count++;
        reference.setRefCount(count);

        if (LoadBalancePolicy.RANDOM.getName().equals(loadBalance)) {
            // 随机
            return random(services);
        }
        return null;
```

```
    }

    private static ServiceConfig random(List<ServiceConfig> services) {
        return services.get(ThreadLocalRandom.current().nextInt(services.size()));
    }

}
```

本示例工程中仅实现了一种随机的负载均衡策略，为了接入该负载均衡策略，对前面章节提到的Client.java做了一些改动，以下是改动的内容：

```
if (!StringUtils.isEmpty(referenceConfig.getDirectServerIp())) {
    channelFuture = bootstrap.connect(referenceConfig.getDirectServerIp(),
referenceConfig.getDirectServerPort()).sync();
    logger.info("successfully connected");
} else {
    ClientConfig client = (ClientConfig) SpringUtil.getApplicationContext(). getBean("client");
    logger.info("the load balancing strategy is: " + client.getLoadBalance());

    ServiceConfig serviceConfig = LoadBalance.getService(referenceConfig, client.
getLoadBalance());

    if (serviceConfig == null) {
        return null;
    }
    channelFuture = bootstrap.connect(serviceConfig.getIp(), serviceConfig. getPort()).sync();
    logger.info("successfully connected to the server: " + serviceConfig. getIp() + ":"
+ serviceConfig.getPort());
    return serviceConfig;
}
```

如果不直接配置服务端的地址，则采用服务发现所得的节点，并且通过负载均衡策略选择其中一个节点进行路由，把请求发送到该节点上。

以上是示例工程中提供的两个服务治理能力，而在RPC框架上能够实现的服务治理能力远不止这些，只是负载均衡策略和注册中心相对比较重要。更多的服务治理能力将在后续章节中详细介绍。

7.4 使用简易的 RPC 框架

本节提供了一个简易的 RPC 框架，Git 仓库地址可以从 www.broadview.com.cn/42094 中的下载资源处获取（该框架仅作为学习和参考，不建议直接在企业项目中使用）。在使用该框架之前，首先需要确保环境是否安装完备，环境安装分为四部分，分别是安装 Java 的编译环境、配置 Maven 仓库、配置 Git 环境和安装注册中心 ZooKeeper，其中 Java JDK 采用的是 1.8 版本，Maven 采用的是 3.6.0 版本，ZooKeeper 采用的是 3.4.13 版本。完成以上四部分的环境安装后，可以按照下面的步骤使用该 RPC 框架。

第一步：从 Git 仓库中拉取示例工程源代码。

第二步：拉取源代码后，先通过 Maven 命令编译并安装该工程。执行以下命令：

```
mvn clean install
```

第三步：创建一个 API 模块，用于提供服务接口。例如，创建 rpc-framework-demonstrate-api 模块，并且创建一个服务接口 DemoService.java，内容如下：

```
public interface DemoService {
    String hello(String name);
}
```

第三步：创建 Provider 模块，用于提供服务。例如，创建 rpc-framework-demonstrate-provider 模块，并在该模块的 Maven 依赖中加入以下依赖：

```
<dependencies>
    <dependency>
        <groupId>com.crazyhzm</groupId>
        <artifactId>samples-rpc-framework</artifactId>
        <version>1.0-SNAPSHOT</version>
    </dependency>
    <dependency>
        <groupId>com.crazyhzm</groupId>
        <artifactId>rpc-framework-demonstrate-api</artifactId>
        <version>1.0-SNAPSHOT</version>
    </dependency>
</dependencies>
```

第四步：实现该服务接口 DemoService.java。在 Provider 模块中创建 DemoServiceImpl.java，实现 DemoService 接口：

```
public class DemoServiceImpl implements DemoService {

    @Override
    public String hello(String name) {
        return "Hello! " + name;
    }
}
```

第五步：在 resources 下创建 provider.xml 配置文件。

```
<beans xmlns="http://www.springframework.org/schema/beans"
       xmlns:xsi="http://www.w3.org/2001/XMLSchema-instance"
       xmlns:rpc="https://www.crazyhzm.com/schema/crazyrpc"
       xsi:schemaLocation="http://www.springframework.org/schema/beans
       http://www.springframework.org/schema/beans/spring-beans.xsd
       https://www.crazyhzm.com/schema/crazyrpc
       https://www.crazyhzm.com/schema/crazyhzm/rpc.xsd">

    <!-- 应用 -->
    <rpc:application name="DEMO_PROVIDER"/>

    <!--服务-->
    <rpc:server port="3333" />

    <!-- 注册中心 -->
    <rpc:register ip="127.0.0.1" port="2181" />

    <!-- Demo 服务 -->
    <rpc:service        id="demoService"        name="rpc.framework.demonstrate.api.DemoService"
ref="demoServiceImpl"/>
    <bean        id="demoServiceImpl"        class="rpc.framework.demonstrate.provider.
DemoServiceImpl" />
</beans>
```

第六步：实现加载该 XML 配置的服务端 Provider.java。

```
public class Provider {

    public static void main(String[] args) throws Exception {
        ClassPathXmlApplicationContext context = new ClassPathXmlApplicationContext
("spring/provider.xml");
        context.start();
        System.in.read();
    }
}
```

第七步：创建 Consumer 模块，用于消费服务。例如，创建 rpc-framework-demonstrate-consumer 模块，并在该模块的 Maven 依赖中加入以下依赖：

```
<dependencies>
    <dependency>
        <groupId>com.crazyhzm</groupId>
        <artifactId>samples-rpc-framework</artifactId>
        <version>1.0-SNAPSHOT</version>
    </dependency>
    <dependency>
        <groupId>com.crazyhzm</groupId>
        <artifactId>rpc-framework-demonstrate-api</artifactId>
        <version>1.0-SNAPSHOT</version>
    </dependency>
</dependencies>
```

第八步：在 rpc-framework-demonstrate-consumer 模块下创建 consumer.xml 配置文件。

```
<beans xmlns="http://www.springframework.org/schema/beans"
      xmlns:xsi="http://www.w3.org/2001/XMLSchema-instance"
      xmlns:rpc="https://www.crazyhzm.com/schema/crazyrpc"
      xsi:schemaLocation="http://www.springframework.org/schema/beans
      http://www.springframework.org/schema/beans/spring-beans.xsd
      https://www.crazyhzm.com/schema/crazyrpc
      https://www.crazyhzm.com/schema/crazyhzm/rpc.xsd">

    <!-- 应用 -->
```

```
    <rpc:application name="DEMO_CONSUMER"/>

    <rpc:client/>
    <!-- 注册中心 -->
    <rpc:register ip="127.0.0.1" port="2181"/>

    <!-- 引用服务 -->
    <rpc:reference id="demoService" name="rpc.framework.demonstrate.api. DemoService"/>
</beans>
```

第九步：创建 XML 配置加载类 Consumer.java，并且发起 RPC 服务调用。

```
public class Consumer {

    public static void main(String[] args) {
        ClassPathXmlApplicationContext context = new ClassPathXmlApplicationContext
("spring/consumer.xml");
        context.start();
        DemoService demoService = SpringUtil.getApplicationContext(). getBean("demoService",
DemoService.class);
        String hello = demoService.hello("world");
        System.out.println("result: " + hello);
    }
}
```

第十步：启动注册中心服务。进入 ZooKeeper 安装目录，在 bin 目录下找到 zkServer.sh 脚本，执行以下命令：

```
sh ./zkServer.sh start
```

第十一步：启动 Provider.java。可以看到控制台输出如下信息：

```
[INFO ] 2021-02-28 01:49:56,878 samples.rpc.framework.remoting.transport.
Server.run(Server.java:49) : server start...
[INFO ] 2021-02-28 01:49:56,882 samples.rpc.framework.registry.
ZookeeperClient.<init>(ZookeeperClient.java:46) : start to connect to the zk server:
[127.0.0.1:2181]
[INFO ] 2021-02-28 01:49:56,933 org.apache.curator.utils.Compatibility.
```

```
<clinit>(Compatibility.java:41) : Running in ZooKeeper 3.4.x compatibility mode
[INFO ] 2021-02-28 01:49:56,966 org.apache.curator.framework.imps.
CuratorFrameworkImpl.start(CuratorFrameworkImpl.java:290) : Starting
[INFO ] 2021-02-28 01:49:56,994 org.apache.curator.framework.imps.
CuratorFrameworkImpl.start(CuratorFrameworkImpl.java:332) : Default schema
[INFO ] 2021-02-28 01:49:56,994 samples.rpc.framework.registry.
ZookeeperClient.<init>(ZookeeperClient.java:49) : successfully connected to the zk
server: [127.0.0.1:2181]
[INFO ] 2021-02-28 01:49:57,023 org.apache.curator.framework.state.
ConnectionStateManager.postState(ConnectionStateManager.java:237) : State change:
CONNECTED
[INFO ] 2021-02-28 01:49:57,052 samples.rpc.framework.config.ServiceConfig.
registerService(ServiceConfig.java:102) : service published successfully:
[/samples/rpc.framework.demonstrate.api.DemoService/provider/127.0.0.1_3333]
[INFO ] 2021-02-28 01:49:57,053 samples.rpc.framework.remoting.transport.
Server.run(Server.java:69) : server started successfully, listened[3333]port
```

第十二步：启动 Consumer.java。可以从控制台中看到如下信息：

```
[INFO ] 2021-02-28 01:53:02,393 samples.rpc.framework.registry.ZookeeperClient.
<init>(ZookeeperClient.java:46) : start to connect to the zk server: [127.0.0.1:2181]
[INFO ] 2021-02-28 01:53:02,444 org.apache.curator.utils.Compatibility.
<clinit>(Compatibility.java:41) : Running in ZooKeeper 3.4.x compatibility mode
[INFO ] 2021-02-28 01:53:02,466 org.apache.curator.framework.imps.
CuratorFrameworkImpl.start(CuratorFrameworkImpl.java:290) : Starting
[INFO ] 2021-02-28 01:53:02,491 org.apache.curator.framework.imps.
CuratorFrameworkImpl.start(CuratorFrameworkImpl.java:332) : Default schema
[INFO ] 2021-02-28 01:53:02,492 samples.rpc.framework.registry.
ZookeeperClient.<init>(ZookeeperClient.java:49) : successfully connected to the zk
server: [127.0.0.1:2181]
[INFO ] 2021-02-28 01:53:02,519 org.apache.curator.framework.state.
ConnectionStateManager.postState(ConnectionStateManager.java:237) : State change:
CONNECTED
[INFO ] 2021-02-28 01:53:02,546 samples.rpc.framework.config.ReferenceConfig.
registerReference(ReferenceConfig.java:155) : 客户端引用发布成功:[/samples/rpc.
framework.demonstrate.api.DemoService/consumer/127.0.0.1]
[INFO ] 2021-02-28 01:53:02,547 samples.rpc.framework.config.ReferenceConfig.
getReferences(ReferenceConfig.java:166) : 正在获取引用服务:[/samples/rpc.
```

```
framework.demonstrate.api.DemoService/provider]
[INFO ] 2021-02-28 01:53:02,562 samples.rpc.framework.config.ReferenceConfig.
getReferences(ReferenceConfig.java:181) : 引用服务获取完成[/samples/rpc.framework.
demonstrate.api.DemoService/provider]:[Service{id='null', name='rpc.framework.
demonstrate.api.DemoService', impl='null', ref='demoServiceImpl', ip='127.0.0.1',
port=3333, version=null}]
[INFO ] 2021-02-28 01:53:02,562 samples.rpc.framework.config.ReferenceConfig.
subscribeServiceChange(ReferenceConfig.java:130) : Start subscription service:
[/samples/rpc.framework.demonstrate.api.DemoService/provider]
[INFO ] 2021-02-28 01:53:02,647 samples.rpc.framework.remoting.transport.
Client.connectServer(Client.java:61) : connecting to the server: null:0
[INFO ] 2021-02-28 01:53:02,702 samples.rpc.framework.remoting.transport.
Client.connectServer(Client.java:86) : the load balancing strategy is: random
[INFO ] 2021-02-28 01:53:02,772 samples.rpc.framework.remoting.transport.
Client.connectServer(Client.java:94) : successfully connected to the server:
127.0.0.1:3333
[INFO ] 2021-02-28 01:53:02,951 samples.rpc.framework.remoting.transport.
Client.remoteCall(Client.java:111) : receive a response from the server:
cfe07fdb-ed79-4ea7-8c7a-7c086bc86396
result: Hello! world
```

从最后的“Hello! world”可以看到 Consumer 和 Provider 之间进行了一次 RPC 调用。

第 8 章 异构语言应用调用

前面章节中提到的所有与RPC有关的内容(包括示例)都是通过Java语言描述的。本章将介绍 RPC 在异构语言下的挑战，并且介绍 IDL 在跨语言调用中的重要性。除了 IDL，还介绍了 RPC 框架支持异构语言时需要注意的三个角度，并且从这三个角度出发，分析 Dubbo、CXF、gRPC 这三个 RPC 框架应对跨语言调用需求的解决方案。其中还以 Dubbo 为例，提供了 Java 语言的服务和 Golang 语言的服务发生跨语言调用的示例，便于读者理解在实现跨语言调用时协议、序列化方式及服务定义这三者之间的联系。

8.1 RPC 在异构语言下的挑战

“异构语言”这个词在前面章节中已经做过解释，它的本意就是不同的编程语言。从机器语言到汇编语言，再到高级编程语言，计算机的编程语言的种类越来越多，这些编程语言的语法、语义、结构、用法各不相同。将异构语言放在系统服务之间发生 RPC 调用的场景中，它就代表发生 RPC 调用的两个服务是使用不同编程语言构建的，这两个服务发生 RPC 调用就叫作跨语言调用。许多领域在互联网的带动下产生了各种各样的产品，这些产品由许多系统服务组成。随着这些产品的多样化，系统服务的需求也变得不一样，这些系统服务也不再由一种编程语言构建。因为针对不同的需求，需要选择不同的编程语言，而不同的编程语言有自己适用的场景。

随着跨语言调用的需求增多，RPC 调用在异构语言下的挑战也随之而来。这些挑战主要可以从三个角度进行分析，第一个角度就是协议。前面章节提到 RPC 的协议可以分为标准协议和自定义协议，由于编程语言对标准协议的支持程度非常高，所以标准协议在跨语言调用方面非常友好。而定制的私有化协议并没有标准协议的优势，如果某种编程语言需要支持该私有化协议，则必须自行实现对该协议的支持，这也增加了私有化协议在支持跨语言方面的难度。

第二个角度就是序列化。从操作系统的角度看，RPC 调用是发生在进程之间的，从服务化的角度看，RPC 调用是发生在两个服务之间的，一个服务的一个实例即一个进程。两个服务之间发生 RPC 调用，本质上就是为了让 Provider 端能够解析 Consumer 端发过来的调用请求，执行正确的服务调用，并将结果返回给 Consumer 端，以完成 RPC 调用。在这整个过程中，RPC 调用在异构语言下面对的问题就是数据通过网络传输后，如何让不同编程语言构建的服务解析正确的请求内容。如果两个服务是用相同的编程语言构建的，那么从请求包数据中解析出来的请求内容是能够被正常解析的，它在语义上并不存在无法识别的问题。比如 Consumer 端的服务 A 与 Provider 端的服务 B 都是通过 Java 语言构建的，服务 A 发送了调用服务 B 的请求，其中传输的请求数据包中必定携带调用的参数、调用的方法名等内容。请求包将在 Provider 端被解码和反序列化，只有正常地理解解析后的内容，才能在 Provider 端发起真实的调用。如果两端的编程语言不一致，则反序列化后的请求内容很有可能无法被识别。这里起到决定性因素的就是序列化方案。

前面我们提到序列化方案大致可以分为文本格式的序列化方案和二进制格式的序列化方案。如果是文本格式的序列化方案，则不存在无法正确解析的问题。比如 JSON 格式的序列化方案，无论 Consumer 端和 Provider 端的服务是用哪种编程语言构建的，只要它们在解析时按照 JSON 格式进行序列化和反序列化，就能正确地获取请求和响应内容，然后将解析出来的内容转化成对应语言的数据类型或者数据结构，即可正确地处理解析的数据。所以文本格式的序列化方案天然地解决了异构语言在 RPC 中的问题。

如果采用的是二进制格式的序列化方案，那么整个 RPC 调用将面临对跨语言调用不友好的问题。当协议体内容被序列化为二进制数据时，必定要携带该数据的数据类型，否则无法被正常地反序列化。所以二进制数据跟语言本身是强相关的。举个简单的例子，C++中有 int64 的数据类型，Consumer 端的服务是使用 C++构建的，将一个 int64 类型的数据序列化后发送到 Provider 端，而 Provider 端是使用 Java 编写的服务，在收到请求包后，反序列化出来的数据将携带数据类型，但是 Java 语言中没有 int64 这种数据类型，所以会导致反序列化失败，最终导致 RPC 调用失败。

那么二进制格式的序列化方案就无法实现跨语言调用了吗？答案当然是否定的。在序列化章节中提到，其实有一些二进制格式的序列化方案是支持多语言的，比如前面章节中提到的 Thrift、ProtoBuf 等。而这些二进制格式的序列化方案支持多语言有两种思路，一种是不断实现各种编程语言版本的序列化框架，另一种就是采用 IDL 作为标准的描述语言，与编程语言解耦。在 RPC 领域中，对序列化方案做选型时选择二进制格式的序列化方案是难免的，如果再加上有跨语言调用的需求，那么这个挑战必须要面对。参考序列化中支持多语言的思路，当选择二进制格式的序列化方案时，在 RPC 领域中支持跨语言调用也有两种思路，第一种是实现多语言版本的 RPC 框架，并且在 RPC 框架中选用对应语言的序列化方案。比如 Dubbo，在 Java 版本的 RPC 框架中选用 Java 版本的 Hessian 序列化框架，在 Golang 版本的 RPC 框架中选用 Golang 版本的 Hessian 序列化框架。第二种就是依赖 IDL 的设计，实现对跨语言的调用。

第三个角度就是服务定义。服务定义在跨语言上的重要性是因为服务消费端想要知道服务提供方提供的服务该如何调用，比如需要知道调用的服务的方法名、方法参数、参数类型等。如果服务提供方采用的编程语言与服务消费方采用的编程语言不同，那么就无法知道以上内容。所以服务定义的方式是跨语言调用的第三个难题。其中一个解决方案是不同语言实现一遍不同的服务接口，比如有 Golang 搭建的服务提供了一个 DemoService 的服务，Java 搭建的服务需要调用该服务，那么在服务消费端就需要用 Java 实现一遍 DemoService 的接口定义。这样做会导致服务消费者和服务提供者之间重复实现该服务接口。第二种方案就是通过一种第三方的接口描述语言来作为不同语言之间的“桥梁”，这就是 IDL 的作用。它能够简化两端之间定义服务接口的流程，只需用 IDL 定义服务接口即可。

8.2 IDL 简介

IDL 的全称为 Interface Description Language（接口描述语言），有时也被称为 Interface Definition Language（接口定义语言），两种名称在含义上比较接近，大部分时候都会以缩写出现。IDL 是一个描述软件组件接口的语言规范，它通过一种中立的方式来描述接口，使得用不同编程语言的系统服务能够正常通信，进行 RPC 调用。目前基于 IDL 的软件系统有 Sun 公司的 ONC RPC，The Open Group 的 Distributed Computing Environment，IBM 的 System Object Model，

Object Management Group 的 CORBA 和 SOAP，Facebook 公司的 Thrift，Google 的 gRPC 等。

IDL 的出现是为了解决跨平台和跨语言的调用问题，当两种不同的编程语言搭建的服务之间希望通信，并且发生 RPC 调用时，就必须耦合对方语言的特性、语法及数据类型。为了既满足跨语言的调用需求，又不让跨语言调用时耦合编程语言的特性，IDL 作为编程语言之间的媒介，提供了不同编程语言之间相互转化的能力。只有 IDL 描述的服务接口转化为不同的编程语言，才能将 RPC 调用与编程语言解耦。IDL 除了实现 RPC 调用与编程语言解耦，还简化了服务定义。假设没有 IDL，两个不同编程语言搭建的服务，必须都实现一份服务接口的定义。如果没有实现，那么服务消费端将不知道调用服务需要哪些参数、参数的数据类型是什么，因此也就不知道应该如何调用服务提供端提供的服务。所以如果要实现 RPC 调用，服务消费端也需要按照服务提供端的服务定义编写一个服务接口。引入 IDL 的设计后，就能让服务定义更加方便。虽然服务消费端和服务提供端还都需要各自语言描述的服务接口，但是只需要编写 IDL 文件，然后通过 IDL 编译器将 IDL 文件转化为对应语言即可。

IDL 只是一种语言规范，在实际使用的过程中，一般会有两部分内容，第一部分是 IDL 文件，另一部分就是 IDL 编译器。IDL 文件是按照 IDL 的语法进行描述的文件，其中可能包含数据类型的定义、包名的定义、服务接口的定义、方法的定义等。比如 gRPC 内的 IDL 文件是以.proto 结尾的文件，而 Thrift 的 IDL 文件是以.thrift 结尾的文件。在这些文件中，用于描述服务接口的语言规范也都遵循各自的 IDL 语法。第二部分就是 IDL 编译器。IDL 虽然能够描述服务接口，但最终它还是要回归各类编程语言，并且被各类编程语言所使用。所以 IDL 的设计往往会携带 IDL 编译器。IDL 编译器的作用就是将 IDL 文件转化为对应编程语言的服务接口。比如第 2 章提到的 Thrift 的 IDL 文件 demo.thrift：

```
namespace java thrift

service GreeterServcie{
    string sayHello(1:string username)
}
```

当时直接使用 maven-thrift-plugin 完成了编译，Thrift 也提供了编译器，可以直接完成编译。下面是 Linux 系统下安装 Thrift 编译器的步骤：

（1）通过以下命令安装 Thrift 编译器。

```
brew install thrift
```

（2）完成安装后，通过以下命令查看 Thrift 编译器是否安装成功。

```
thrift -version
```

如果显示 Thrift 的版本，则表明 Thrift 编译器安装成功。

（3）安装成功后，即可通过以下命令将上述的 Thrift 文件转化为 Java 文件。

```
thrift -r -gen java demo.thrift
```

执行该文件后，将生成一个 GreeterServcie.java 文件，该文件就是 Thrift 的 IDL 编译器将 IDL 文件转化为 Java 语言的产物。

8.3 Dubbo 在跨语言上的解决方案

Dubbo 作为一个 RPC 框架，跨语言调用也是它需要面对的一个挑战。下面就从协议、序列化及服务定义三个方面介绍 Dubbo 在跨语言调用上的解决方案。

第一个影响跨语言调用的就是协议，许多 RPC 框架会选择通过自定义协议来提高 RPC 框架的灵活性，Dubbo 就是其中一个。Dubbo 支持的协议非常多，大致可以分为两类，第一类是 Dubbo 自定义的协议，被称为 Dubbo 协议，它直接定义在 TCP 传输层协议之上，依靠 TCP 高可靠全双工的特点，让 Dubbo 协议的定义更加灵活。Dubbo 协议是 Dubbo 框架在协议选择上的默认值。Dubbo 协议由于是私有化的协议，所以如果需要使用 Dubbo 协议进行跨语言调用，就必须通过不同的编程语言重复实现该 Dubbo 协议。举个例子，目前 Dubbo 的版本有许多种，在不同编程语言实现的 Dubbo 框架版本中，必须都实现一遍 Dubbo 协议，才能支持跨语言调用。而对于 HTTP/1 或者 HTTP/2 这类标准协议，大部分编程语言都存在对这类标准协议的支持。为了提供更多协议，Dubbo 集成了许多 SDK，第二类就是通过集成其他各类 SDK 的方式实现各式各样的协议。比如通过 resteasy 实现的 REST 协议，通过 CXF 实现的 SOAP 协议，通过 JDK 支持的 RMI 实现的 RMI 协议，通过 gRPC 实现的 HTTP/2 协议等。Dubbo 通过提供这些通用性更强的协议来支持跨语言调用。比如用户可以选择 HTTP/2 协议来实现跨语言调用。

第二个影响跨语言调用的就是序列化方案。Dubbo 在序列化方案选择上的“默认值”是 Hessian lite，Hessian lite 是二进制格式的序列化方案。前面提到二进制格式的序列化方案对跨语言调用的方案并不友好，所以如果在 Dubbo 中选择了 Hessian lite 作为序列化方案，并且想要实现跨语言调用，那么需要实现 Hessian lite 的其他语言版本。比如 Java 版本的 Hessian lite 被集成在 Java 版本的 Dubbo 内，那么在 Golang 版本的 Dubbo 内也需要集成 Golang 版本的 Hessian lite，这样才能实现跨语言调用。在 Dubbo 中，除了使用这种方式实现跨语言调用，还可以选择其他序列化方案，在 Dubbo 内集成了许多序列化方案，比如 Gson、Kryo、Protostuff、ProtoBuf 等，可以从中选择对跨语言支持相对较友好的序列化方案。

第三个影响跨语言调用的就是服务定义。Dubbo 一开始只有 Java 语言这一个版本，后续开源后，社区不断扩大，才有了越来越多的语言版本，在 Dubbo 中，定义的服务必须与语言相关，比如使用 Java 版本的 Dubbo 搭建服务，则需要使用 Java 语言定义的服务接口，而如果使用 Golang 版本的 Dubbo 搭建服务，则需要使用 Golang 语言定义服务接口。所以如果需要实现跨语言调用，则需要在不同语言的两端分别定义一次服务接口，才能够完成跨语言调用。除了这种方式，Dubbo 还支持集成多种 RPC 框架，比如 gRPC、Thrift 等，它们都拥有 IDL 设计的实现方案，可以通过这些拥有 IDL 设计的实现方案来实现对服务接口的定义。如果只是从 Dubbo 协议上看，则 Dubbo 在跨语言上的支持并不是那么友好。但是从 Dubbo 框架来看，因为集成了其他 RPC 框架的能力，所以弥补了跨语言的短板。

下面是使用 Java 版本的 Dubbo 框架搭建 Consumer，Golang 版本的 Dubbo 框架搭建 Provider，实现跨语言调用的示例。

8.3.1　Dubbo 服务提供者

创建 server.yaml：

```
# dubbo server yaml configure file

# application config
application:
  organization: "dubbo.io"
  name: "UserInfoServer"
  module: "dubbo-go user-info server"
  version: "0.0.1"
  environment: "dev"

# registry config
registries:
  "zk":
    protocol: "zookeeper"
    timeout: "3s"
    address: "127.0.0.1:2181"

# service config
services:
  "DemoService":
    registry: "zk"
    protocol: "dubbo"
```

```
    interface: "rpc.framework.demonstrate.api.DemoService"
    loadbalance: "random"
    warmup: "100"
    cluster: "failover"
    methods:
      - name: "Hello"
        retries: 1
        loadbalance: "random"

# protocol config
protocols:
  "dubbo":
    name: "dubbo"
    port: 20000

protocol_conf:
  dubbo:
    session_number: 700
    session_timeout: "180s"
    getty_session_param:
      compress_encoding: false
      tcp_no_delay: true
      tcp_keep_alive: true
      keep_alive_period: "120s"
      tcp_r_buf_size: 262144
      tcp_w_buf_size: 65536
      pkg_rq_size: 1024
      pkg_wq_size: 512
      tcp_read_timeout: "1s"
      tcp_write_timeout: "5s"
      wait_timeout: "1s"
      max_msg_len: 1024000
      session_name: "server"
```

创建 person.go：

```
package pkg
```

```
import (
    "context"
    hessian "github.com/apache/dubbo-go-hessian2"
)

import (
    "github.com/apache/dubbo-go/config"
)
func init() {
    config.SetProviderService(new(DemoService))
    hessian.RegisterPOJO(&Person{})
}

type Person struct {
    Name string
}

type DemoService struct {
}

func (d *DemoService) Hello(ctx context.Context,p *Person) (string, error) {
    rsp := "Hello! " + p.Name
    return rsp, nil
}

func (d *DemoService) Reference() string {
    return "DemoService"
}

func (p Person) JavaClassName() string {
    return "rpc.framework.demonstrate.api.Person"
}
```

创建 server.go：

```
package main

import (
```

```
    "fmt"
    "os"
    "os/signal"
    "syscall"
    "time"
)

import (
    hessian "github.com/apache/dubbo-go-hessian2"
    "github.com/apache/dubbo-go-samples/helloworld/go-server/pkg"

    _ "github.com/apache/dubbo-go/cluster/cluster_impl"
    _ "github.com/apache/dubbo-go/cluster/loadbalance"
    "github.com/apache/dubbo-go/common/logger"
    _ "github.com/apache/dubbo-go/common/proxy/proxy_factory"
    "github.com/apache/dubbo-go/config"
    _ "github.com/apache/dubbo-go/filter/filter_impl"
    _ "github.com/apache/dubbo-go/protocol/dubbo"
    _ "github.com/apache/dubbo-go/registry/protocol"
    _ "github.com/apache/dubbo-go/registry/zookeeper"
)

var (
    survivalTimeout = int(3e9)
)

// need to setup environment variable "CONF_PROVIDER_FILE_PATH" to "conf/server.yml"
before run
func main() {
    hessian.RegisterPOJO(&pkg.Person{})
    config.Load()

    initSignal()
}

func initSignal() {
    signals := make(chan os.Signal, 1)
    // It is not possible to block SIGKILL or syscall.SIGSTOP
```

```
    signal.Notify(signals, os.Interrupt, os.Kill, syscall.SIGHUP, syscall.SIGQUIT,
syscall.SIGTERM, syscall.SIGINT)
    for {
        sig := <-signals
        logger.Infof("get signal %s", sig.String())
        switch sig {
        case syscall.SIGHUP:
            // reload()
        default:
            time.AfterFunc(time.Duration(survivalTimeout), func() {
                logger.Warnf("app exit now by force...")
                os.Exit(1)
            })

            // The program exits normally or timeout forcibly exits.
            fmt.Println("provider app exit now...")
            return
        }
    }
}
```

8.3.2　Dubbo 服务消费者

编写用于实现服务引用的 dubbo-consumer.xml：

```
<?xml version="1.0" encoding="UTF-8"?>
<beans xmlns:xsi="http://www.w3.org/2001/XMLSchema-instance"
       xmlns:dubbo="http://dubbo.apache.org/schema/dubbo"
       xmlns="http://www.springframework.org/schema/beans"
       xmlns:context="http://www.springframework.org/schema/context"
       xsi:schemaLocation="http://www.springframework.org/schema/beans
       http://www.springframework.org/schema/beans/spring-beans.xsd
       http://dubbo.apache.org/schema/dubbo
       http://dubbo.apache.org/schema/dubbo/dubbo.xsd
       http://www.springframework.org/schema/context
       http://www.springframework.org/schema/context/spring-context.xsd">
    <dubbo:application name="demo-consumer"/>
```

```
    <dubbo:registry id="zk" address="zookeeper://127.0.0.1:2181"/>

    <dubbo:protocol id="dubbo" name="dubbo"/>

    <dubbo:reference registry="zk" check="false" id="demoService" protocol= "dubbo"
                 interface="rpc.framework.demonstrate.api.DemoService">
    </dubbo:reference>
</beans>
```

创建 Consumer.java：

```
package rpc.framework.demonstrate.consumer;


import org.springframework.context.support.ClassPathXmlApplicationContext;
import rpc.framework.demonstrate.api.DemoService;

public class Consumer {

    public static void main(String[] args) {
        ClassPathXmlApplicationContext    context    =    new    ClassPathXmlApplicationContext
("dubbo-consumer.xml");
        context.start();
        DemoService demoService = context.getBean("demoService", DemoService.class);
        Person person = new Person("world");
        String hello = demoService.Hello(person);
        System.out.println("result: " + hello);
    }
}
```

添加 log4j 的配置文件 log4j.properties：

```
###set log levels###
log4j.rootLogger=info, stdout
###output to the console###
log4j.appender.stdout=org.apache.log4j.ConsoleAppender
log4j.appender.stdout.Target=System.out
log4j.appender.stdout.layout=org.apache.log4j.PatternLayout
```

```
log4j.appender.stdout.layout.ConversionPattern=[%d{dd/MM/yy            hh:mm:ss:sss
z}] %t %5p %c{2}: %m%n
```

定义服务接口 DemoService.java：

```java
public interface DemoService {
    String Hello(Person name);
}
```

创建 Person.java：

```java
public class Person implements Serializable {

    private String name;

    public Person() {
    }

    public Person(String name) {
        this.name = name;
    }

    public String getName() {
        return name;
    }

    public void setName(String name) {
        this.name = name;
    }
}
```

首先启动 ZooKeeper 服务，然后启动服务端（Golang）程序，接着启动服务消费端（Java）程序，最后可以在服务消费端的日志中看到以下输出结果：

```
result: Hello! world
```

8.4 CXF 在跨语言上的解决方案

Apache CXF（简称 CXF）是一个开源的服务化框架，它是由 IONA 技术公司（现在是 Progress 的一部分）开发的 Celtix 和由 Codehaus 团队开发的 XFire 这两个项目结合而来的。目前 CXF 被捐献给 Apache，由 Apache 组织维护。CXF 支持非常多的协议标准，比如它支持多种 Web Services 标准，包括 SOAP、Basic Profile、WS-Addressing、WS-Policy、WS-ReliableMessaging 和 WS-Security 等，CXF 对 Java 语言非常友好，支持 Java 中的 JAX-WS API、JAX-RS API，分别用于支持搭建以 XML 为基础的 Web Service 和以 RESTful 风格为基础 Web Service。在跨语言的解决方案上 CXF 与 Dubbo 完全不同。但是跨语言的问题还是得从协议、序列化方案及服务定义这三方面来解决。

首先是协议，上面提到了 CXF 支持非常多的协议，其中大部分协议都是基于 HTTP 的，比如 SOAP 等 Web Services 标准内的协议都可以将 HTTP 作为通信协议。而 HTTP 并不是定制的私有协议，这种标准协议在不同编程语言内的支持程度非常高，所以 CXF 在协议方面对跨语言调用是非常友好的。

其次是序列化方案的选择。CXF 的序列化方案有很多，但大部分是文本格式的序列化方案。比如上面提到 SOAP，SOAP 的中文解释是简单对象访问协议，它可以以 HTTP 为通信协议，把需要传输的数据按照 XML 的数据格式进行序列化。再比如 CXF 支持搭建的 REST 风格的 Web Service，这种风格的 Web Service 采用的就是 JSON 数据格式的序列化格式。这些文本格式的序列化方案是天然支持跨语言调用的。因为文本数据的格式固定，无论哪种语言，都能够解析文本格式的数据，并将所需的数据转化为自身语言内的数据。所以在序列化方案上，CXF 对跨语言调用也非常友好。

最后是服务定义。在 CXF 中的服务定义是通过 WSDL 实现的。WSDL（Web Services Description Language）的中文解释是网络服务描述语言，它是一门基于 XML 的语言，用于描述 Web Services 及如何对它们进行访问。因为 Web Services 的思想就是将资源发布到网络，以供其他机器的服务进程访问该资源，所以 WSDL 不但完成了对 Web Services 的描述，拥有了和 IDL 类似的职能，还定义了 Web Services 的访问方式。服务消费者可以通过 WSDL 绑定的地址直接访问该 WSDL 资源，从 WSDL 描述的数据中解析出服务提供者提供了哪些服务，服务接口的定义是什么。在这种方式下，服务消费者就不再需要重复定义一遍服务接口。这种将服务接口发布到远端，可以被其他不同的编程语言的服务访问并调用的方式，虽然简化了服务消费端对服务接口的定义，但必须提供解析该 WSDL 数据的能力，才能正确地解析相关的内容。除了需要实现解析 WSDL 数据的能力，服务消费端还会与 WSDL 的访问地址耦合，一旦 WSDL 的地址发生变化，就使得服务消费端正常获取服务接口定义受到影响。

8.5　gRPC 在跨语言上的解决方案

gRPC 是语言中立的 RPC 框架，它支持 C++、Java、Python、Golang、Ruby、C#和 PHP 等多种语言搭建的服务互相进行跨语言调用。在面对跨语言调用方面的需求时，gRPC 颇有优势，下面从协议、序列化方案和服务定义三个角度介绍。

从协议角度分析，gRPC 采用了 HTTP/2 作为通信协议，而 HTTP/2 并不是定制的私有化协议，许多语言都对 HTTP/2 有良好的支持，所以在协议方面，gRPC 对跨语言调用有良好的支持。

gRPC 除了在通信协议上对跨语言有着良好的支持，在序列化方案选择方面对跨语言调用也非常友好。前面章节已经介绍过 gRPC 采用的是 Google 自研的 Protocol Buffers 作为序列化方案，Protocol Buffers 支持的语言种类非常多，它有一套自己的数据类型定义，这些数据类型定义与语言无关，并且与不同语言的数据类型存在较好的映射关系，通过这种方式就解决了跨语言调用时遇到的不同语言的序列化问题。举个例子，比如用 Java 版本的 gRPC 搭建的服务 A，调用 Golang 版本的 gRPC 搭建的服务 B，服务 A 将 RPC 请求消息序列化之后，Java 对象内的数据所属的数据类型被转化为 Protocol Buffers 定义的数据类型。然后通过网络传输到服务 B 内，在服务 B 内将这部分数据反序列化。由于 Protocol Buffers 定义的数据类型与 Golang 的数据类型也有映射，所以可以正常地将该请求消息反序列化为实体数据，然后进行真实的函数调用。在这个过程中，Protocol Buffers 的数据类型犹如一个媒介，连接了 Java 和 Golang 这两种编程语言的数据类型。就像现在的货币，作为流通手段实现商品的价值，让商品之间能够等价交换。

最后一个角度就是服务定义。gRPC 采用了 IDL 的设计，gRPC 的服务定义都是通过 IDL 进行描述的。服务接口定义涉及的内容包括数据类型、接口名称、服务接口路径、服务接口的方法定义等。其中数据类型在前面已经介绍过了，在 Protocol Buffers 中，除了基本的数据类型，还可以定义消息类型，通过 message 关键字修饰。服务接口的路径则是通过 option 进行配置的，比如 IDL 文件编译成 Java 文件时需要的包名，可以通过编写以下代码进行配置：

```
option java_package = "com.example";
```

而定义一个服务，则是通过 service 关键字来描述服务接口的，例如：

```
service DemoService {
  rpc sayHello(HelloRequest) returns (HelloResponse);
}
```

定义服务接口后，可以通过 IDL 编译工具 protoc 将 IDL 文件编译为对应语言的文件。比如将某个 IDL 文件编译为 Java 文件的命令如下：

```
protoc --java_out=./ person.proto
```

gRPC 通过 IDL 实现服务定义，不再需要像 Dubbo 一样，在服务消费端使用 Java 语言实现服务接口，在服务提供端使用 Golang 语言实现服务接口。在 gRPC 内，只需要通过 IDL 描述一遍服务接口，然后通过 IDL 编译器工具 protoc 直接将服务接口转化为用对应语言实现。前面展示了 gRPC 的 RPC 调用示例，只要将 Consumer 端或者 Provider 端的一端用其他语言实现即可完成 gRPC 的跨语言调用，该示例就不具体展示了。

第 3 部分 服务治理

第9章 注册中心

前面章节都聚焦在两个节点之间的RPC调用，而服务之间除了RPC调用还有服务治理。服务治理在RPC框架中也非常重要。从本章开始，将介绍一些重要的服务治理能力。本章介绍的与服务注册和服务发现相关的注册中心，就是服务治理内不可缺少的一部分。本章将讲解注册中心是什么，以及三个注册中心的实现方案，分别是Eureka、ZooKeeper和Nacos，这三个实现方案非常具有代表性。除此之外，本章还会介绍分布式系统中非常重要的理论和模型，最后将介绍注册中心到底适合哪种模型。

9.1　注册中心简介

注册中心是什么？看到“注册”两个字，最先想到的就是访问有些平台需要登录账号，我们可以通过注册账号的方式获得一个合规的登录账号，用于访问相关平台。注册的行为本身由信息提供方，也就是用户发起，平台的账户系统会根据用户提供的信息生成一个用于登录平台的账号。在这个场景中，“账户系统”等同于“注册中心”。在微服务架构体系中，注册中心是一个用来提供服务注册的重要组件，它本身就是一个服务。1.6 节介绍了服务暴露的过程，其中服务导出到远程的过程中就会将服务注册到注册中心。将服务注册到注册中心，本质上就是将服务的信息存储在注册中心的 Server 端，和注册账号的行为非常类似。注册中心管理着服务的这些信息，比如服务提供者和服务消费者的地址信息、服务接口的全限定名，并且管理着这些信息的关系。服务信息的对应关系如图 9-1 所示。

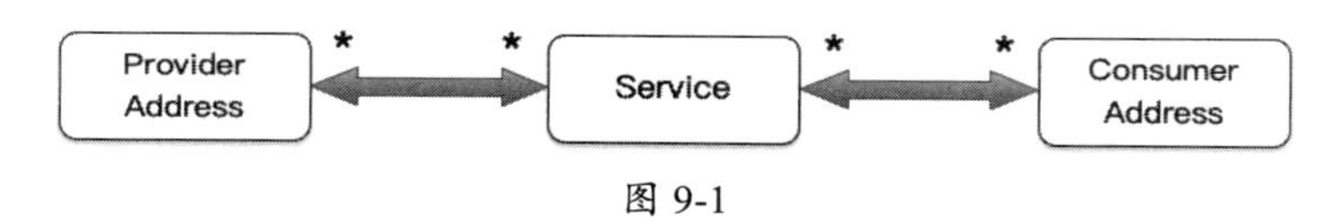

图 9-1

- 服务提供者的地址信息与服务接口的全限定名是多对多的关系：在分布式系统中，一个服务一般都会部署在多个节点上，所以一个服务会有多个服务提供者，这种关系有一个名称叫作集群。集群部署服务是为了保证服务高吞吐量、高可用，而一个服务提供者的地址上也会提供多个服务接口。
- 服务接口的全限定名与服务消费者的地址信息是多对多的关系：一个服务消费者可以依赖多个服务，所以可以调用多个服务。反过来看，一个服务也可能被多个消费者所消费。
- 服务提供者的地址信息和服务消费者的地址信息的关系不确定：服务提供者和服务消费者之间的关系应该是多对多的关系，但是从注册中心存储的数据来看，服务提供者的地址信息和服务消费者的地址信息之间没有直接的关联，它们都需要根据服务接口的全限定名进行关联。只有当服务限定名确定的时候，服务提供者的地址和服务消费者的地址之间才是多对多的关系。服务提供者能够被多个服务消费者进行服务发现，除此之外，在进行某个服务的服务发现时，服务消费者需要获得服务提供者的地址。虽然每一次的 RPC 调用仅需要服务提供者中的一个节点，但服务消费者还是会持有所有该服务的提供者，以满足一些流量负载均衡等需求。

最基础的注册中心只需要接口全限定名、服务提供者的地址和服务消费者的地址这三个内容即可提供注册中心的能力。但是在微服务架构中，服务治理也是非常重要的，比如出现服务不兼容的升级情况时，需要批量升级 Provider 端的服务。这时就需要通过版本号来区分 Provider 端的服务，如果服务有不同的版本，则可以先升级一部分 Provider 端的服务到高版本，让 Provider 端未升级的服务提供服务能力（需要确保负载不会压垮整个集群），然后升级所有 Consumer 端的服务到高版本，保证所有 Consumer 端的服务先消费高版本服务，最后升级 Provider 端剩余的低版本服务。在这个案例中，确定服务的不仅仅是服务接口全限定名，还多了服务的版本信息，而这个信息也需要存储在注册中心，以达到消费者在做服务发现时能找到正确的服务提供方的目的。

除了服务的版本信息，服务还会有所属分组、所属应用等信息，这些信息将服务从不同角度或者维度进行划分，满足不同的服务治理能力需求。而这些维度的划分，会影响注册中心的数据存储。比如以分组维度的划分，在注册中心中，因为两个不同的分组中可能存在两个相同的服务，所以在找到某个服务的地址和端口号之前必须先确定是哪一个分组下的服务，从注册中心中找到该分组后，再从该分组中找到对应的服务信息。后面章节介绍 ZooKeeper、Nacos 等注册中心实现方案时，会着重介绍它们对于数据模型的设计。因为数据模型的设计会直接影响服务信息数据的存储。

虽然 RPC 调用并不需要依赖于注册中心，但是在真实的业务场景中，注册中心是不可或缺的。这也是将注册中心的相关内容放在“RPC 框架的核心组件”中的原因。那么注册中心到底为什么重要？它到底解决了哪些痛点问题，以及它在微服务架构体系中承担着什么样的角色？解释这几个问题之前先看下面的两个例子。

- **例子一**

在两台服务器上部署了两个服务，分别是服务 A 和服务 B，服务 A 依赖于服务 B，如果需要调用服务 B 中的方法，那么服务 A 就需要与服务 B 进行远程通信。通信的必要条件之一就是服务 A 需要知道服务 B 的服务器的地址及服务绑定的端口号。设想一下，如果没有注册中心会出现什么情况？服务 A 需要在自己这边维护一份服务 B 的地址和端口号信息，如图 9-2 所示。

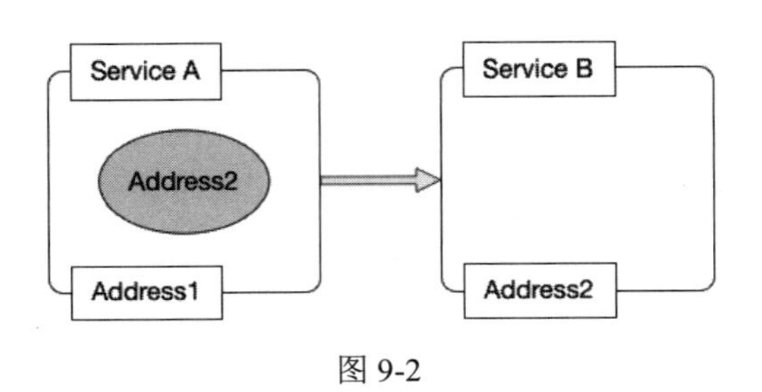

图 9-2

当发生服务迁移时，服务的地址会发生变化。假设服务 B 的地址从 Address2 变为 Address3，那么在服务 A 中维护的有关服务 B 的地址信息也需要随着服务迁移而更改。这时就需要修改配置，并且重启服务 A。如果将这种拉配置的模式改为推模式，也只能保证修改配置后不需要重启服务 A。所以不管是通过配置文件的形式还是利用配置中心的方式维护服务地址，只要服务地址发生变化，都需要手动修改配置。

在真实的生产环境中，为了保证服务的高可用，服务部署不会出现单点状态，也就是服务不会仅部署在一台服务器上，基本上会部署在集群内，比如服务 B 被部署在三台机器上。由于业务的扩张，流量增大，需要对服务 B 进行横向扩容，也就是在更多的机器上部署服务 B，增加服务 B 的服务节点。这时也与修改服务地址信息一样，需要通过配置来增加服务 B 的地址信息，然后重启服务 A，让服务 A 感知到服务 B 的新节点。所以不管是增删还是修改，都需要手动修改配置，这是一件极其烦琐的工作。而且这个例子中服务 A 仅依赖了一个服务，如果服务 A 还需要依赖其他多个服务，则服务地址的配置项会随着依赖的服务增加而增加。配置项越多，需要维护的地址越多，维护的成本就越大。

- **例子二**

服务 A 依赖于服务 B，由于一些原因需要对服务 B 的节点 1 所在的机器做隔离，这时节点 1 是不希望还有请求被路由到本台机器上的，如图 9-3 所示。

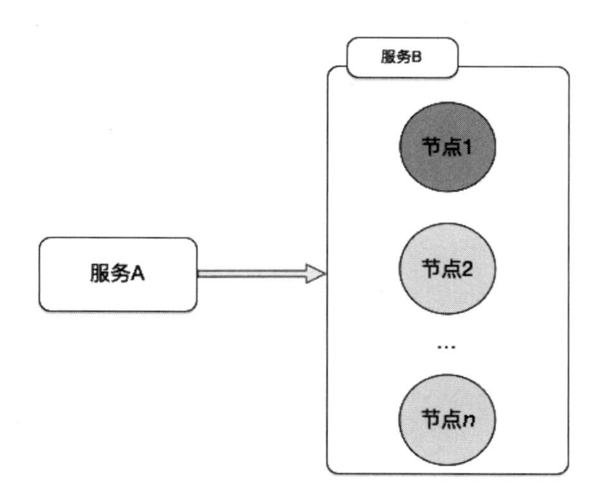

图 9-3

对服务 B 的节点 1 进行隔离，其实就是保证不再有流量进入节点 1。为了让该节点隔离更加迅速和平滑，需要解决两个核心问题，分别是如何保证服务 B 的节点 1 隔离时通知客户端不再发送请求到节点 1，以及如何保证服务消费者不再发起与节点 1 建立新连接的请求，通俗一点说就是让服务 B 的服务消费者感知服务 B 的节点 1 被隔离了。针对第一个问题，可以通过消息通道从服务 B 发送隔离通知消息给服务 A，因为目前许多网络应用程序的框架提供的通信通道都支持双向通信，比如用 Netty、Grizzly 等建立的通信通道就是双向的。服务 A 收到隔离通知消息后，能够感知该节点不可用，所以可以保证不再发送请求到该节点，如图 9-4 所示。

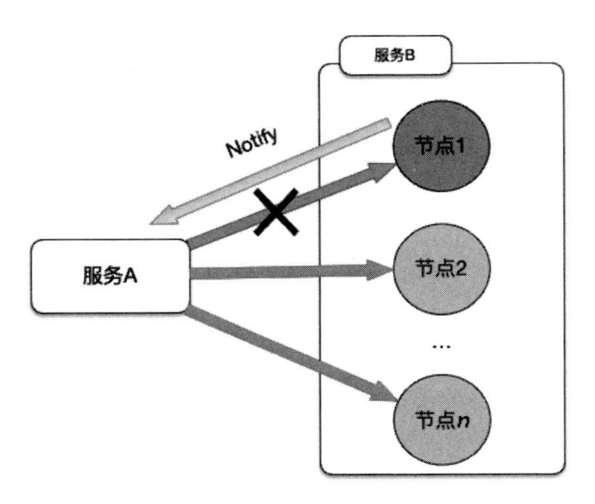

图 9-4

为什么要解决第二个问题呢？因为解决第一个问题后，现有连接中不再有新的请求进入该节点，但是如果在隔离时建立新的连接，那么就无法保证新的连接没有请求进入节点 1。所以除了保证旧连接中没有请求，还要保证不会建立新的连接。针对第二个问题，没有注册中心会比较麻烦。假设没有注册中心，那么服务 A 肯定维护了服务 B 的节点 1 的信息，所以在服务 B 的节点 1 被隔离之前，必须先修改服务 A 中的配置并重启服务 A，保证服务 A 不再路由到服务 B 的节点 1，并且不再对节点 1 发起建立连接的请求，然后才能完成节点 1 的隔离。仅仅是一个节点的流量隔离，却要牵扯上游服务，这种做法增大了运维成本，是一种非常烦琐且不优雅的行为。

通过上述两个例子能够直观地感受到注册中心的重要性。概括地说，如果只是按照直连的方式而不是通过注册中心进行远程过程调用，则会有以下弊端：

- 服务消费者需要维护服务提供者的地址信息，随着服务节点增多，部署规模变大，弹性扩/缩容、流量隔离等需求量越来越大，维护的地址信息不管是增删还是修改，都需要手动修改配置，维护成本也随之上升。
- 服务节点在下线或者隔离时无法做到足够平滑和优雅，还是会有部分流量被分配到该节点上。
- 故障的服务节点只有在服务消费者请求失败后才能够被感知，服务本身一般不会提供自检的能力，只能通过定时脚本去做服务的健康检查。“人”是一个不确定的因素，就算配置了异常告警，比如短信告警、邮件告警、电话告警等，工程师也有可能由于手机没开提示音等原因而错过了告警信息，导致服务异常的影响面扩大。

要解决上述的三个弊端，就需要在服务消费者和服务提供者中间新增一个注册中心组件，如图 9-5 所示。

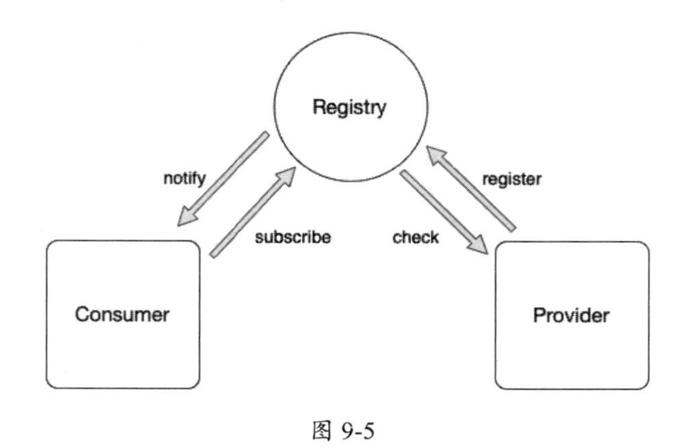

图 9-5

图 9-5 中的 4 个箭头分别代表了注册中心的 4 个核心功能：

- register：表明了服务提供者会将服务信息注册到注册中心，注册中心管理该服务的地址、接口等信息。
- subscribe：表明了服务消费者在做服务发现时会从注册中心获取目标服务的所有节点信息，作为自己远程通信的条件。所谓订阅的含义远不止拉取节点信息这么简单，它主要是在注册中心中存储了自己的服务信息，让注册中心知道哪些 Consumer 正在消费这个服务，以方便后面的 notify 操作。
- notify：表明了一旦该服务的节点信息变更，注册中心就会通知所有订阅了该服务的 Consumer。有了该机制，在面对上述提到的弹性扩/缩容、服务宕机立即下线等会造成服务节点信息变更的情况时，就能够保证服务消费者可以及时感知最新且可靠的服务节点，防止因为个别节点下线不平滑导致的大面积请求失败的局面发生。
- check：表明了注册中心一般会与服务消费者有一个健康检查的机制，或许是心跳，又或许是长连接的 keepalive 等机制，目前不同的注册中心的实现方案有着不同的健康检查机制。

无论是哪个功能，看起来都是为了节省人力成本，能让机器做的事情一定不要让人来做，而且机器比人更不容易出错。注册中心的出现最根本的原因就是释放劳动力，不想投入太多的人力去维护这些数据及数据之间的关系，看来“懒惰是推动科技进步的重要因素之一”这句话还是有一定道理的。

那么使用注册中心到底带来了哪些收益呢？第一个收益当然就是刚刚提到的释放了劳动力，节约了人力成本，降低了因工程师手动维护节点信息而导致失误的概率。第二个收益就是进一步降低了消费者在选择服务提供者的时候选择到不可用的服务提供者的概率。为什么只能算是“进一步降低”，而不是彻底防止消费者在选择服务提供者的时候选择到不可用的服务提供者呢？这主要取决于注册中心的健康检查机制，以及 RPC 框架中对于服务优雅下线的处理逻辑。在后续介绍具体的注册中心实现方案时会分析它们的健康检查机制，从中就可以看出为什么不能做到“彻底防止”。第三个收益就是服务提供者和服务消费者实现解耦，在整个微服务架构设计中增加注册中心，能够保证服务消费者不再强依赖于服务提供者的地址信息，因为不需要在服务消费者侧维护服务提供者的地址。第四个收益是为负载均衡策略等提供服务节点的数据，因为注册中心会维护某个服务有哪些服务消费者、有哪些服务提供者的信息。服务消费者通过注册中心知道有哪些正常的 Provider 节点，在进行负载均衡时，可以根据这些 Provider 节点信息执行负载均衡策略，最终选出一个较为合适的服务节点作为此次请求的处理者。

虽然在微服务架构中引入注册中心后带来了不少收益，但它同样引入了一些问题。首先就是注册中心自身的高可用问题，注册中心是一个服务，在分布式系统中，如果只有一个注册中心节点，就会出现单点问题，也就是当这个注册中心服务“挂了”之后，注册中心将无法提供服务发现、服务注册、健康检查等能力，最严重的就是服务消费者无法获取服务提供者最新的地址信息。虽然可以在 Consumer 端缓存旧的服务提供者地址信息，但是只要其中一个 Provider 节点不可用，就会导致大量的调用失败。所以注册中心不能有单点问题，要解决单点问题，就需要部署多个注册中心节点。由于必须部署多个注册中心节点，并且注册中心内维护的信息是实时改变的，注册中心是一个有状态的服务，所以它将面临多个注册中心节点之间的数据一致性问题。针对分布式中数据一致性问题，就会涉及 CAP 定理。如何在一致性（C）、可用性（A）、分区容错性（P）中做选择，将是注册中心一直会面临的问题。在后续章节中会介绍目前业界流行的注册中心实现方案使用了哪种一致性协议来解决分布式一致性问题。

前面介绍的是注册中心本身，而注册中心是一个服务，所以在 RPC 框架中，一般都会实现注册中心的客户端，通过客户端与注册中心进行交互，比如服务的注册、发现、健康检查等都需要客户端来完成。后续介绍中会根据具体的注册中心实现方案来展开介绍客户端相关的内容。

9.2 CAP 模型与 ACID、BASE 理论

注册中心是一个有状态的服务，不仅仅是注册中心，后续要介绍的配置中心、元数据中心都是有状态服务。除了有状态服务，还有无状态服务。如何区分服务是否有状态？如果服务运行的实例不会在本地存储需要持久化的数据，也就是该服务处理一次请求所需的数据，绝对不会从服务自身中获取，所需的数据要么包含在这个请求内，要么从外部服务获取，则这类服务被称为无状态服务（Stateless Service）。

举个例子，一个服务只提供了计算差值的能力，一次请求到达服务端，它就会计算两个值的差值，并返回给客户端，服务端并不保存任何数据信息，这种服务就是无状态服务。反之，如果该服务的实例可以将请求或者处理的数据随时进行备份，并且在创建一个新的有状态服务时，可以通过备份恢复这些数据，以达到数据持久化的目的，则这种服务就是有状态服务（Stateful Service）。注册中心在收到服务注册请求后，必须将服务信息存储在本地磁盘中，服

务消费者需要从注册中心获取服务提供者的服务信息，所以注册中心是有状态服务。

在分布式系统中有状态服务面临的难题要比无状态服务多得多。前面章节提到引入注册中心的一个弊端就是单点问题，所以要对注册中心进行集群部署。如果是无状态服务，那么只要对无状态服务进行横向扩展就能解决单点问题，如图 9-6 所示。

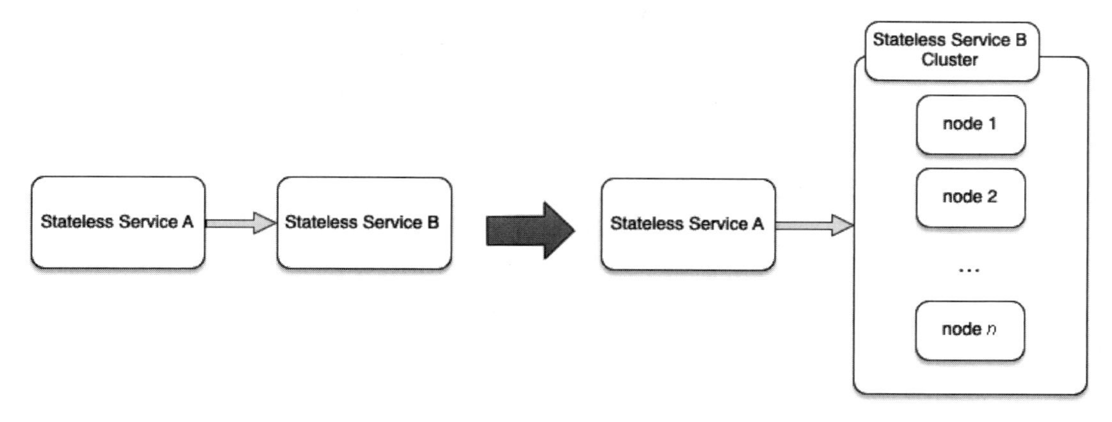

图 9-6

起初服务 B 只有一个节点，服务 A 的请求都会到达服务 B，但是服务 B 经过横向扩展后，服务 A 的请求有可能请求到服务 B 的集群内任意一个节点，并且无论服务 A 请求哪一个节点，返回的结果都是相等的。

如果处理有状态服务的单点问题，则比较复杂。假设有状态服务像无状态服务一样简单地进行横向扩展来解决单点问题，那么会出现什么问题呢？比如注册中心有节点 A，现在因为单点问题新增了节点 B，这时节点 B 存储的服务数据和节点 A 存储的服务数据是不对等的，就算新增了服务节点 B 后进行数据同步，在后续服务节点频繁上下线的过程中，也会导致服务消费者在获取可用的服务节点列表时数据不一致。如何保证注册中心集群内各节点数据一致，就需要通过一致性协议来解决。所以有状态服务不能像无状态服务那样简单地通过添加服务节点来解决单点问题，在进行服务扩展时需要注意数据的一致性问题。一致性协议的相关内容在下一章节会重点介绍。除了数据一致性问题，在分布式系统中，还需要考虑网络分区、服务可用性等问题。为了解决分布式系统中因为多节点部署而引入的众多问题，诞生出了分布式计算领域较为出名的 CAP 理论模型。

CAP 理论又称为布鲁尔定理，它最早在 1998 年秋季提出，1999 年正式发表，并在 2000 年 7 月的 Symposium on Principles of Distributed Computing 大会上，由加州大学伯克利分校的 Eric Brewer 教授提出。2 年后，麻省理工学院的 Seth Gilbert 和 Nancy Lynch 从理论上证明了 CAP 理论，确立了该理论的正确性。之后，CAP 理论正式成为分布式计算领域的公认定理。

CAP 理论的核心内容就是指出了一个分布式系统不能同时满足一致性（Consistency）、可用性（Availability）、分区容错性（Partition Tolerance）这三个基本要求，最多只能同时满足其中的两个，如图 9-7 所示。

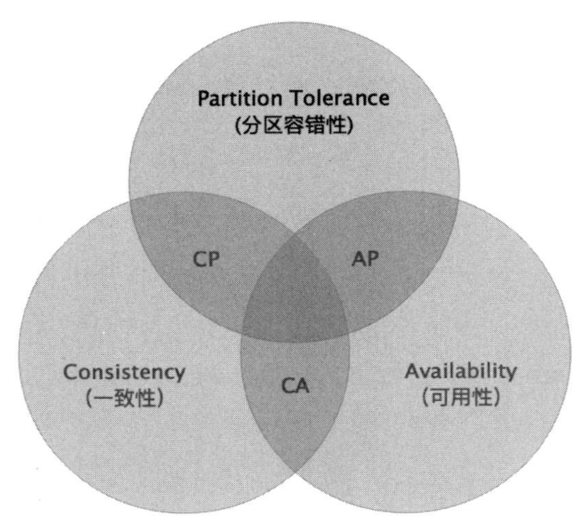

图 9-7

- 一致性：如果能够做到针对一个数据项的更新操作执行成功，那么后续对这个系统中任意节点的读操作都应该返回这个更新的数值。简单地说，所有节点在同一时刻看到的数据是一样的。在分布式系统中，数据的一致性非常重要，有状态服务在进行横向扩展时首先就要考虑数据一致性问题。
- 可用性：系统提供的服务一直处于可用的状态，只要客户端请求的节点是非故障节点，客户端的请求就能够在有限的时间内收到返回结果，但却不保证是同一份最新数据。如果是服务本身有故障，那么它作为一个故障节点，必然无法返回结果，所以这里的服务可用性仅用于描述非故障节点。比如出现了网络分区问题，该服务就不能与其他节点进行数据同步，可能导致数据不是最新的，但依旧会返回响应给客户端的问题。
- 分区容错性：分布式系统在遇到任何网络分区故障的时候，除了整个网络都发生的故障，只要能保证系统在限定时间内仍然能够对外提供服务，则该分布式系统就具备分区容错性。

对于“三选二”，并不是完全选择其中两个而放弃其中一个，这三者的制衡是有一个度的。图 9-7 中的 CA，看似舍弃了 P，实则不能完全舍弃 P。在分布式系统中，因为各节点直接通过网络进行通信，所以网络分区很难避免，那么分区容错性就是必须要保证的。如果在设计分布式系统时选择了 CA，只能从概率上理解，假定了网络分区出现的可能性要比系统性错误低得多。但是即使认为概率很低，但还是有可能出现网络分区情况，当网络分区情况出现时，需要从原有的 CA 转为 AP 或者 CP。所以大多数情况下都是在一致性和可用性之间选择，寻找制衡点。图 9-7 中的 CP 更倾向于一致性，当发生网络延迟或者消息丢失时，两个节点之间的数据没有同步导致数据不一致，客户端希望得到的是最新数据。所以如果客户端请求到旧数据的节点，为了保证数据的一致性，则会对该请求响应错误信息，即使它能够正常处理请求，但是从客户端的角度来说，该服务可以理解为是不可用的。图 9-7 中的 AP 更倾向于可用性，无论是否发生网络分区，客户端的请求都能获得正常的信息，只是如果两个节点的数据不一致，则返回的响应信息并不一定是最新的。

如果说 CAP 理论模型中的一致性、可用性、分区容错性是对分布式系统的特性和要素进行的抽象和总结，那么 BASE 和 ACID 可以算是在实践中对 CAP 定理的补充和延展。

在介绍 ACID 之前，先介绍一下什么叫作事务。单个有状态服务中一次请求也许会存在多次修改数据的操作。比如在数据库服务中，有订单表和物流信息表，商家在一次发货操作中，数据库需要先在物流信息表内插入物流信息，然后在订单表中修改订单状态。在这个过程中，这两个操作是有关联的，第一个操作执行完成后必须保证第二个操作也正常执行完成，如果第二个操作没有正常执行完成，则这两个操作应该一起回滚，才能保证数据正确。这种由一系列对系统中数据进行访问与更新的操作所组成的一个程序执行逻辑单元叫作事务。事务有四个特征，简称 ACID：

- 原子性（Atomicity）：事务的所有操作要么全部成功执行，要么全部不执行。上述的商家发货就是一个典型的例子。
- 一致性（Consistency）：事务的执行不能破坏数据库的完整性和一致性。
- 隔离性（Isolation）：并发的事务需要相互隔离。有四种隔离级别，分别是 Read Uncommitted（未授权读取）、Read Committed（授权读取）、Repeatable Read（可重复读取）、Serializable（串行化）。
- 持久性（Durability）：一个事务一旦提交，它对数据库中对应的数据状态变更就应该是永久性的。

事务分为本地事务和分布式事务，本地事务如图 9-8 所示。

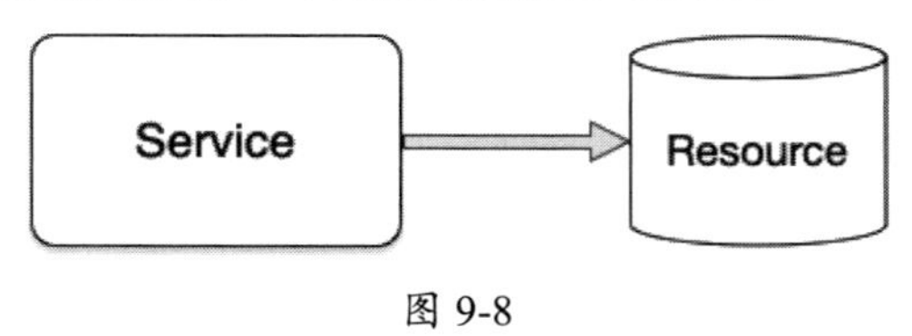

图 9-8

这类基于单个服务单一数据库资源访问的事务被称为本地事务，在单个数据库资源访问的情况下，很容易满足事务的 ACID 四个特性，并且能够保证数据的强一致性。在分布式架构流行的时代，服务、数据库资源都不止一个，多个数据库资源、多个服务的访问纳入同一个事务中已经是刚需，如图 9-9 所示。

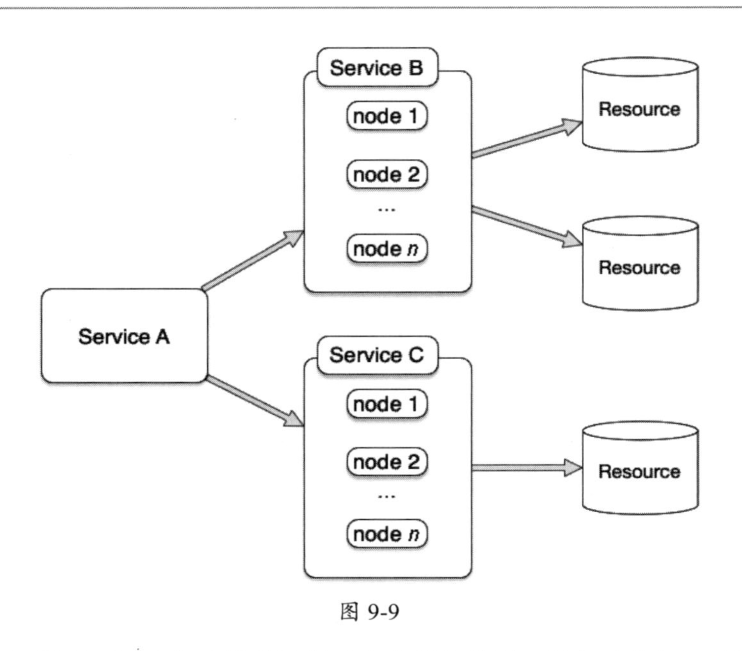

图 9-9

在图 9-9 中可以看到存在单个服务访问多个数据库资源、多个服务之间互相调用的情况，并且每个服务不止一个节点，它们都是集群部署的。在许多业务场景中，经常出现希望从服务 A 发起的请求能够满足事务的四个特性来保证本次请求正确执行的情况。

举个例子，随着业务量激增，单个数据库服务在性能上很容易就达到瓶颈，所以会通过分库分表、集群部署等措施来提高性能。当用户数据、商品数据、订单数据、物流数据被拆分后，分别存储在不同的数据库服务中，就会存在一次请求需要跨多个数据库服务进行数据处理的情况。还是以商家发货为例，不同的是这次操作将请求不同节点的数据库服务来操作对应的数据源。在这个例子中，也希望保证这一系列的操作能够满足事务的四个特征，在分布式系统中，这种事务称为分布式事务。分布式事务就是指一次操作由不同的执行逻辑单元组成，这些执行逻辑单元属于不同的应用服务，而且分布在不同的服务器上，分布式事务需要保证这些执行逻辑单元要么全部成功，要么全部失败。

举个例子，假设有一个购票系统，限定只能先扣除余额再出票。有两个乘客要购买相同航班的飞机票，但是只剩一张票，两名乘客在不同的终端设备上同时发起了购买的行为，这其中肯定会扣除用户的余额，并且出票，其中一名乘客购买成功，就意味着另一名乘客将购买失败。此时扣除余额与出票可以看作一系列的操作逻辑单元，如果出票失败，那么余额也需要退回。此时就需要通过分布式事务来保证购票操作的正常。为了方便理解，在举这个例子之前做了一些条件限制，比如只能先扣除余额再出票。

满足单个节点的 ACID 特性比较容易，但要满足集群内的所有节点之间的 ACID 特性就比较困难，目前业界也有一些分布式事务的解决方案，比如TCC（Try-Confirm-Cancel）、XA（X/Open XA）、2PC（二阶段提交协议）、3PC（三阶段提交协议）等。从CAP理论模型上看，ACID理论更倾向于一致性。无论在单体的服务架构中还是在分布式架构中，ACID追求的就是强一致性，它的四个特性也正是为了达到数据的强一致性所抽象出来的约束。

除一致性外，在大型的分布式系统中，高可用（High Availability）也是分布式系统的重要指标之一，它指的是通过设计来减少系统不能提供服务的时间。一般会用几个9来作为高可用的衡量标准，比如四个9，也就是99.99%，意味着一年8760个小时中，系统不能提供服务的时间在8.76小时以下。在一些场景中，高可用相较于强一致性更加重要。

举个例子，假设用户A使用某银行App发起一笔跨行转账给用户B，银行系统首先扣掉用户A的钱，然后提示用户A需要几小时后到账，在一段时间后增加用户B账户中的余额。这就是通过牺牲强一致性来提高可用性。BASE就是基于该思想演化而来的。

BASE是Basically Available、Soft State、Eventually Consistent的首字母缩写，其中涵盖了基本可用（Basically Available）、软状态（Soft State）、最终一致性（Eventually Consistent）三个概念。

- 基本可用：分布式系统在出现不可预知故障时，允许损失部分可用性。
  - 相应时间上的损失：比如正常一个服务在1秒之内返回结果，可是由于断电等故障，返回结果的时间需要增加到2秒。
  - 功能上的损失：例如在“双11”期间，由于消费者的购物行为激增，为了保障购物系统的稳定性，部分消费者可能会被引导到一个降级后的页面。
- 弱状态：允许数据存在中间状态，并且该状态的存在不会影响系统的可用性，即允许系统在不同节点的数据副本之间进行数据备份的过程存在延时。
- 最终一致性：系统中所有的数据副本在经过一段时间的同步后，最终能够达到一致的状态。因此最终一致性不需要实时保证一致性。

CAP、ACID、BASE三者的一致性有一些差异，CAP的一致性更加关注一个服务的多个节点之间的数据一致性问题。ACID的一致性更加强调无论此次事务执行是否成功，都应该保证这次事务执行后数据的完整性。BASE的一致性则代表的是最终一致性。

CAP和BASE都是分布式计算领域较为出名的理论模型，在设计理念上，ACID是传统数据库常用的设计理念，追求强一致性模型。BASE支持的是大型分布式系统，通过牺牲强一致性获得高可用。BASE与ACID的设计哲学截然不同，在分布式系统设计的场景中，系统组件对一致性的要求是不同的，因此ACID和BASE又会结合使用。

9.3 分布式一致性

在 CAP、ACID 和 BASE 中都提到了一致性。但是对于一致性的整个定义还是非常模糊的，所以本节会详细介绍一致性的模型，以及目前比较流行的一致性协议。

数据一致性并不只有存在与不存在两种情况，就像可以用 0%到 100%之间的任意数值来代表可用性的程度一样，一致性也有一些分类。一致性模型按照强弱可以粗略地分为弱一致性模型、最终一致性模型和强一致性模型。弱一致性模型的特点是向系统更新或者写入一个数值后，后续的读操作不一定能够读到这个最新的数值。最终一致性模型的特点是向系统更新或者写入一个数值后，后续一段时间内的读操作可能读取不到这个最新的值，但是在该时间段过后，一定能够读到这个最新的数值。强一致性模型的特点是向系统更新或者写入一个数值后，无论何时都能够读到这个最新的数值。如果将强一致性模型细分，则强一致性可以分为两类，分别是线性一致性（Linearizability）和顺序一致性（Sequential Consistency）。如果将最终一致性模型细分，那么它可以分为因果一致性、单调一致性和最终一致性三类。下面分别介绍这几种一致性模型。

1. 线性一致性

线性一致性又称为原子一致性或者强一致性，这个概念是由 Maurice P. Herlihy 与 Jeannette M.Wing 在 1987 年的论文 *Linearizability: A Correctness Condition for Concurrent Objects* 中提出来的。CAP 中的 C 指的就是线性一致性。

如果需要达到线性一致性，则需要满足如下约束：

（1）任何一次读操作都可以读到某个数据的最新值。

（2）系统中所有节点内执行的事件顺序都和系统级别时钟下看到的事件顺序一致。

第一点非常容易理解，第二点则约束了两个维度下事件的执行顺序都必须是一样的。这两个维度是指单个进程内的时钟顺序和整个系统的时钟顺序，如图 9-10 所示。

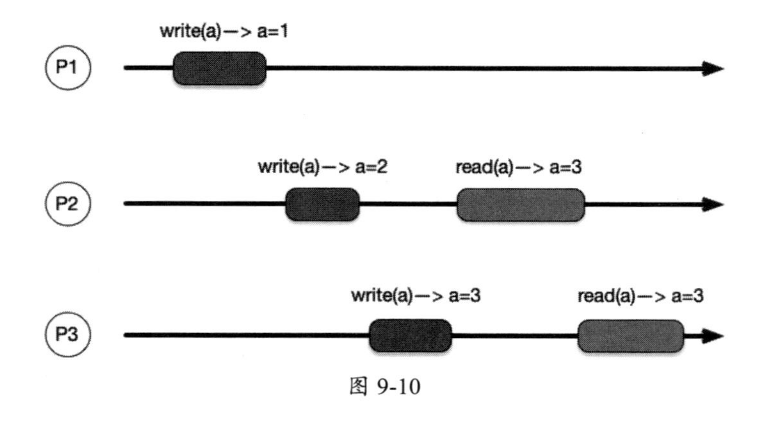

图 9-10

图 9-10 中有三个进程 P1、P2、P3，从 P1 进程来看，只是执行了一次写操作。从 P2 和 P3 进程来看，事件顺序都是先执行一次写操作，然后执行一次读操作。从整个系统的时钟顺序来看，先执行三次写操作，然后执行两次读操作，所以最近一次的值是 3，读操作读到的值也就是 3。

2. 顺序一致性

通过线性一致性的例子可以看到五个事件在时间上没有重叠，但是在实际的场景中，不同进程的事件执行的时间点一定会有重叠，如图 9-11 所示。

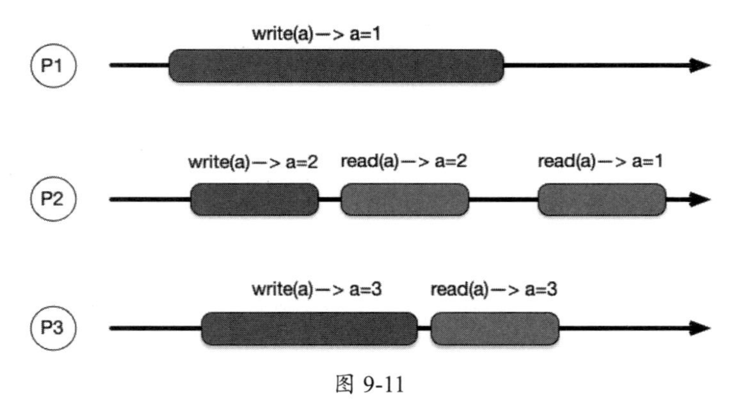

图 9-11

这三个进程在执行三次写操作和三次读操作时的时间点有重叠，从系统级时钟的维度来看，整个事件的执行顺序应该是 write1→write2→write3→read2→read3→read2（其中数字代表进程标识，比如“write1”代表 P1 进程的写操作）。如果按照线性一致性的约束，则第一次 read2 读到的值应该是 a=3，因为第一次 read2 前一次的写操作是 write3。但是图 9-11 中的结果并不是 a=3，而是 a=2。这是因为 write3 操作虽然是在 read2 操作之前开始执行的，但是 write3 操作结束的时间却是在第一次 read2 操作开始之后。所以 P2 进程在执行读操作时只能读取最近一次写成功的值，也就是 a=2。从 P2 进程的视角看，事件执行顺序应该是 write2→read2→write3→write1→read2（这里没有把 read3 排进去是因为 read 操作本身不会被其他进程所感知），P2 进程和系统级时钟的视角看到的事件执行顺序是完全不一样的。而这种时间点重叠，并且不满足系统级时钟的事件执行顺序的一致性称为顺序一致性。

在 Maurice P. Herlihy 与 Jeannette M.Wing 提出线性一致性之前，Lamport 在 1979 年就提出了顺序一致性的概念。比如 ZooKeeper 中的 ZAB 协议就是顺序一致性的。顺序一致性的约束如下：

（1）任何一次读操作都可以读到某个数据的最新值，这一点和线性一致性是相同的。

（2）所有进程看到的事件顺序是合理的，达成一致即可，并不需要所有进程的事件顺序和系统级时钟下的事件顺序一致，它放宽了对一致性的要求，并不像线性一致性一样严格。

3. 因果一致性

线性一致性和顺序一致性有一个相同的约束，就是任何一次读操作都可以读到某个数据的最新值，这是强一致性的表现。而因果一致性属于最终一致性，它的约束如下：

（1）对于具有因果关系的读/写事件，所有进程看到的事件顺序必须一致。

（2）对于没有因果关系的读/写事件，进程可以以不同的顺序看到这些并发的事件。

这里的因果关系是指单个进程内的事件执行顺序，如图 9-12 所示。

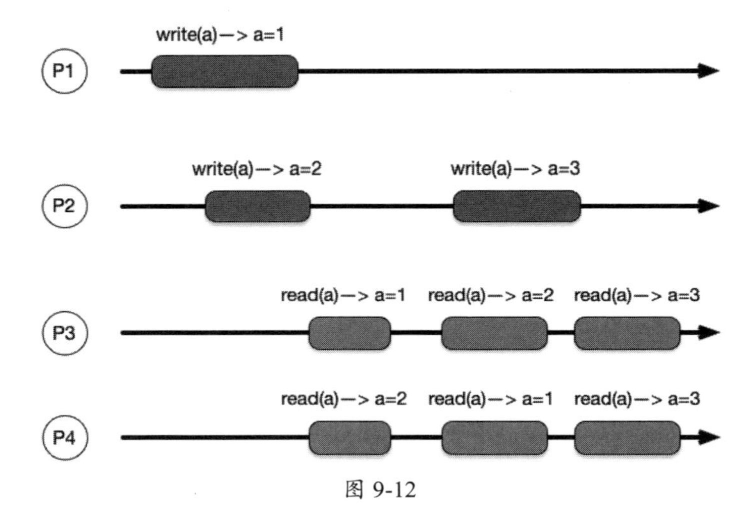

图 9-12

在图 9-12 中，P2 进程内的两次写操作具有因果关系，必须先执行赋值 a=2，再执行 a=3。所以按照因果一致性的约束，其他几个进程也必须看到这个因果关系，也就是 P3 和 P4 进程在执行读操作时，能读到值为 2 的操作一定先于能读到值为 3 的操作。而能读到 a=1 的操作无关在哪个位置，因为 P1 的写操作和 P2 的写操作没有因果关系，所以其他进程可以以不同的顺序看到这些事件的执行。

下面是一个不符合因果一致性约束的例子，如图 9-13 所示。

在 P3 进程的视角中先有了 a=3，然后才有 a=2，与 P2 进程看到的因果关系不一致，所以不符合因果一致性的约束。

4. 单调一致性

单调一致性可以分为单调读一致性和单调写一致性。单调读一致性指的是任何时刻一旦读到某个数据项在某次更新后的值，就不会再读到比这个值更旧的值。单调写一致性指的是一个进程对某一个数据项执行的写操作必须在该进程对该数据项执行任何后续写操作之前完成。相较于因果一致性，单调一致性更聚焦于单个进程内的读/写操作顺序。

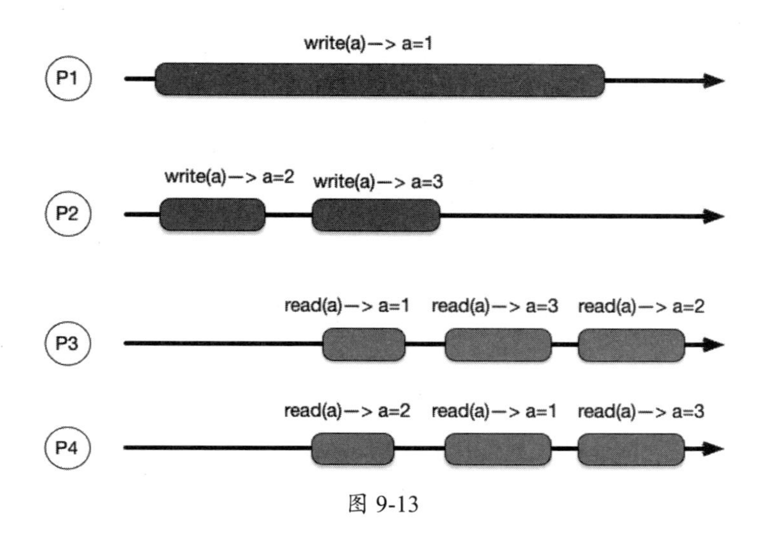

图 9-13

5. 最终一致性

因果一致性和单调一致性都属于最终一致性中的一种，只是在最终一致性的基础上增加了一致性的强度，因果一致性是在最终一致性的基础上增加了因果关系的约束，单调一致性是在最终一致性的基础上增加了单进程内的约束。而没有增加其他约束的最终一致性也就是字面上的最终一致性的意思，只有一个约束，就是向系统写入更新或者写入一个数值，后续一段时间内的读操作可能读取不到这个最新的值，但是在该时间段过后，一定能够读到这个最新的数值。

对比以上几个一致性模型的约束条件，可以发现它们之间也有一定的强弱之分，由弱到强，分别是最终一致性、单调一致性、因果一致性、顺序一致性、线性一致性。

一致性模型是理论总结，一致性协议则是一致性模型的具体表现形式。与之经常混淆的是共识算法。共识和一致性描述的内容并不相同，共识用来描述一组进程间的协作过程，并且确定下一个操作，而一致性描述的是进程间某一时刻的状态。共识和一致性相比，共识的概念更狭隘一些，因为达成共识就可以达到一致性。但是需要达到一致性，并不一定需要达成共识，而一致性有强弱之分，共识算法是一致性协议的一种具体实现手段。比如传统分布式系统领域的 Paxos 就是一种共识算法，下面将从 Paxos 开始介绍一致性协议。

Paxos 是由 Leslie Lamport 在 1990 年发表的名为 *The Part-Time Parliament* 的论文中提出的，Leslie Lamport 在 2001 年又用计算机领域的描述方式重新对 Paxos 算法进行论述并发表了 *Paxos Made Simple*。Paxos 是一种基于消息传递且具有高度容错特性的共识算法。在分布式系统中，通信是非常重要的一个环节。但是在分布式系统中，只能减少却无法避免进程挂掉、进程重启、通信消息丢失、延迟等情况，Paxos 算法实现的就是在发生这些异常时，不会破坏分布式系统决议的一致性。一些进程可以提出各种请求，最终只有一个请求会被选中，只要有一个请求被选中，那么其他进程都能获得该请求带来的变化。

在 Paxos 算法中有三类角色，分别是：

- Acceptor（决策者）：用于决策最终选用哪个提议。
- Proposer（提议者）：该角色的职责为向决策者提交提议。
- Learner（最终决策执行者）：该角色的职责是执行最终选定的提议。

从提议的提出到提议的选定，再到提议的执行，可以大致分为两个阶段，第一个阶段就是决策者选出一个最终的提议，第二个阶段就是最终决策执行者如何获取并执行该提议。

第一个阶段其实是 Proposer 与 Acceptor 之间的交互，过程如下：

（1）Proposer 选择一个提议，该提议编号记为 M，然后向 Acceptor 的某个超过半数的子集成员发送编号为 M 的准备请求。

（2）如果一个 Acceptor 收到一个编号为 M 的准备请求，并且该提议的编号 M 大于 Acceptor 已经响应的所有提议的编号，那么它会把已经响应的提议的最大编号返回给这个 Proposer，并且承诺不会再批准任何小于编号 M 的提案。如果 Proposer 没有得到半数以上 Acceptor 的响应，则将编号+1 后继续发起请求。举个例子，一个 Acceptor a 已经响应了所有提议（编号为 1、2、4、7）的提案。那么该接收者收到一个编号为 8 的提议后，会将编号为 7 的提议反馈给这个提出编号为 8 的 Proposer。

（3）如果 Proposer 收到半数以上的 Acceptor 对于 M 编号的提议的反馈，则再次发送一个【M,V】的提议给 Acceptor（前面都是准备阶段，只发送编号，类似于检测），这个 V 就是反馈的那个最大的提案值，例如上述例子中的 7。如果响应中不包含任意提议，那么它就是任意值。

（4）如果接收者收到这个【M,V】的提案请求，只要该接收者尚未对编号大于 M 的准备请求做出响应，则通过该提议。

产生最终的提议后，下一阶段就是让 Learner 执行该提议，该阶段是 Acceptor 与 Learner 之间的交互。Learner 在执行提议之前先要接收最终的提议，Learner 接收最终提议也有不同的方案，大致有以下三种：

（1）方案一：Acceptor 获得一个被选定的提案的前提是该提案已经被半数以上的接收者批准。因此，最简单的做法就是一旦 Acceptor 批准了一个提议，就将该提议发送给所有的 Learner。Learner 虽然可以尽快获取被选定的提案，但是需要每个 Acceptor 和所有的 Learner 逐个进行一次通信。假设有 M 个 Acceptor 和 N 个 Learner，则通信次数就是 $M \times N$，通信次数过多。

（2）方案二：让所有的 Acceptor 将它们对提案的批准情况统一发送给一个特定的 Learner，类似于最终决策执行者的领导者，当这个领导者获得提案后，它会负责去通知其他领导者。这种方案的通信次数就是 $M+N-1$，虽然通信次数大大减少，但主领导者可能出现单点故障。

（3）方案三：可以将方案二中的领导者的范围扩大，接收者可以将批准的提案发送给一个特定的领导者集合，该集合中的每一个领导者都可以在一个提案被选定后通知其他领导者，这个领导者集合中的领导者个数越多，可靠性越好，但是通信的复杂度越高。

上述算法是最基础的 Paxos 算法，也称为 Basic Paxos，在后续又衍生出了 Multi Paxos、Fast Paxos 等算法，都是基于 Basic Paxos 的变种算法。

当时由于 Paxos 算法是一套偏向理论的算法，难以理解且难以实现，所以斯坦福大学的两位教授 Diego Ongaro 和 John Ousterhout 决定设计一种更加简单、容易理解的共识算法，那就是 Raft 算法，它在论文 *In search of an Understandable Consensus Algorithm* 中最先被提出。Raft 是一种用来管理复制状态机的算法，复制状态机通常使用复制日志实现，Raft 也不例外。每个服务器存储一个包含一系列命令的日志，其状态机按顺序执行日志中的命令。每个日志中的命令都相同并且顺序也一样，因此只要处理相同的命令序列，就能得到相同的状态和相同的输出序列。这也是 Raft 实现一致性的核心思想。

Raft 算法有三种角色：

- Leader（领袖）：该角色的职责是接收和处理一切请求，并同步数据给 Follower。
- Follower（群众）：该角色的职责是转发请求给 Leader，接收 Leader 的同步数据，以及参与投票。
- Candidate（候选人）：该角色的职责是竞选 Leader。

这三种角色分别代表服务节点的三种状态，这三种状态之间可以互相转化。引用论文 *In search of an Understandable Consensus Algorithm* 的身份转换图，如图 9-14 所示。

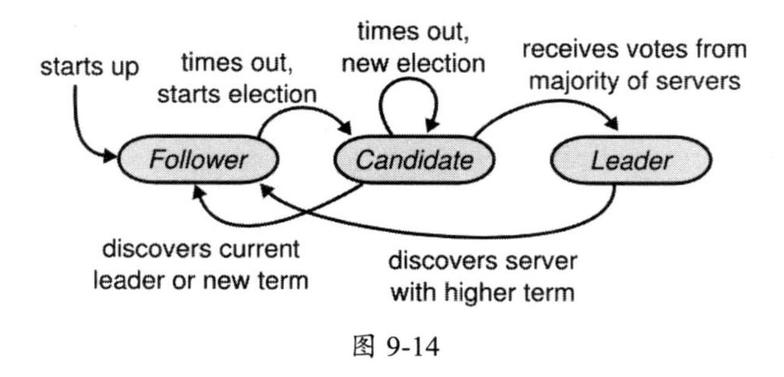

图 9-14

从图 9-14 中可以看到集群最初的状态——所有服务器都是 Follower，当这些服务启动完成后，由于起初没有 Leader，所以 Follower 一定不会收到 Leader 的心跳消息。经过一段时间后，发生选举，此时 Follower 先增加自己的当前任期号并且转换到 Candidate 身份，然后投票给自己并且并行地向集群中的其他服务器节点发送竞选请求，这是对图 9-14 中“times out, starts election”的解释。当满足以下三个条件中的一个时，Candidate 身份会发生转变：

- 集群内超过半数的服务节点同意该 Candidate 成为 Leader，也就是超过半数的节点响应了竞选请求，此时 Candidate 会变成 Leader。这是对图 9-14 中“receives votes from majority of servers”的解释。
- 集群内其他的某个服务器节点已经成为 Leader，此时 Candidate 会变回 Follower。因为当 Leader 产生后，它会向其他的服务器节点发送心跳消息来确定自己的地位并阻止新的选举。这是对图 9-14 中“discovers current leader or new term”的解释。
- 如果有多个 Follower 同时成为 Candidate，那么选票可能会被瓜分，以至于没有 Candidate 赢得过半的投票，也就是选举超时后还是没有选出 Leader ，会通过增加当前任期号来开始一轮新的选举，但是这种情况有可能无限重复，这是对图 9-14 中“times out, new election”的解释。为了防止这种情况发生，Raft 算法使用随机选举超时时间的方法来确保很少发生选票瓜分的情况。也就是每个 Candidate 在开始一次选举的时候重置一个随机的选举超时时间，然后一直等待直到选举超时。该 Candidate 会增加当前的任期号，重新发起竞选请求，此时其他 Candidate 可能还在等待中，那么其他服务节点认为该超时的 Candidate 的任期号最大，所以它会被选为 Leader。

在图 9-14 中还有一种从 Leader 直接变成 Follower 的情况，这种情况多数出现在 Leader 发生了网络分区的时候。当 Leader 发生网络分区后恢复时，新的 Leader 已经产生，它会接收新 Leader 的心跳请求，发现新的 Leader 的任期号比自己的大，它会自动变成 Follower。而旧的 Leader 如果发送心跳请求给其他服务器节点时，Candidate 和 Follower 都会比对任期号，如果任期号小于自己的任期号，则直接拒绝此次心跳请求。

分布式一致性问题一直都是分布式架构下必须考虑的问题，注册中心该如何在可用性和一致性之间做权衡和选择？下面的章节会介绍业界较为流行注册中心实现方案，并给出注册中心选型的建议。

9.4 注册中心实现方案之 Eureka

Eureka 是 Netflix 公司开发的服务注册和服务发现组件，在 2012 年将其开源，至今一直维护着 1.x 版本，其间开发过 2.x 版本，但最终宣布停止对 2.x 版本的更新，所以目前 Eureka 最重要的分支还是 1.x 版本。

Eureka 包括两个组件，分别是 Eureka Server 和 Eureka Client。Eureka Server 主要是 Eureka 的服务端，接收客户端发起的服务注册请求，管理被注册的服务的元数据信息。Eureka Client 主要提供服务注册和服务发现的能力，它提供了一些简单的 API 和注解，以便服务提供者能够使用它们，从而达到将需要注册的服务注册到 Eureka Server 的目的；服务消费者能够使用它们，从而达到从 Eureka Server 发现服务的目的。使用 Eureka Client 的 API 实现服务注册和服务发现能力的服务提供者和服务消费者都可以称为 Eureka 的客户端。Eureka Client 与 Eureka Server 之间会有心跳保活机制，从而让 Eureka Server 能够感知服务提供者的状态。如果其中一个服务提供者的实例下线，则 Eureka Server 将它从实例列表中移除，防止进行发现服务时发现下线的节点实例。Eureka Client 会每隔一定时间从 Eureka Server 中获取服务提供者的实例列表，用于更新服务消费者本地缓存的服务提供者的实例列表，保证发起服务调用时路由的节点是正常的节点。但是 Eureka Client 定期主动发现最新的服务提供者实例列表，还是无法第一时间感知一些下线节点或者坏节点，也就是 Eureka Server 缺少了主动推送最新实例列表的能力。

作为服务注册中心的实现方案，Eureka Client 和 Eureka Server 之间有三种操作请求：

- 服务节点注册。
- 服务节点下线。
- 服务节点续约。

这三种操作被封装在 LeaseManager 类中，LeaseManager 的定义如下：

```
package com.netflix.eureka.lease;

import com.netflix.eureka.registry.AbstractInstanceRegistry;

public interface LeaseManager<T> {

    void register(T r, int leaseDuration, boolean isReplication);

    boolean cancel(String appName, String id, boolean isReplication);

    boolean renew(String appName, String id, boolean isReplication);

    void evict();
}
```

其中前三个定义的方法就是 Eureka Client 对 Eureka Server 的交互操作方法，第四个 evict 方法的作用是 Eureka Server 自身会定期清理租约过期的服务节点。

作为服务注册中心的实现方案，服务的信息在 Eureka Server 中就是需要被存储的数据，它在 Eureka Server 中的数据模型决定了它在 Eureka Server 中的存储结构。图 9-15 表示的就是应用服务与节点信息的映射关系。

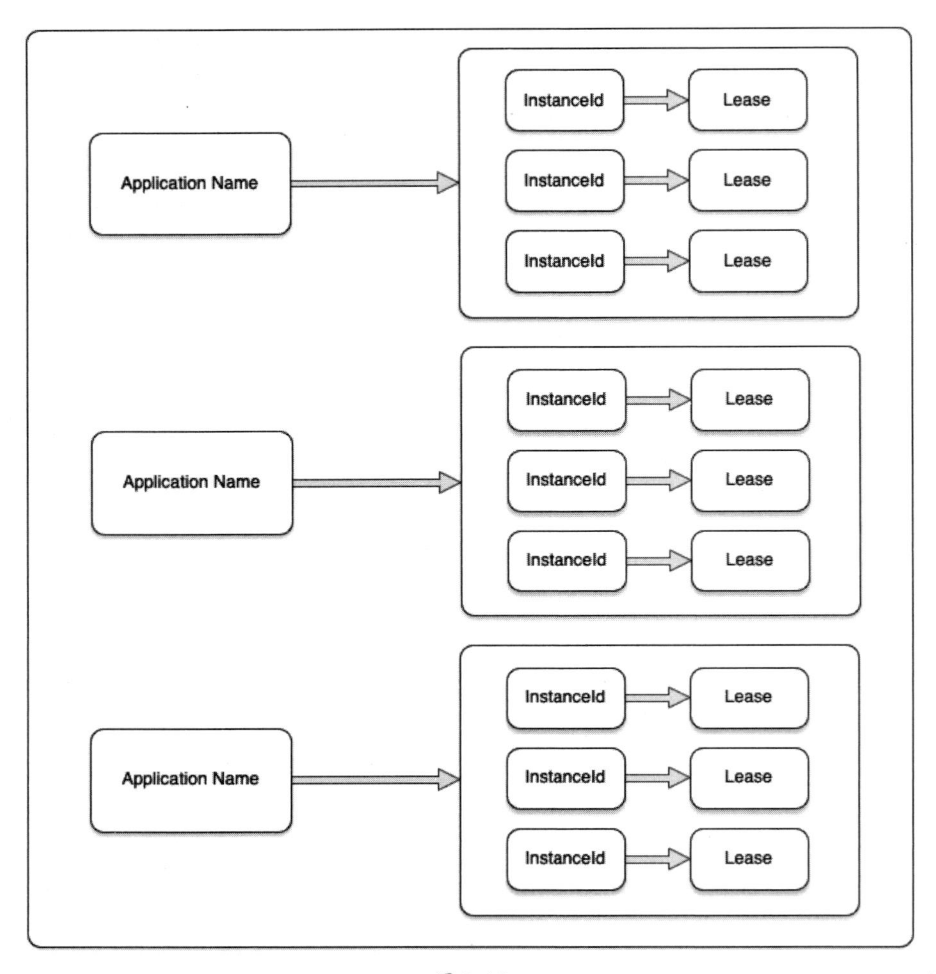

图 9-15

Lease 是 Eureka 中的一个泛型类，在图 9-15 中，Lease 在运行期其实是一个 Lease 类的实例对象。其中 InstanceInfo 内包含了服务实例信息，比如实例的地址、端口、分组、实例的状态、租约等信息。其中一个 InstanceId 映射一个 Lease 对象，而一个应用名称映射整个实例的集合，从源码上看，两个映射关系都是通过 Map 实现的。在 AbstractInstanceRegistry 类中就定义了服务示例存储的数据结构，也就是图 9-15 中的映射关系。以下是该属性的定义：

```
private final ConcurrentHashMap<String, Map<String, Lease<InstanceInfo>>> registry
        = new ConcurrentHashMap<String, Map<String, Lease<InstanceInfo>>>();
```

除了 Eureka Server 内的数据存储模型，保持 Eureka Server 中存储的服务状态一致性也非常重要。因为 Eureka Server 一般不会单节点部署，Eureka Server 单节点部署会导致分布式系统中的单点问题。在生产环境中，Eureka Server 一般是集群部署的。在集群部署的场景下，Eureka Server 多个节点之间的服务信息如何保证一致性就变得尤为重要。Eureka Server 的每个节点都有写数据的能力，每个 Eureka Server 节点之间都会进行数据同步。比如有三个 Eureka Server 节点 A、B、C，一个服务的某个节点实例下线，向 Eureka Server 节点 A 发起了下线请求。节点 A 收到该实例的下线请求后，需要向其他两个 Eureka Server 节点发起数据同步的请求。Eureka Server 节点之间的同步行为有续约、服务节点注册、服务节点下线、服务状态更新等。当发生这些行为时，Eureka Server 节点之间就会发起数据同步。由于任何一个 Eureka Server 节点都可能发起数据同步的请求，所以可能在 Euerka Server 同步的过程中出现同一服务实例在两个 Eureka Server 节点中的信息不一致，从而导致信息冲突的情况。InstanceInfo 中有一个 lastDirtyTimestamp 属性，它表示的是服务实例信息上次变动的时间戳，可以用它比较哪一次信息是最新的，最终以最新的信息为准。比如同步续约的信息时，发起数据同步的 Eureka Server 节点中 lastDirtyTimestamp 的数值小于被同步的节点内 lastDirtyTimestamp 的数值，则被同步的 Eureka Server 节点会在该数据同步的响应中返回最新的服务节点信息，并把响应的状态码设置为 409。而发起同步的 Eureka Server 节点如果收到 409 状态码的响应，则会从响应中获取最新的服务注册信息，并且更新本地的服务注册信息。

从 Eureka Server 节点之间的数据同步操作可以看出，保证 Eureka Server 节点之间的服务信息一致性是通过 Eureka Client 与 Eureka Server 之间的心跳续租实现的。因为每当 Eureka Client 与 Eureka Server 节点续租时，Eureka Server 节点之间就会发生数据同步，从而保证 Eureka Server 节点之间的数据一致性。但是由于每个 Eureka Server 节点都能够更新本地的服务注册数据，以及网络通信难免的网络波动和延迟等原因，Eureka Server 节点之间并没有办法实现强一致性，只能实现最终一致性。在 CAP 模型中，Eureka 选择了 AP，也就是保证了可用性和分区容错性，但是牺牲了一定程度的一致性。

9.5 注册中心实现方案之 ZooKeeper

ZooKeeper 是一个开源的分布式协调服务，它可以用来协调和同步多服务器之间的状态，官网是这样描述 ZooKeeper 的：

> ZooKeeper is a centralized service for maintaining configuration information, naming, providing distributed synchronization, and providing group services.

ZooKeeper 作为一个分布式协调的组件，提供了一些简单易用的原语集来支持分布式应用程序统一整个分布式系统的状态。分布式应用程序可以构建这些原语，以实现更高级别的服务，从而实现状态同步、配置、命名维护等能力。如果自己实现协调服务的逻辑，则很容易出现多线程面临的竞态条件及死锁等问题，所以 ZooKeeper 减轻了分布式应用实施协调服务的责任。

起初在分布式协调技术方面较为突出的是 Google 的 Chubby，但是由于 Chubby 并没有开源，所以后来 Yahoo 开发了 ZooKeeper，并且将其开源，贡献给了 Apache。国外很多开源的产品都会将动物作为代表，比如 Hadoop 就是黄色的大象，Tomcat 是一只猫，而 ZooKeeper 由于负责协调工作，所以它的代表就是动物饲养员，从 ZooKeeper 的命名也很容易解读其含义。现在 Apache ZooKeeper 在 Hadoop、HBase 等其他许多分布式框架中都有应用。

与 Eureka 一样，ZooKeeper 可以作为微服务架构中注册中心的选型，它最需要被关心的也是数据模型和一致性协议。数据模型关乎服务信息在 ZooKeeper 服务中的存储结构，而一致性协议是注册中心服务状态一致性的保障。

首先介绍 ZooKeeper 的数据存储模型，它的数据存储模型就是一棵树的结构，树的一个节点就是 ZooKeeper 的一个数据节点 Znode，而数据的路径及它的命名规则与文件系统类似，由斜杠“/”分割每个层级。图 9-16 为 ZooKeeper 的数据存储模型示意图。

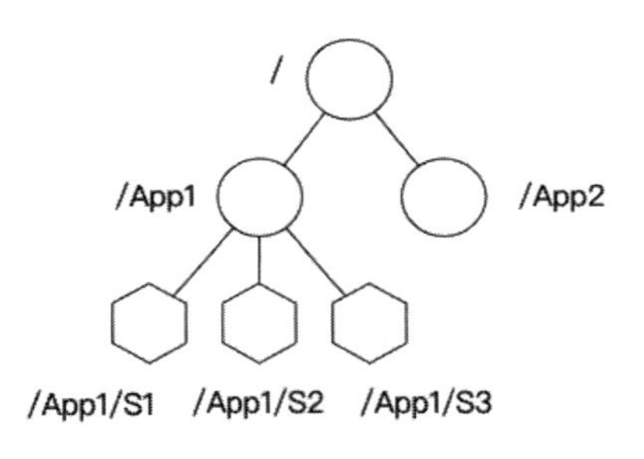

图 9-16

每个 Znode 节点包含三部分内容，分别是子节点的索引、与该节点关联的数据，以及描述该节点的节点属性信息。其中描述该节点属性信息包括数据版本号、子节点的版本号、ACL 的版本号、Znode 创建的事务 ID、节点创建时的时间戳和节点最新一次更新发生时的时间戳等内容。而与该节点关联的数据，在服务注册的场景中，它就代表了服务的描述信息，注册的服务就存储在这里。每个 Znode 节点都有它自己的生命周期，根据生命周期的不同，以及是否排列同级的 Znode 节点的顺序，可以分为持久节点、持久顺序节点、临时节点和临时顺序节点：

- 持久节点：Znode 节点由客户端发起创建请求，在 ZooKeeper 服务端完成创建，一旦 Znode 节点被创建了，除非主动对 Znode 执行移除操作，否则这个 Znode 将一直保存在 ZooKeeper 服务中。这种节点不会因为创建它的客户端与 ZooKeeper 服务端断连或者会话失效而被移除。
- 持久顺序节点：在持久节点的基础上每个父节点会为它的子节点（不包括孙子节点）

维护每个子节点创建的先后顺序信息。可以在创建的节点名称后自动添加该节点在它所在层级的顺序序号，比如“node-2”。

- 临时节点：Znode 节点的生命周期和客户端会话绑定在一起，一旦创建该节点的客户端与服务端之间的会话失效，那么这个客户端创建的所有临时节点都会被 ZooKeeper 服务端移除。
- 临时顺序节点：在临时节点的基础上每个父节点会为它的子节点（不包括孙子节点）维护每个子节点创建的先后顺序信息。

根据 ZooKeeper 的数据存储模型，服务注册时就可以根据该模型存储相应的服务信息，图 9-17 是 Dubbo 采用 ZooKeeper 作为注册中心时存储服务信息的示例。

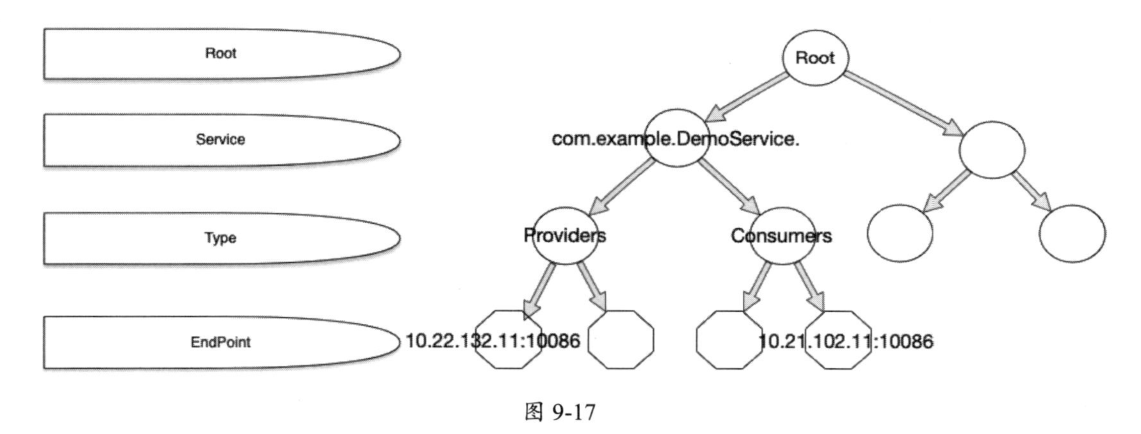

图 9-17

可以看到树状的数据模型把服务相关信息都涵盖了，也清晰地展示了注册中心中服务接口、服务提供者的地址信息，以及服务消费者地址信息之间的关系。

一致性协议：ZAB

在 ZooKeeper 集群中，如何保证集群内的各个 ZooKeeper 节点数据一致，是 ZooKeeper 的重点。ZooKeeper 中的一致性协议叫作 ZooKeeper Atomic Broadcast（原子消息广播协议），简称 ZAB。ZAB 规定了改变 ZooKeeper 服务器上的数据状态的事务请求处理的流程。下面从 ZAB 中的角色、流程、两种模式，以及多服务器事务同步等方面展开介绍。

在 ZAB 中，ZooKeeper 服务节点可以被分为两类，分别是 Leader 节点和 Follower 节点，它们也分别代表了 ZAB 的 Leader 和 Follower 两种角色。

- Leader 节点：全局唯一，负责协调所要处理的事务，可以用作读或者写操作。Leader 节点选举会发生在以下三个场景下：
    - 集群初始化启动时。

    - Leader 节点崩溃后。
    - 因网络等问题导致 Leader 节点与集群中超过一半的节点断连后。
- Follower 节点：Leader 节点的副本，一般用作读操作。Follower 节点中有一种特殊的节点叫作观察者节点，观察者节点不参与投票和选举，观察者节点增加了 ZooKeeper 的动态扩展能力。因为观察者节点不会影响 ZooKeeper 集群，它只会听取和执行投票结果，如果收到客户端的写请求，那么它也会将写请求转发给 Leader 节点。除了观察者节点这种特殊的 Follower 节点，其余正常的 Follower 节点都会参与投票和选举。

Leader 节点和 Follower 节点在面对客户端的请求时表现是不一样的。下面就是一个客户端发起写请求和读请求，ZooKeeper 集群应对不同类型的请求的过程：

（1）ZooKeeper 客户端会随机连接 ZooKeeper 集群中的一个节点，当客户端向连接的 ZooKeeper 服务节点发起一个写请求，并且当前 ZooKeeper 服务节点是一个 Follower 节点而不是 Leader 节点时，该节点就会把写请求转发给 Leader 节点，提交事务，Leader 节点接收写请求后会广播该事务；如果是读请求，则直接从该 Follower 节点中读取数据。

（2）客户端事务请求到达 Leader 服务器后，Leader 节点将该事务转化为一个提议，并将提议分发给集群中所有 Follower 节点，然后等待 Follower 节点的反馈。

（3）Follower 服务节点如果正常，则会给予 Leader 节点正确的反馈。

（4）如果 Leader 服务器收到半数以上的 Follower 服务器的正确反馈，则 Leader 向集群中所有 Follower 服务器分发 Commit 消息，要求 Follower 服务器提交该事务。

以上是在各节点都正常的情况下处理请求的流程，从流程中可以看到，所有的写操作都由 Leader 节点控制，这种正常的执行流程也被称为消息广播模式。消息广播模式中提交事务使用的是原子广播协议，类似于 2PC（二阶段提交协议）。2PC 事务处理过程中有中断逻辑，只要有参与者没有正确反馈，就会中断这次事务提交。但是在 ZAB 协议中，如果没有半数以上 Follower 服务器进行 ACK 反馈，那么就丢弃该 Leader 服务器，直接进入 Leader 服务器进行选举。如果收到半数以上的 Follower 服务器反馈 ACK，则开始提交事务，不需要像 2PC 一样等待所有 Follower 服务器反馈。这种模式的触发条件是 Leader 服务节点被选举，数据同步完成后，此时会切换到消息广播模式。

整个 ZooKeeper 集群除了有消息广播模式，还有另一种模式叫作崩溃恢复模式，整个 ZooKeeper 集群会在这两种模式中不断切换。崩溃恢复模式用于解决 Leader 服务器单点问题，并且在集群恢复后解决数据不一致问题。它的触发条件是当 Leader 服务器出现异常后，ZooKeeper 进入崩溃恢复模式，选举新的 Leader 服务器。当 Leader 服务器出现异常后，ZAB 需要一种 Leader 选举算法来确保正确并且快速地选出 Leader 服务器，同时还要让其他机器能够快速感知选举产生的新 Leader 服务器。一个 Leader 服务节点需要获得过半节点的支持才能被选举为 Leader 节点。

在 ZAB 协议中规定如果一个事务在一台机器上处理成功，那么就算有机器出现崩溃，这个事务也会被认为在所有机器上都处理成功了，这种现象会导致两种数据不一致的情况：

- Leader 节点收到一个事务，广播给所有的 Follower 节点，并且已经获得超过半数的 ACK 反馈，那么 Leader 节点会提交该事务，并且进入第二阶段，也就是将 Commit 消息发送给所有的 Follower 节点，但是在发送 Commit 消息之前 Leader 节点崩溃了。也就是只在 Leader 服务器上提交了事务，但在 Follower 服务器上并没有提交，这种情况下会导致数据不一致。
- 为了解决上述情况，当进行 Leader 节点崩溃恢复操作时，ZAB 需要确保丢弃那些只在 Leader 服务器上被提交的事务，也就是上述描述的事务。在 Leader 节点崩溃恢复过程中，Leader 节点已经重新选举，但是上述崩溃 Leader 节点重新恢复后加入 ZooKeeper 集群，作为一个 Follower 节点，携带了先前该节点提交的事务，并且该事务只有它有，而别的节点都没有。出现该情况时需要丢弃该事务，如果不丢弃该事务，则会导致该 Follower 节点与其他节点的数据不一致。

根据上述两种不一致情况，ZAB 的 Leader 选举算法必须确保最新的事务已经被 Leader 提交，并且跳过已经被丢弃的事务。为了保证这两点，选举的 Leader 节点必须具有最新的事务，也就是拥有机器最高编号（ZXID）的事务。因为这样可以保证新 Leader 具有所有已经提交的提案，也就不需要进行丢弃事务的工作。所以在选举 Leader 节点时，除了需要获得半数以上节点的同意，还需要拥有 ZXID 编号最高的事务。

从上述的两种模式可以看出，ZooKeeper 也并不能保证线性一致性，它只能保证顺序一致性。而在 CAP 模型中，ZooKeeper 选择了分区容错性和一致性，牺牲了一定程度的可用性。比如在进行 Leader 选举时，整个 ZooKeeper 集群是不可用的。它并不像 Eureka 一样，每个节点都有写操作的能力。所以 ZooKeeper 在一定程度上牺牲了一部分的可用性。

9.6　注册中心实现方案之 Nacos

Nacos 是阿里巴巴开源的技术产品，用于动态服务发现、配置和服务管理。它起源于 2008 年阿里巴巴内部的五彩石项目，经过十年的沉淀和打磨，在 2018 年将其开源。Nacos 整体的设计都围绕服务，它支持许多类型的服务，比如 Dubbo 服务、gRPC 服务、Spring Cloud RESTFul 服务或 Kubernetes 服务等。Nacos 围绕服务主要提供了以下四个能力：

- 服务发现、注册能力及服务运行状况检查：Nacos 使服务能够非常容易地进行服务注册，并通过 DNS 或 HTTP 接口发现其他服务。Nacos 还提供服务的实时运行状况检查，以防止在进行服务发现时发现不正常的服务实例节点，导致服务消费端向不正常的服务实例发送请求。

- 动态配置管理：Nacos 服务可以使应用在任何环境中以集中、动态的方式管理所有服务的配置。Nacos 消除了在更新配置时重新部署应用程序和服务的需求，这使配置更改更加有效和敏捷。
- 动态 DNS 服务：Nacos 支持加权路由，使应用可以在生产环境中实施中间层负载平衡、灵活的路由策略、流控和简单的 DNS 解析服务。它可以轻松实现基于 DNS 的服务发现，并防止应用程序耦合到特定于供应商的服务发现 API。
- 服务和元数据管理：Nacos 提供了一个易于使用的服务仪表板，可帮助用户管理服务的元数据、服务的配置、服务运行状况和指标统计信息。

目前 Nacos 主要有两个核心的版本，一个是 1.x 版本，另一个是 2.x 版本，2.x 版本在 2021 年 3 月 20 日正式发布，在 1.x 版本的基础上，调整了架构设计，提供了新的长连接模型，在性能上和扩展性上做了许多优化。图 9-18 是 Nacos 2.x 全新的架构图。

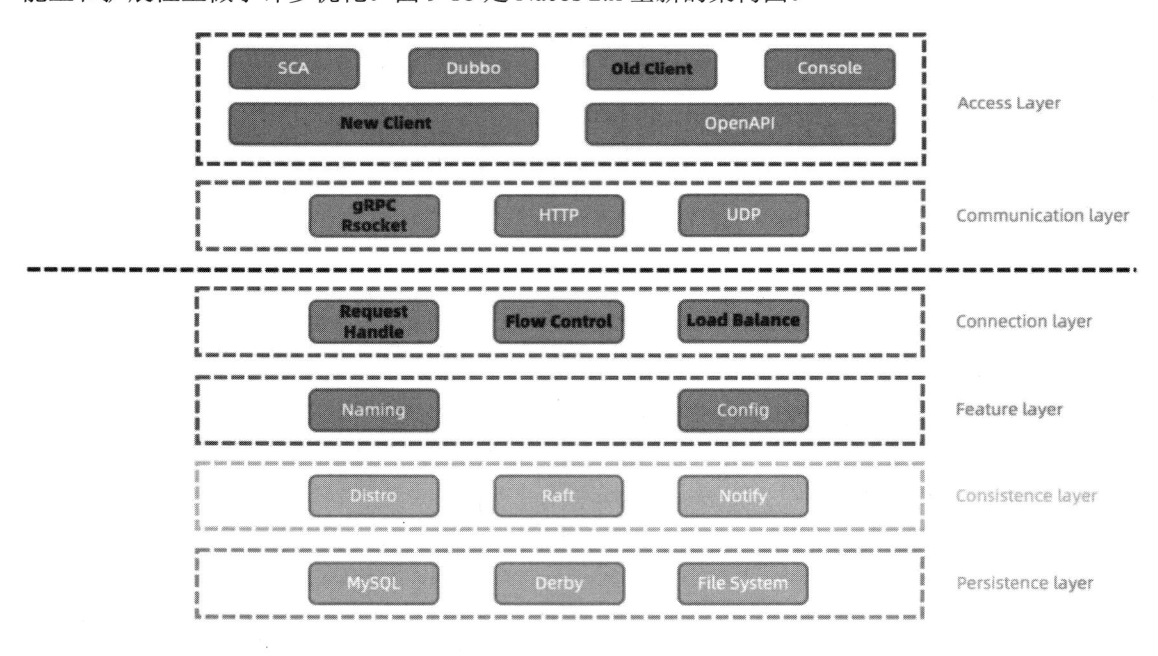

图 9-18

既然 Nacos 是围绕服务设计的，那么 Nacos 底层对应服务的数据存储模型也需要有非常高的灵活度，用于适配各类场景的需求。

在 Nacos 的架构设计中有一个名字服务（Naming Service），它提供了分布式系统中所有对象（Object）、实体（Entity）的“名字”到关联的元数据之间的映射管理服务，例如 ServiceName

→Endpoints Info、Distributed Lock Name→Lock Owner/Status Info、DNS Domain Name→IP List，服务发现和 DNS 就是名字服务的两大应用场景。它解决了 Namespace 到 Clusterid 的路由问题，解决了用户环境与 Nacos 物理环境的映射问题。

Nacos 的数据存储模型相对复杂，因为 Nacos 为服务的管理提供了很多特性，这些特性都被体现在该数据存储的建模上。下面我们先看一下图 9-19。

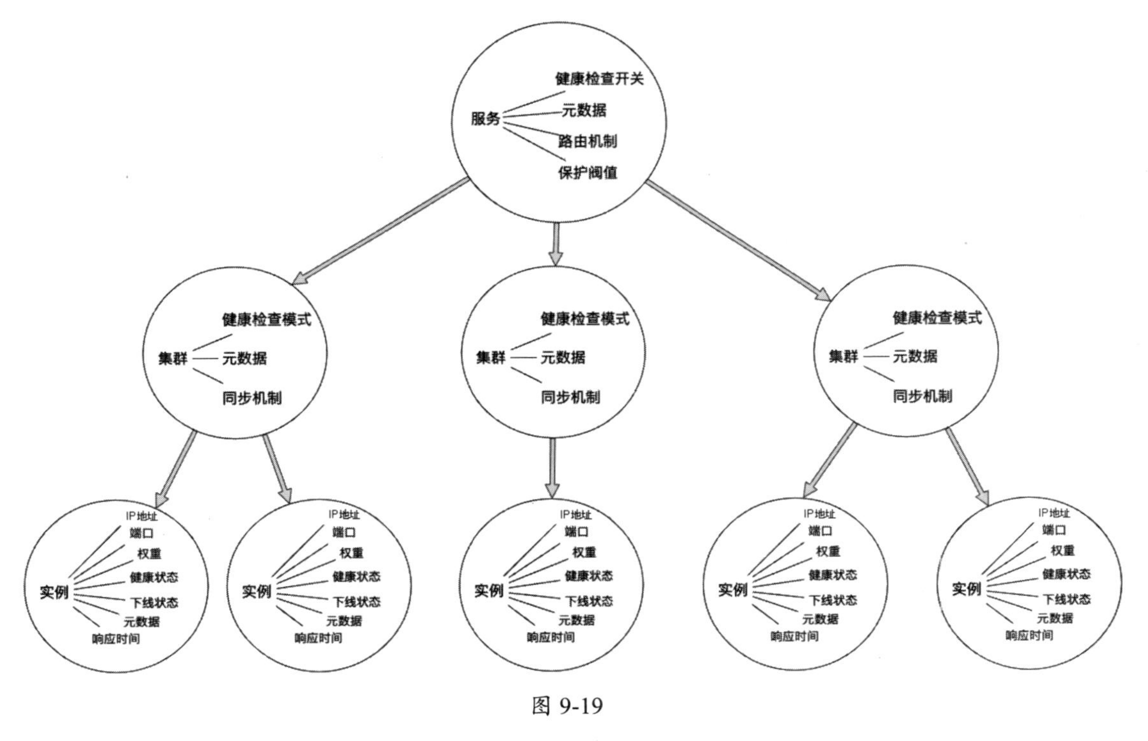

图 9-19

可以看到除了服务的全限定名、服务地址信息，Nacos 还增加了很多额外的数据属性。其中许多数据属性都是为了支撑 Nacos 对服务的管理，比如集群的监控检测模式、实例的权重等。从图 9-19 中可以看出，一个服务映射多个集群，而集群应该映射多个实例。在分布式系统中，一个服务有多个服务提供者，而这些服务提供者就是服务的实例节点，在服务和实例中间新增了集群的概念，让整个存储模型更符合业界服务部署环境的现状。除此之外，增加集群的概念带来了以下收益：

- 将不同类型的数据按集群划分，进行物理隔离，避免相互影响，减小了故障的影响面，极大地提升了稳定性。
- Nacos 的隔离性也从物理节点级别上升到了集群级别。
- 在进行水平扩/缩容的时候，也可以进行集群级别的伸缩。

- 在应用程序需要使用 Nacos 时，可以直接以集群为单位进行支撑。

上述提到的实例在 Nacos 中也有两种，分别是临时实例和持久化实例：

- 临时实例：使用客户端上报模式，需要自动摘除不健康实例，并且不需要持久化，而上层的业务服务，例如微服务或者 Dubbo 服务，服务的提供者可以与 Nacos 服务端保持心跳保活，一旦不再保活时，Nacos 服务端可以将该实例节点摘除。所以作为注册中心，微服务就可以作为临时实例进行注册。
- 持久化实例：在监控检查失败后持久化实例并不像临时实例一样会被摘除，它会被标记成不健康。除了不会被摘除，持久化实例和临时实例的另一个区别就是持久化实例是服务端主动探测是否健康，因为有一些客户端是不具备上报心跳等能力的，那么自然就不能自动摘除下线的实例。一些基础的组件如数据库、缓存等往往不能上报心跳，这种类型的服务在注册时，就需要作为持久化实例注册。

服务、集群及实例这三部分是从服务出发建立的数据存储模型。下面把视野放宽，从不同环境出发，建立更广泛的数据模型，也可以理解为对不同环境的相同服务做了数据隔离。Nacos 数据模型如图 9-20 所示。

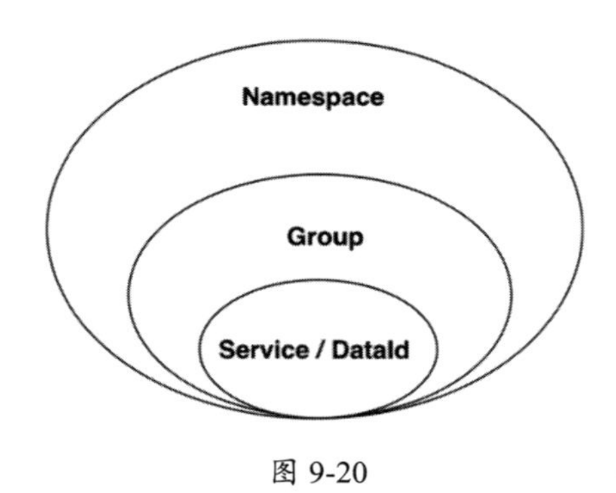

图 9-20

这个图要表达的意思很简单，在服务层外还定义了两个层级，分别是命名空间（Namespace）和分组（Group）。

- 命名空间：业务在开发的时候可以将开发环境和生产环境分开，或者不同的业务线存在多个生产环境。命名空间的常用场景之一就是不同环境的配置的隔离，例如，开发测试环境和生产环境的资源（如配置、服务）隔离等。
- 分组：对服务进行分组，可以满足对服务或者配置数据进行分类的需求。

以上就是 Nacos 内部的数据存储模型的内容，Nacos 作为分布式领域组件，Nacos 服务在部署时，也一定会考虑按照集群部署的方式，保证 Nacos 服务的高可用。那么 Nacos 服务是如何保证上面提到的服务元数据、配置元数据等内容在集群中各个节点的一致性呢？前面讲解 Eureka

和 ZooKeeper 时分别介绍了两种不同的策略，而 Nacos 则提供了这两种策略，以供用户选择——遵循 CAP 模型中的 AP 和 CP 这两种原则的策略。Nacos 中的 CP 原则的实现基于简化的 Raft，主要是一主多从策略，Raft 有三类角色 Leader（领袖）、Follower（群众）和 Candidate（候选人）。Raft 的选举过程和前面讲到的 ZAB 协议的选举过程是一样的，也需要获得半数以上的投票才能够成功选出 Leader。有一点小的区别是 ZAB 的 Follower 在投票给一个 Leader 之前必须和 Leader 的日志达成一致，而 Raft 的 Follower 则简单地说是谁的 term 高就投票给谁。Raft 协议也和 ZAB 协议一样强依赖 Leader 节点的可用性来确保集群数据的一致性。只有 Leader 节点才有权力领导写操作。它的写操作流程与前面讲到的 ZAB 协议流程一样，类似于二阶段提交的流程。在心跳检测中 Raft 协议的心跳是从 Leader 到 Follower，而 ZAB 协议则相反。Raft 和 ZAB 如此相似，归根结底是因为 Raft 和 ZAB 都是 Paxos 算法的简化和优化，并且把 Paxos 更加具象化，让人易于实现和理解。

Nacos 中的 AP 原则实现基于阿里巴巴自研协议 Distro。Distro 参考了阿里巴巴内部的 ConfigServer 和开源的 Eureka。该实现没有主从之分，当客户端请求的某个节点宕机后，不会有类似于选主的过程，客户端请求会自动切换到新的 Nacos 节点，当宕机的节点恢复后，又会重新回到集群管理内。所要做的就是同步一些新的服务注册信息给重启的 Nacos 节点，达到数据一致的效果。

在 Nacos 中如何切换 AP 原则和 CP 原则呢？主要切换的条件是注册的服务实例是不是临时实例。如果是临时实例，则选用的是 Nacos 中的 AP 原则。作为业务服务的注册中心来看，使用 Nacos 就是使用 AP 原则。如果是持久化实例，则选用的是 Nacos 中的 CP 原则。如此设计的原因将在后续章节中介绍。

9.7　注册中心在一致性和可用性之间的抉择

现在业界能够作为注册中心的技术方案和产品有很多，比如前面提到的 Eureka、ZooKeeper、Nacos，还有 etcd、Consul 等。这些产品所提供的服务在分布式的环境下都需要通过集群部署来增加它们的可用性。一旦服务节点从 1 个变成 N 个，就意味着集群内节点的数据可能出现不一致的情况。所以往往我们需要在可用性和一致性之间进行权衡，这也是前面提到的 CAP 模型。那么作为注册中心，到底是可用性更重要还是一致性更重要？下面举两个例子来解答这个问题。

图 9-21 是分布式系统出现网络分区（脑裂）的情况。

其中 Server A、B、C 代表了注册中心的三个服务节点，分别存储了某个服务的是三个实例信息。当出现网络分区现象时，注册中心服务 A 节点与 B、C 两个节点之间无法进行正常的网络通信，但此时注册中心服务 A 还是能够正常为服务消费者和服务提供者提供服务。基于这个现象，下面分别讨论两种选择出现的问题。

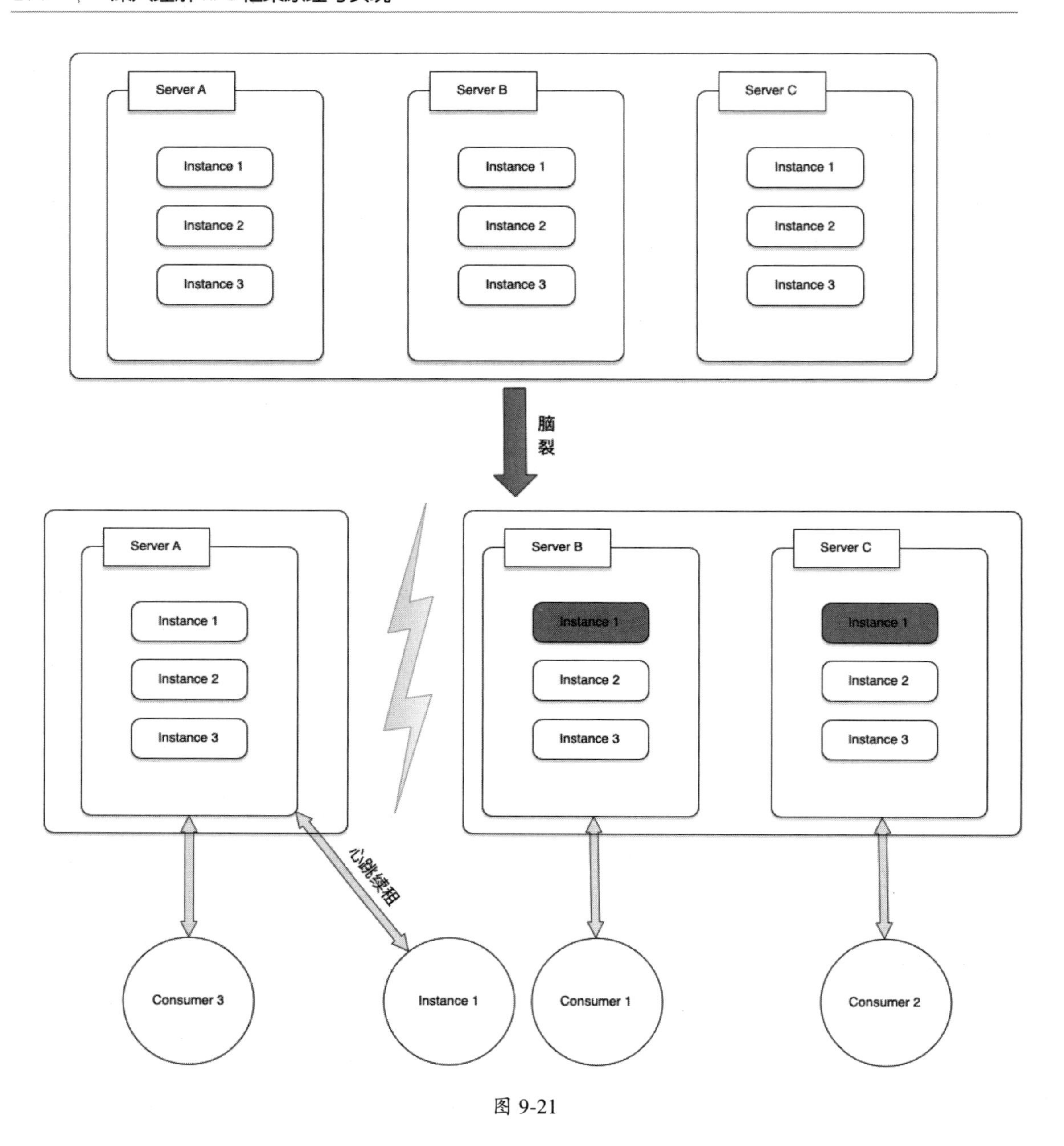

图 9-21

1. 遵循 CP 原则

如果注册中心更倾向于一致性，而放弃了一部分的可用性，那么整个系统会发生什么问题？因为 ZooKeeper 就采用了 CP 原则，所以以 ZooKeeper 为例，也就是 Server A、B、C 分别代表了 ZooKeeper 的服务。当出现上述情况时，如果 Server A 是 Leader，那么 Server B 和 Server C 将进行选主。在选主阶段它们将对外提供服务，此时如果有服务注册、服务发现或者发送心跳续约，则服务注册中心的可用性下降。如果 Server B 和 Server C 中的一个是 Leader 节点，那么 Server A 节点将无法进行选主，从而导致 Server A 节点一直不可用。但 Server A 本身是正常的，只是因为网络分区的原因无法与另外两个节点通信。无论是哪种情况，注册中心的可用性都会下降。如果出现这种注册中心服务不可用的情况，那么服务注册、服务发现等都会受到影响。如图 9-21 所示，服务提供者实例节点 1 与 Server A 之间进行心跳续约保活，一旦发生网络分区后，Server B 和 C 由于没有数据同步，将实例 1 从注册中心下线。而 Server A 由于无法选主，不能继续提供心跳续约。如果服务提供者实例节点 1 与 Server B 和 C 之间也存在网络问题，那么该节点就从注册中心下线了，但其实该服务提供者节点是正常的。在这种情况下，也能看得出 ZooKeeper 缺乏一些机房容灾的能力，面对大面积的机房网络故障时，无法保证注册中心服务的可用性，从而导致正常的服务提供者无法提供服务。

2. 遵循 AP 原则

如果注册中心遵循 AP 原则，则意味着在一定程度上放弃了一致性。图 9-21 中的服务提供者有三个实例节点，服务消费者也有三个实例节点。在发生网络分区之前，三个服务消费者实例都能从注册中心找到服务提供者的三个节点。以 Eureka 为例，出现网络分区之后，由于遵循的是 AP 原则，服务提供者的实例 1 还是能够注册到 Server A 中，但是由于网络分区 Server A 无法将实例 1 的信息同步给 Server B 和 Server C，所以它们会将服务提供者实例 1 从注册中心中摘除，Consumer3 还是能够从注册中心中发现三个服务提供者的节点，但 Consumer1 和 Consumer2 只能发现两个服务注册的节点。从服务消费者的角度来看，注册中心集群内的信息不一致，这样会导致系统整体的流量分配发生倾斜，一定程度上影响负载均衡的效果。但是这并不影响服务正常的调用，除非注册中心服务节点本身崩溃了。

从这两个例子可以看出，目前保证一致性无非是两种方案，一种是基于主从架构，只允许 Leader 节点进行写操作，节点之间非对等部署的方案，这种方案更加倾向于一致性，也就是遵循 CP 原则。另一种就是多节点都拥有写操作权限，节点之间对等部署的方案，这种方案更倾向于可用性，也就是遵循 AP 原则。对于注册中心而言，服务提供者本身只有当实例真实存在不正常情况时，才可以算无法提供服务。而在注册中心服务节点正常的情况下，因为注册中心导致无法提供服务，这种并不是注册中心最优的选择，比如无法正常选主等情况。这也是为什么 Nacos 的临时实例遵循了 AP 原则的原因。

第10章 配置中心

在RPC框架中有许多配置需要管理，当RPC框架集成服务治理的能力后，服务治理所需的配置就会变得更加丰富，此时需要配置中心来管理这些配置，并且支持动态变更配置等能力，所以配置中心是服务治理中非常重要的组件。本章将介绍配置领域中的基本概念，并且介绍配置中心带来的收益，以及引入配置中心的风险和成本。除此之外，还会介绍两个配置中心的实现方案——Apollo和Nacos。

10.1 配置中心简介

配置也可以称为配置项，配置项由两部分组成，分别是配置项名称和配置项数值。配置的出现主要是因为软件工程具有易变性，软件系统所应用的环境由各种易变的因素组成，这些易变的因素会影响系统本身的行为。比如在秒杀活动之类的流量洪峰场景下，需要扩容并且打开限流的开关或者调整限流的阈值，当达到限流阈值时，系统行为将从正常处理此次请求变为阻断此次请求。其中开关和阈值只是数据，如果它们写在源代码里，那么为了更改这些数据达到修改系统行为的目的，只能通过修改源代码并且重新编译才能让新的数据生效。这种硬编码的方式完全不能应对各种场景不断变化的需求，所以需要通过外部化配置来提供程序在运行时能够动态调整行为的能力。外部化配置也就是通过程序以外的配置源动态地绑定指定数据，程序运行时所需的数值将从外部的配置源读取。

如果不使用外部化配置，那么会有哪些痛点无法解决呢？第一就是上面提到的不能动态调整程序运行时的行为。第二就是配置的分环境问题无法解决。在系统的开发阶段会存在不同的环境，比如测试环境、开发自测环境、线上环境等，每个环境的配置内容经常会不统一，如果没有外部化配置，就会导致在不同环境下部署系统时，都需要修改代码以达到修改配置的目的，这样做既烦琐，又影响系统的稳定性。

外部化的配置可以分为两大类，分别是静态配置和动态配置，动态配置也可以称为运行时配置。动态配置泛指那些代表程序运行时状态和行为的配置，在运行时阶段，通过更改动态配置即可达到更改程序运行时状态和行为的目的。举个简单的例子，一个服务化监控的开关配置，当服务处于正常的运行阶段时，变更服务化监控的开关配置的配置值，就可以实现打开和关闭服务化监控的效果。静态配置与动态配置不同，它主要在程序启动时生效，并且仅加载一次，也就是只会读取一次该配置内容。静态配置主要适用的场景就是分环境配置。比如数据库连接的地址、账号、密码等，这些配置不存在动态更改的需求，一般仅会在程序启动阶段初始化数据库连接时读取一次，后续只要进程不重启就不会再读取该配置。动态配置和静态配置的适用场景并不一样，所以它们适用的配置方式也有所区别。

在传统的单体架构时代，配置的管理可以通过外部文件或者环境变量实现，配置文件管理配置和环境变量管理配置都是外部化配置的方案。首先介绍配置文件管理配置。配置文件中包含许多配置项，而且配置文件有很多种格式，不同的语言有不同的配置文件格式，像 Python 支持的配置文件是.ini 文件，官方的 Python 库中就提供了 configparser（Python3 提供）这样的工具库用来解析.ini 文件。在 Java 中，配置文件常为.properties 文件。与 Python 相同，Java 也在官方发布的 JDK 中提供了工具类库 java.util.Properties 来实现对.properties 文件的解析。下面就是一个.properties 文件的例子：

```
#应用名称
spring.application.name=shop
```

上面就是一个典型的应用名称配置，在.properties 文件中可以使用井号（#）或叹号（!）作为一行中第一个非空白字符来表示它后面的所有文本都是注释信息。spring.application.name=shop 则是一个配置项，其中配置项名称为 spring.application.name，配置项数值为 shop。

除了这些以“键值对”为格式的配置文件，还有一种非常适用于配置描述的语言，叫作 YAML 语言。YAML 语言编写的文件一般以.yaml 或者.yml 结尾。YAML 语言支持字符串、布尔值、整数、浮点数等常量，还支持对象、数组等，下面就是一个 YAML 示例：

```
languages:
 - Java
 - Python
websites:
 YAML: yaml.org
 Java: xxx
 Python: python.org
 boolean:
    - TRUE
    - FALSE
```

目前 YAML 语言被运用在许多领域，比如 Kubernetes、Travis CI、Circle CI 等，也有越来越多的语言支持解析.yml 文件的工具库。在配置领域中，YAML 也被广泛运用于描述配置项场景。

除了配置文件管理配置，环境变量管理配置也使用得较为广泛，特别是在容器时代，环境变量的使用频率越来越高。环境变量所管理的配置更多偏向于通用配置，并且和环境息息相关的配置项。如果是容器部署，则可以通过管理基础镜像直接配置这些通用的环境变量。

配置文件的格式多种多样，通常配置文件中的配置加载都会发生在应用启动时。使用配置文件管理配置固然可以满足单体架构时代应用对配置的需求，但是在分布式架构时代，微服务的架构风格也随之兴起，一个复杂的单体应用被拆分成多个能够独立部署的微型服务，在配置领域中，配置的需求也发生了巨大的变化。

变化一就是配置将随着应用的拆分而被拆分。单体应用的配置只会存在一份，但是当单体应用被拆分成微服务后，因为要保证这些微服务能够独立部署，所以每个微服务都应该有自己独立的配置。如果还是按照配置文件的方式管理配置，那么在一个应用下需要存在多个配置文件，随着服务增多，配置文件也需要随之增加，最后在应用工程中就会看到几十个配置文件，这样做非常不优雅，也难以管理。如果所有服务的配置都写在同一个配置文件中，就不符合拆分成微服务的预期。

变化二就是在分布式架构时代，服务不再是单体部署的，大多以集群的形式进行部署，一个服务被部署在多台服务器上。此时如果需要对其中某一台服务器上的服务进行灰度发布，那么其中的配置项也会改变，这时为了实现灰度发布，只能单独修改被灰度发布服务器上的配置文件。

变化一和变化二其实都阐述了同一个问题，那就是配置的粒度问题。在单体架构时代，只需要有应用维度的配置即可。但是在分布式架构时代，随着服务增多，服务部署的节点增多，如果修改一个应用维度的配置，则需要修改该应用下每个服务的配置或者该应用下每台服务器的配置，这是非常麻烦且易出错的一件事情。如果为了修改一个服务器维度的配置，却需要修改整个应用的配置文件，这有点“杀鸡用牛刀”的感觉。所以除了应用维度，配置还需要有服务维度、服务器维度的划分。除了在配置粒度上的细化，配置也需要支持版本管理，方便历史版本的回溯及上一个版本的回滚。配置支持版本管理的原因之一是配置发布版本和应用发布版本对齐，因为在分布式架构时代，服务的上下线非常频繁，经常会出现一些回滚情况，当服务版本回滚时，配置也应该随之回滚，才能保证回滚的服务正常。

配置粒度细分、支持版本管理等都是配置在管理上的需求。配置本身最大的问题还是需要支持动态变更和实时性。前面提到的配置文件和环境变量这两种配置管理方式都比较适用于静态配置，因为无论在应用启动时加载配置一次，还是在运行时加载配置一次，静态配置都不会变更。但是动态配置就不一样，如果动态配置使用配置文件的形式进行配置管理，就需要进程不断地拉取配置文件的最新的值，这种做法非常不优雅，而且损耗系统资源，同时还存在配置同步不及时等问题。

加载配置有两种模式，分别是 Push（推）模式和 Pull（拉）模式，Push 模式是服务端主动向客户端发送配置内容，比如当配置变更时，服务端向客户端发送变更的配置内容。Pull 模式是客户端主动从服务端拉取配置内容，触发时机由客户端掌控。两种模式各有优缺点。前面提到的配置文件和环境变量的配置方式，都是 Pull 模式，因为都是进程主动从配置文件或者环境变量中拉取相关的配置。除了配置文件和环境变量这两种配置管理方式，还有一种就是通过配置中心来管理配置。配置中心一般由 Client SDK、可以提供配置动态化能力和配置存储能力的服务及操作配置的控制台这三部分组成。配置中心一般包含服务端存储配置，并且提供对应的 SDK 支持应用接入配置中心，通过 SDK 完成与配置中心服务端的交互。配置中心一般都会提供加载配置的 Push 模式和 Pull 模式，Pull 模式就是通过 SDK 实现客户端主动向服务端获取配置，而 Push 模式则是通过配置中心的服务端主动向客户端推送配置的变更等。配置中心相较于配置文件和环境变量有以下几个关键的优势：

- 避免敏感信息在源代码和配置文件中暴露，提升了安全性。

- 可以实现不重启应用就动态刷新配置。
- 可以在应用间共享配置，配置文件只能在应用内共享配置。
- 配置集中化管理，易于全局管理所有配置。
- 对配置可以进行权限管理。

虽然接入配置中心能带来许多收益，但是配置文件绝对胜于配置中心的优势就是高可用和高可靠。除非文件系统的文件损坏，否则配置文件永远能够被应用进程读取。反观配置中心，分布式架构中引入配置中心组件，在增加了系统复杂度的同时，还降低了系统的稳定性。因为有外部化配置需求的服务会强依赖配置中心，一旦配置中心宕机，就会影响业务服务的正常使用。要解决这类配置中心的高可用和高可靠问题，可以从以下两个方面保证配置中心的高可用和高可靠：

（1）配置中心集群化。单节点部署的配置中心在分布式系统中是非常危险的，必须对配置中心做横向扩展，保证配置中心不会出现单点故障，增加配置中心服务端的高可用。

（2）完善配置中心服务健康自检和监控告警机制。这是为了能够更早地发现配置中心服务异常，增加有效的抢修时间，降低影响业务服务的范围。

除了保证配置中心服务端的高可用，下面两个方面也能提升客户端的容灾能力：

（1）客户端在本地内存和本地文件系统中缓存配置内容。客户端实现一般都在业务服务中，将配置内容缓存一份到本地内存中，业务服务从本地内存中获取配置信息可以保证远端的注册中心不可用时依旧能够正常获取配置信息。将配置内容缓存一份到本地文件系统中，主要是为了容灾，假设应用程序重启的时候，恰好注册中心服务不可用或者有网络故障，那么应用服务依然能从本地文件中恢复配置，保证业务服务的正常启动和使用。

（2）在编写业务服务代码、设计配置项时需要考虑默认值配置。因为新版本系统上线时有可能出现配置中心的路由信息配置错误、配置中心刚好不可用及网络故障等情况，导致系统启动时就没有获取配置，直接导致业务系统崩溃，所以在设计配置项时必须给定默认值。

除了需要考虑配置中心的高可用、高可靠等问题，还需要考虑服务间的数据一致性问题，当然数据一致性问题的解决方案会随着配置中心的实现方案的不同而不同，具体的内容在后面列举真实的方案时介绍。

虽然配置中心有诸多优势，但是配置文件、环境变量和配置中心这三种配置管理的方式，在选择时需要根据配置的含义做出决定，并不是所有配置都配置在配置中心就是最优解，因为一些静态配置配置在配置中心会导致应用进程无端地依赖一个服务组件，增加了复杂性。而一些动态配置对实时性的要求比较高，需要即改即生效，比如一些熔断的阈值配置等，一旦更改后，需要马上生效，在这种场景下配置中心的配置变更通知就变得不可或缺。

由此可见，在分布式架构时代，需要根据不同的需求寻找最适合的配置管理方案，目前大多数公司的系统在配置管理上并没有完全放弃配置文件，大多数采用配置中心+配置文件+环境变量的配置管理方案。既然有多种配置方式共存的场景，那么配置就迎来了新的问题，那就是配置加载的优先级问题。比如一个配置项，既可以通过环境变量配置，也可以通过配置文件配置，还可以通过配置中心配置，当这三种配置方式共存时，应该优先采用哪种配置方式的配置值呢？首先是系统的环境变量配置优先级应该最高，其次就是配置中心的配置值，最后才采用本地配置文件内的配置值。

在 RPC 框架中配置中心的意义

作为一个 RPC 框架，一定有一些配置项来支持 RPC 框架的自定义配置。这些配置项是为使用该 RPC 框架的开发者提供的，开发者能够更改这些配置项的配置值实现自定义配置。比如应用名称、应用的使用者等，这些都可以通过外部化配置进行设置。而在 RPC 框架中，如果所有外部化配置都可以归类为静态配置，那么配置中心在 RPC 框架中仅仅是作为一个集中式的配置管理。但是并不是所有 RPC 框架内的配置都是静态配置，许多 RPC 框架中的配置都需要有动态变更的能力，这是由它们自身的语义决定的。比如 Consumer 端在进行负载均衡时，所需要的权重值就需要动态修改，因为当机器之间的性能有所偏差时，我们需要及时调整权重，保证服务不会因为机器性能低而被平均的流量击垮。再比如 Consumer 端的超时时间，当下游应用发布后，服务处理的时间变长，Consumer 端需要增大远程调用的超时时间，此时如果需要修改配置，再重启 Consumer 端所有实例，就会增加运维成本和风险。如果使用配置中心管理超时时间，那么直接修改超时时间，Consumer 端就能生效该变更的配置，即可省去许多的时间和精力。所以配置中心在 RPC 框架中也有着非常重要的作用。如果 RPC 框架没有集成配置中心，那么 RPC 框架只能让所有配置都在启动时才生效，这样做就导致一些本应该被定义为动态配置的配置项强行被定义为静态配置，失去了配置的灵活性。

10.2 配置中心实现方案之 Apollo

Apollo（阿波罗）是携程框架部门研发的分布式配置中心，能够集中化管理应用在不同环境、不同集群中的配置，配置修改后能够实时推送到应用端，并且具备规范的权限、流程治理等特性，适用于微服务配置管理场景。Apollo 由于在分布式配置领域支持的特性和能力非常实用，所以它被许多公司作为配置中心的实现方案，目前登记使用 Apollo 的公司就有三百多家，实际使用 Apollo 的公司也远超于这个统计数据。Apollo 是一个优秀的配置中心实现方案，它提供的特性满足了许多配置领域的需求。下面是 Apollo 几个重要的特性：

- 统一管理不同环境、不同集群的配置：Apollo 对配置的粒度做了细分，提供了不同集群、不同环境和不同命名空间下的配置管理，并且提供了一个统一界面的集中式管理不同环境（Environment）、不同集群（Cluster）、不同命名空间（Namespace）的配置。

它保证了 Apollo 在管理配置时可以根据需求修改不同粒度的配置内容，从而实现同一份代码部署在不同的环境下有不同的配置，比如部署在不同的集群中，可以有不同的配置等。

- 配置的控制界面支持多语言，比如中文或者英文等。
- 配置修改实时生效（热发布）：用户在 Apollo 中修改配置并发布后，客户端能实时（1秒）收到最新的配置，并通知应用程序。
- 版本发布管理：所有的配置发布都有版本概念，从而可以方便地支持配置的回滚。
- 灰度发布：支持配置的灰度发布，比如配置版本发布后，只对部分应用实例生效，等观察一段时间没问题后再推给所有应用实例。
- 权限管理、发布审核、操作审计：配置的发布会影响线上应用的行为，尤其是动态生效的配置，所以对配置的操作提供权限的管理，在发布阶段提供审核机制，以及对配置的每一项操作提供审计记录，是保证配置管理更加安全和可靠的重要的手段。Apollo 支持以上这些能力，在 Apollo 中，应用和配置的管理都有完善的权限管理机制，对配置的管理还分为编辑和发布两个环节，减少了人为的错误，并且在 Apollo 界面中，所有的配置变更操作都有审计日志，可以方便地追踪问题。
- 提供对客户端配置信息监控：可以方便地看到配置在被哪些客户端实例使用。
- 提供多语言客户端：Apollo 官方提供了 Java 和.NET 的原生客户端 SDK，方便使用 Java 和.NET 开发的应用集成 Apollo。在 Java 的 SDK 中，Apollo 还支持 Spring Placeholder、Annotation 和 Spring Boot 的 ConfigurationProperties，方便应用使用（需要 Spring 3.1.1+）。除了提供这两种语言的客户端，还有一些非官方的开源库，支持 Golang、Python、Node.js 等语言。除了这些客户端 SDK，Apollo 还同时提供了 HTTP 接口，非 Java 和.NET 应用也可以通过 HTTP 接口方便地集成 Apollo。
- 提供开放平台 API：Apollo 自身提供了比较完善的统一配置管理界面，支持多环境、多数据中心配置管理、权限、流程治理等特性，除此之外，Apollo 还开放了对应的 API，以满足需要通过 API 方式操作配置的需求。
- 支持多种配置数据格式：Apollo 支持 XML、JSON、ymal、properties 等数据格式。
- 部署简单：配置中心作为基础服务，对可用性的要求非常高，这就要求 Apollo 对外部依赖尽可能少，所以目前 Apollo 唯一的外部依赖是 MySQL，部署非常简单，只要安装 Java 和 MySQL 就可以让 Apollo 运行起来。除此之外，Apollo 还提供了打包脚本，一键就可以生成所有需要的安装包，并且支持自定义运行时参数。

以上是 Apollo 主要的特性。下面针对配置领域中较为核心的需求来介绍 Apollo 是如何设计并且满足这些需求的。Apollo 的设计可以从服务端和客户端两方面来介绍。

10.2.1　服务端的设计

Apollo 的服务端可以分为两部分展开介绍，分别是服务于 Apollo 客户端，用于读取配置和推送配置的 Config Service，以及服务于管理配置界面，用于提供修改、回滚、发布配置等功能的 Admin Service。首先看一下官方文档给出的服务端架构图，如图 10-1 所示。

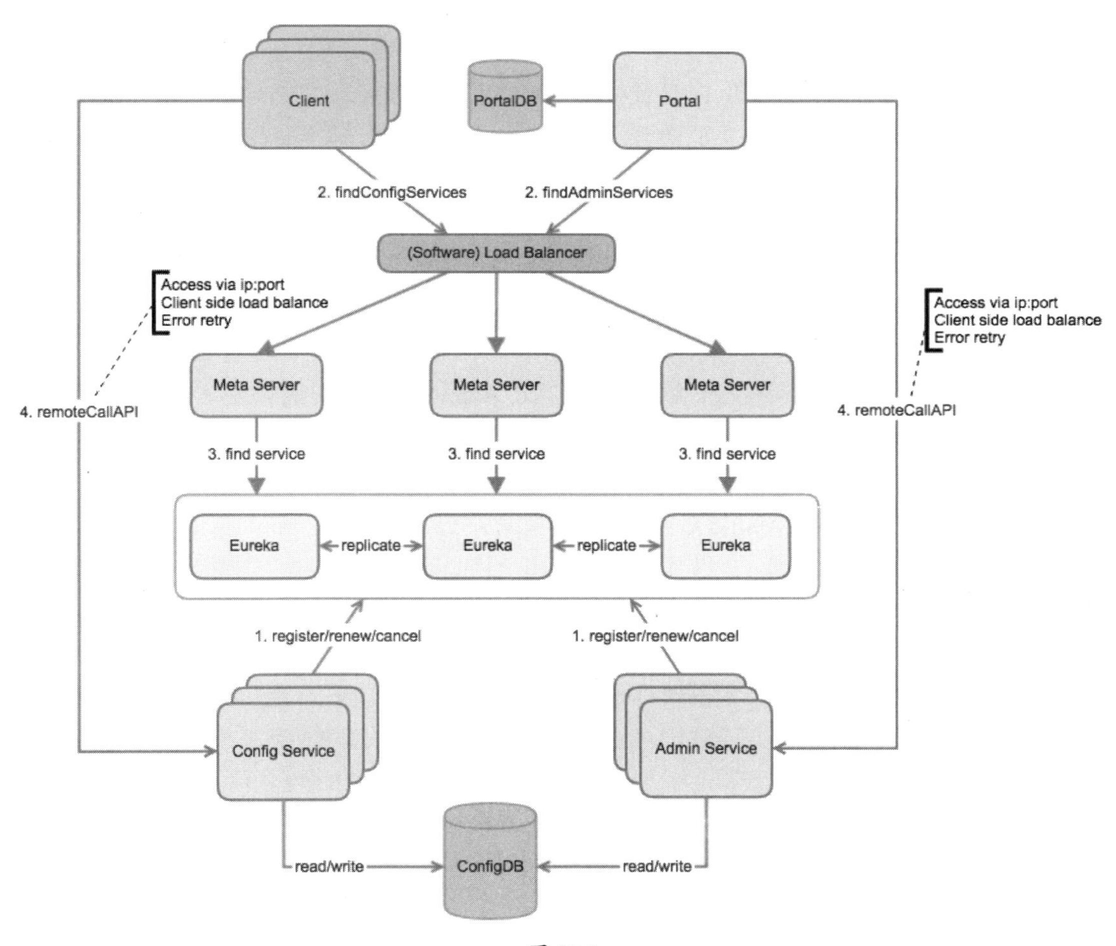

图 10-1

在整个架构图中，去除代理、注册中心等组件，将架构图简化，就能清楚地看到外围的四个模块加上 DB 组件是 Apollo 最核心的部分，它们提供了 Apollo 所有功能：

- Config Service：前面提到配置中心与配置文件最重要的区别就是配置中心支持不重启服务就可以让新修改的配置生效，Config Service 就提供了这样的能力。在 Config Service

中实现了 Pull 模式和 Push 模式，用于满足不同场景下对配置的获取的需求，它主要与 Apollo Client 交互。

- Admin Service：配置管理平台的服务端，用于提供 Apollo 中配置的管理。Admin Service 是 Apollo 功能的集合体，它提供了分环境、分集群、分版本的配置管理，为 Portal 提供这些功能的接口。
- Client：这就是需要集成 Apollo 的应用程序，该应用程序使用 Apollo Client SDK 集成 Apollo，称为 Apollo 的 Client 端。它可以通过域名访问 Meta Server 以获取 Config Service 服务的列表，也就是获取 IP 地址+Port 的信息，而后直接通过 IP 地址+Port 访问服务，同时在 Client 端会实现负载均衡、错误重试等。
- Portal：配置的管理平台。它与 Client 类似，也是通过域名访问 Meta Server 以获取 IP 地址+Port 信息，不同的是它获取的是 Admin Service 服务列表，而后直接通过 IP 地址+Port 访问服务，同时在 Portal 侧也会实现负载均衡和错误重试。

其中 Config Service 和 Admin Service 都有读/写 ConfigDB 的能力，但是一般情况下都会通过 Admin Service 进行写、通过 Config Service 进行读。因为 Admin Service 本身是为 Portal 提供能力的，开发者只需要在 Portal 上修改配置或者通过 Admin Service 提供的接口对配置进行修改即可。而 Config Service 如果有写 ConfigDB 的需求，也就是 Client 有直接修改配置的需求，一般只有一种情况，就是在应用中需要实现一些自适应的配置。

从整体的架构图了解了 Apollo 后，下面从一些细节设计上来了解 Apollo。由于 Apollo 需要满足不同维度的配置管理需求，所以 Apollo 做了四个核心的概念抽象，分别是 Environment（环境）、Application（应用）、Cluster（集群）和 Namespace（命名空间）。

- Environment：定义 Environment 是为了满足配置的分环境需求。Apollo 目前默认支持以下四个环境：用于开发自测的 Dev 环境（开发环境）、用于自测人员功能测试的 FAT 环境（测试环境）、用于测试人员进行回归测试的 UAT 环境（集成环境）、用于上线应用的 PRO 环境（生产环境）。Apollo 也支持添加自定义的环境名称。但是环境并不像 Cluster 和 Namespace 一样可以在 Portal 上直接操作，而是需要修改源代码和脚本后重新打包发布。
- Application：Application 就是对平常所说的应用抽象。应用维度是配置中的最高维度。
- Cluster：Cluster 代表的是某个环境下的集群抽象。Apollo 支持集群维度的配置管理。集群维度也可以理解为机器粒度。因为不同集群的本质区别就是所分管的机器集合不同。
- Namespace：以上的 Application、Environment 和 Cluster 都是在分布式系统中常见的定义，Namespace 则是 Apollo 对于配置项集合的抽象。在一个 Namespace 下有多个配置项，在同一个集群中，可以通过不同的 Namespace 来区分不同类型的配置项集合。默认的 Namespace 名为“application”，配置文件的格式多种多样，比如前面介绍的 properties、yml 等，Apollo 的 Namespace 就类似于配置文件，所以 Namespace 中的配置项也有格式之分。Namespace 默认是 properties 类型的，在创建新的 Namespace 时也支持 yml、XML、JSON、yaml、txt 等类型的数据。通过命名空间可以很方便地支持多个不同应用共享同一份配置，同时还允许应用对共享的配置进行覆盖。Namespace 可以分为三种类型，分别是私有类型、公共类型和关联类型。

- 私有类型：私有类型的 Namespace 下所有的配置只有该 Namespace 所在的应用能够获取。私有类型的 Namespace 的获取权限是私有的，其他应用无法获取该 Namespace 的配置。
- 公共类型：公共类型的 Namespace 可以被任何应用获取。公共类型的 Namespace 相当于游离于应用之外的配置。比如一些中间件客户端的配置就可以定义成公共类型。
- 关联类型：关联类型又可称为继承类型，关联类型的 Namespace 下的配置是私有的，但是关联类型的 Namespace 继承于公共类型的 Namespace，用于覆盖公共 Namespace 的某些配置。例如，应用 A 有一个公共的 Namespace，其中有一个配置项是超时时间 timeout=1000，应用 B 需要使用该公共的 Namespace 下的所有配置，那么仅需要修改其中的 timeout，就可以使用关联类型从应用 A 中继承该 Namespace，继承后在应用 B 内出现的 Namespace 就是关联类型。

Apollo 内的核心概念抽象设计支持了 Apollo 的许多特性。除此之外，Apollo 还是一个分布式的配置中心，前面提到，当应用依赖配置中心管理配置时，配置中心的可用性变得非常重要，那么 Apollo 是如何保证配置中心的高可用的呢？首先 Config Service 和 Admin Service 都支持集群部署，不存在单点问题。其次，从上述的架构图可以看到，Apollo 的配置数据都被持久化存储在 MySQL 中，所以 Config Service 和 Admin Service 其实都是无状态的服务。对于无状态的服务，可以进行横向扩容，增加服务节点，提升集群提供服务的能力。如果其中一个 Config Service 节点宕机，那么客户端只需要重新连接其他的 Config Service 节点即可恢复配置的获取能力。而且因为是无状态的服务，配置数据都被存储在数据库中，所以在切换服务节点时不存在数据一致性的问题。

10.2.2　客户端的设计

客户端的结构如图 10-2 所示。

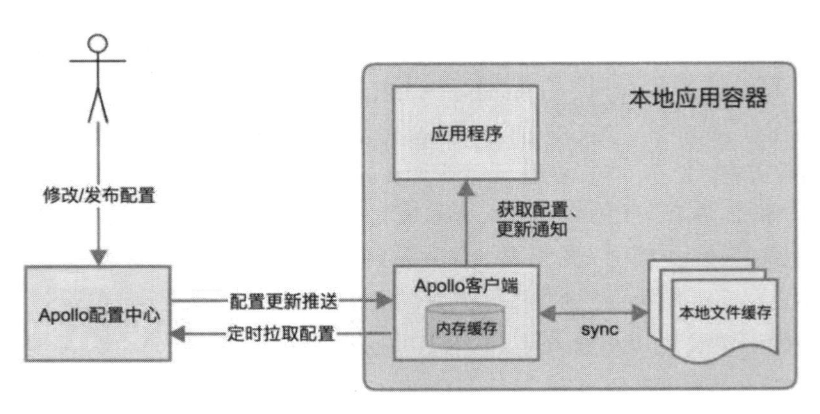

图 10-2

从图 10-2 中可以看到，用户通过配置管理平台更改配置后，Apollo 的配置中心服务 Config Service 会将最新的配置更新推送给 Apollo 客户端，Apollo 客户端可以将最新的配置推送给应用程序。除此之外，Apollo 客户端还会定时从 Apollo 配置中心服务中拉取最新的配置，一旦发现该服务节点下线，就会通过负载均衡重新选择新的节点来拉取最新的配置内容，并更新本地的内存缓存。应用程序则是从 Apollo 客户端的内存缓存中获取对应的配置信息。每当 Apollo 客户端获取新的配置时，都会在本地通过配置文件的形式缓存一份配置，这种方式从客户端的角度保障了 Apollo 的高可用。内存缓存和本地文件缓存解决的是不一样的可用性场景问题。前面提到的高可用保障都是从服务端的角度设计的，如果服务端所有节点都下线或者出现网络等问题导致 Apollo 客户端无法连接任何一个 Apollo 的服务端，那么此时应用程序还是能够从 Apollo 客户端的内存缓存中获取配置信息，只是无法获取最新的配置而已。如果 Apollo 客户端无法连接 Apollo 服务端，并且应用程序重启，导致内存缓存被清理，丢失了配置信息，那么此时本地文件的缓存就会发挥作用。当应用程序重启后，如果 Apollo 客户端无法连接 Apollo 服务端，则会从本地文件的缓存中把配置加载到内存中，这样就能够防止出现因为 Apollo 的不可用而导致应用程序无法启动等问题。

10.3 配置中心实现方案之 Nacos

在注册中心的章节中已经详细介绍了 Nacos 作为注册中心方案的内容，而 Nacos 并不仅仅能作为注册中心，它也可以作为一个配置中心。Nacos 的一个重要特性就是支持动态配置管理。Nacos 在配置管理领域主要支持以下几个特性：

- 配置变更：Nacos 作为一个配置中心，实现对配置的增删改查操作是最基本的特性。应用程序可以通过 Nacos Client 的 SDK 操作配置。
- 版本管理：每一次配置变更并且正式发布后都会产生一个配置版本号，Nacos 通过这个版本号实现配置的回滚等操作。一旦新发布的配置版本有问题，就可以通过版本号方便地将配置回滚到正常可用的版本。

- 灰度管理：配置灰度管理是指某一个配置版本可以选择个别机器生效，在 Nacos 中目前只支持机器粒度的灰度管理。用户可以通过调整灰度的机器来满足功能测试、参数调试、问题排查等需求，确定配置没有问题后，即可进行全量发布，将配置应用到所有机器，如果配置存在问题，则可以直接取消灰度发布，不影响任何一个机器实例。
- 监听管理：Nacos 客户端会订阅服务端的配置，并且监听服务端的配置变化，当服务端的配置发生变更时，Nacos 服务端会将配置变更推送给订阅的客户端。在服务端中就记录了订阅对应配置的客户端信息，比如客户端的 IP 地址等，用于提供查询该配置被哪些客户端订阅和监听。
- 推送轨迹：当配置变更完成并且发布后，如果订阅该变更配置的某一个 Nacos 客户端没有生效，则可以通过推送轨迹查看变更后的配置是否正常推送到该客户端，推送轨迹可以用于二次确认配置是否生效，以及协助排查配置没有生效的原因。
- 客户端支持多语言：Nacos 的客户端目前有 Java、Golang、Python、Node.js 等。

除了支持以上的一些重要特性，Nacos 还提供了许多非常实用的功能，解决了应用在配置领域的许多问题，比如配置操作的权限控制等，这些都是在做配置管理时会遇到的实际问题。更多的功能介绍可以浏览 Nacos 的官网，下面着重介绍的是 Nacos 在配置管理方面所做的设计，这些设计也关乎 Nacos 的功能特性。图 10-3 是 Nacos 官网提供的配置领域模型。

从图 10-3 中可以看到与 Config 关联的是 History 和 Tag，代表一个配置实体除了包含配置相关的内容信息，还包含配置变更的历史信息及标签信息。标签起到对配置启动管理和分类的作用，标签内有四个数据，分别如下：

- nid：配置项历史版本的 ID，通过该 ID 关联 tag 与历史信息。
- id：配置项当前版本的 ID，通过该 ID 关联标签与配置项内容。
- tagName：标签名称。
- tagType：标签类型。

历史信息有利于管理配置时追溯配置变更的操作时间、操作人员等。历史信息包含六个数据：

- nid：配置项历史版本的 ID。
- id：配置项当前版本的 ID，通过该 ID 关联历史信息与配置项内容。
- content：配置变更历史的描述信息。
- modifyTime：配置变更时间。
- modifyIp：配置变更的 IP 地址。

- modifyUser：配置变更操作的人员。

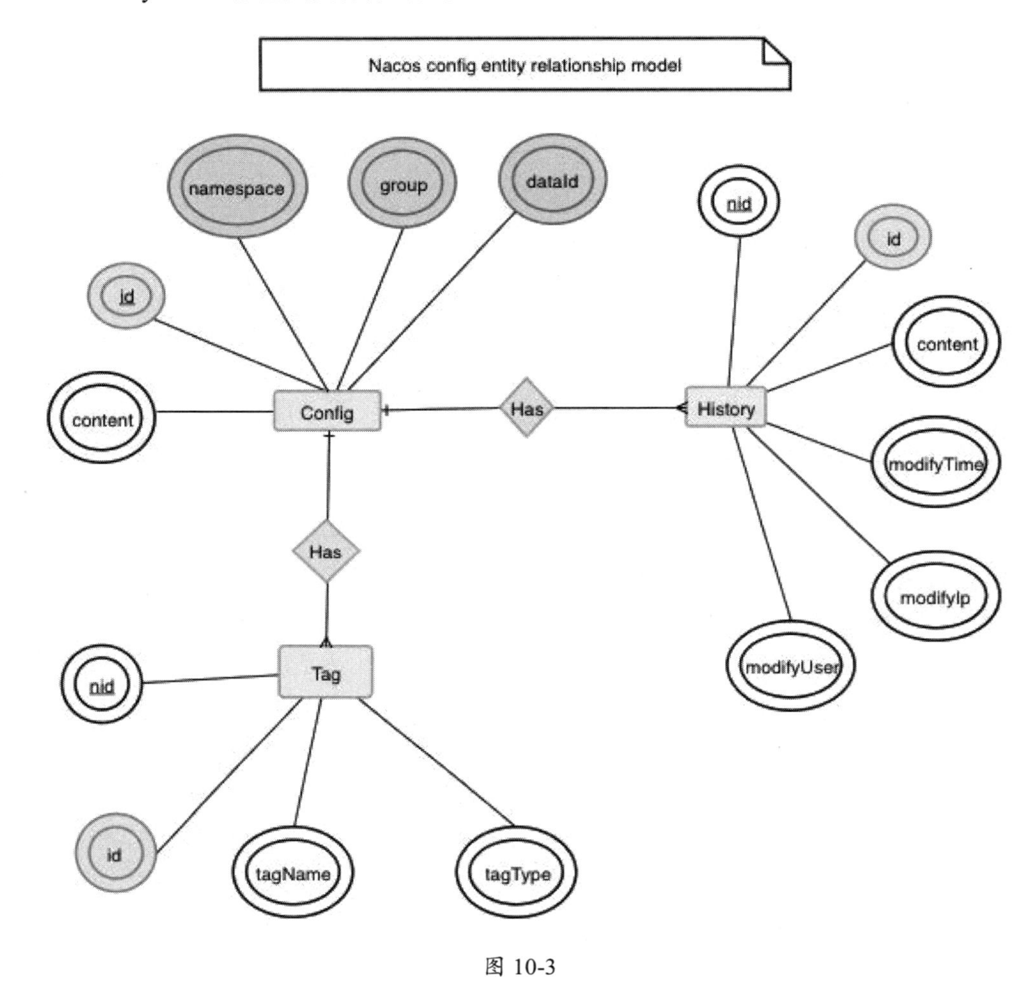

图 10-3

配置的回滚功能依赖于历史信息，除了标签和历史信息，在 Nacos 中配置主要包含下几个关键数据：

- id：配置项当前版本的 ID。
- content：该版本的配置描述信息。
- namespace：配置的命名空间信息。
- group：配置的分组信息。
- dataid：配置数据的 ID，通过该 ID 关联真实的配置数据。

这些信息是 Nacos 中关键的信息，其中在配置中抽象的概念 namespace 和 group 与前面注册中心中提到的概念相似。在前面介绍 Nacos 的数据模型时，提到了 Nacos 中的数据分层图，如图 10-4 所示。

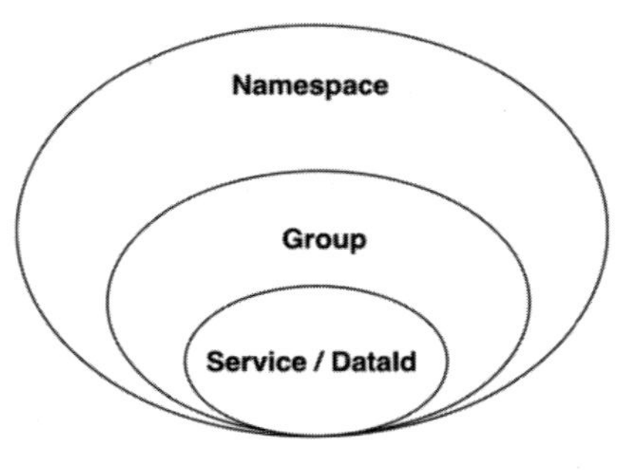

图 10-4

从图 10-4 中可以看出，当 Nacos 作为配置中心时，Nacos 的配置集外也有 Group 和 Namespace 两层。配置分组代表 Nacos 中的一组配置集，是组织配置的维度之一。通过一个有意义的字符串（如 Sell 或 Trade）对配置集进行分组，从而区分 DataId 相同的配置集。比如在 Nacos 中创建一个配置时，如果未填写配置分组的名称，则配置分组的名称默认采用 DEFAULT_GROUP。

配置分组的常见场景如下：

不同的应用或组件使用了相同的配置类型，如数据库的地址配置项 database_url 或者消息的 topic 配置项 MQ_topic 等，它们在不同的应用中的配置项名称是相同的，但是配置值不一定相同。配置的 Namespace 则是在 Group 的基础上包含范围更广的概念抽象。Nacos 使用 Namespace 作为多环境配置管理和配置隔离的解决方案，在日常使用中常常需要不同的环境，比如开发、测试、预发、线上环境，如果是逻辑隔离就可以使用命名空间。Nacos 官方推荐用 Namespace 来支持多环境隔离，可以在 Nacos 控制台上创建多个 Namespace。从单个项目来看，多环境的配置隔离通过分组就可以实现，但是 Nacos 的集群一般不会只被一个项目使用，也就是存在多租户。租户其实就是用户的意思，即使用 Nacos 集群的用户，也可以指代使用 Nacos 集群的项目，所以单租户指的是只有一个项目在使用该 Nacos 集群。在单租户场景下，分组即可解决分环境问题，如图 10-5 所示。

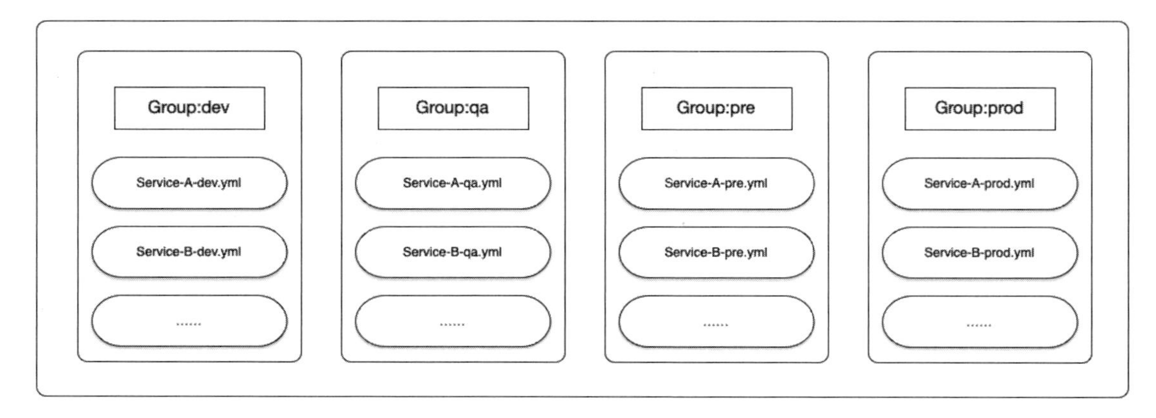

图 10-5

在多租户场景下，Group 就显得不够用了，此时就需要 Namespace，如图 10-6 所示。

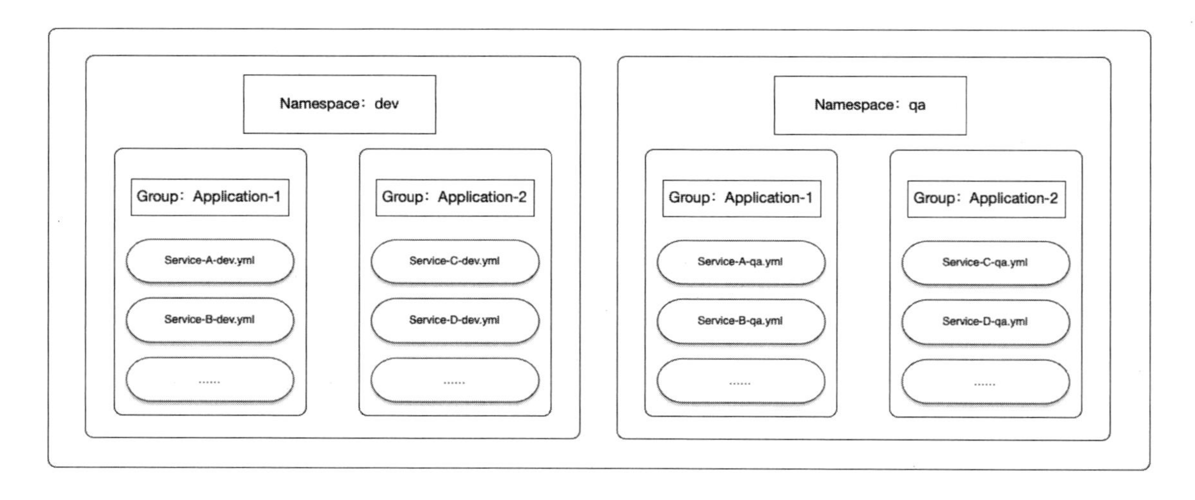

图 10-6

从图 10-6 中可以看出，通过 Group 分隔了不同的应用，通过 Namespace 实现了配置分环境隔离的能力。Nacos 为了统一使用 Namespace 处理分环境的问题，就算是单租户也推荐使用 Namespace，如图 10-7 所示。

除了 Namespace 和 Group，在配置中还有一个重要的数据，它与 Service 的概念同级，这是一个被称为 DataId 的数据。Nacos 既可以作为注册中心，又可以作为配置中心，Service 和 DataId 分别代表了两个不同的概念抽象。前面提到了配置项的概念，而在 Nacos 中还定义了配置集的概念，配置集就是一组相关或者不相关的配置项的集合。在系统中，一个配置文件通常就是一个配置集，包含系统各个方面的配置。例如，一个配置集可能包含数据源、线程池、日志级别等配置项。而配置集在 Nacos 中有唯一的 ID，被称为配置集 ID（DataId），配置集 ID 是组织划分配置的维度之一。DataId 通常用于组织划分系统的配置集。一个系统或者应用可以包含多个配置集，每个配置集都可以被一个有意义的名称标识。DataId 通常采用包名如 com.xxx.xxx.log.level 的命名规则来保证全局唯一性，此命名规则非强制。

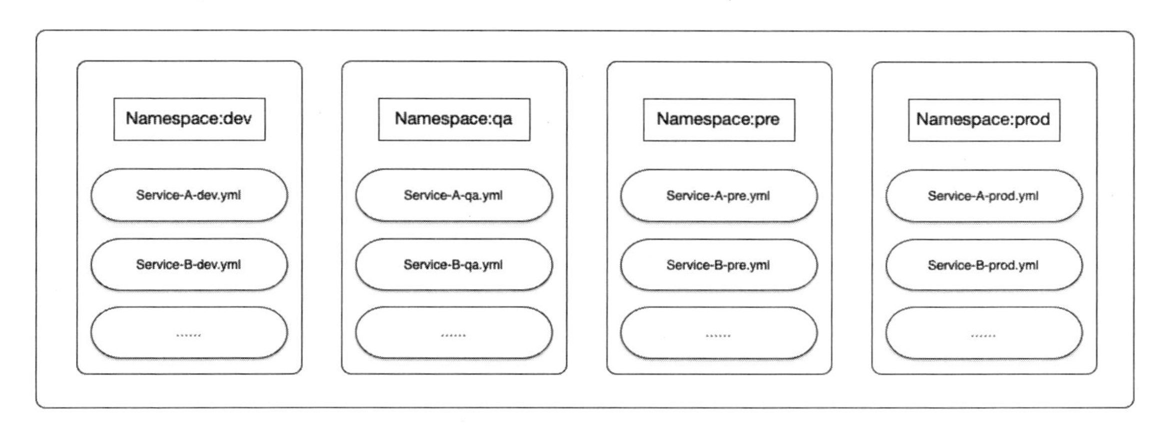

图 10-7

上述就是 Nacos 在配置领域中主要的概念和抽象设计。在数据持久化的方案中，Nacos 和 Apollo 的选择是一致的，它们都选择将 MySQL 作为数据持久化存储组件。Nacos 提供的配置中心在分布式系统中也广泛应用，所以它面临高可用的挑战。Nacos 是如何保障它的可用性的呢？首先，Nacos 的服务支持集群部署，防止发生单点问题；其次，Nacos 实现了配置快照，Nacos 的客户端 SDK 会在本地生成配置的快照，当客户端无法连接 Nacos Server 时，可以使用配置快照显示系统的整体容灾能力。配置快照类似于 Git 中的本地 Commit，也类似于缓存，比如 Apollo 中的本地缓存，该配置快照会在适当的时机更新，但是并没有缓存过期（Expiration）的概念。

Nacos 项目虽然开源较晚，但是在配置领域内也解决了许多问题，为配置管理提供了便利，随着 Nacos 的社区越来越庞大，选择 Nacos 作为配置中心的项目越来越多，Nacos 在配置领域内的探索也会越来越快。

11 chapter

第 11 章 元数据中心

元数据中心管理的是服务的元数据信息，本章将介绍元数据中心的概念、元数据中心的应用场景，并且介绍元数据中心、注册中心及配置中心之间的区别和联系。除此之外，还会介绍元数据中心的选型。

11.1　元数据中心简介

在 RPC 领域中，相对于注册中心和配置中心，元数据中心是比较新颖的概念。要了解元数据中心是什么，首先要了解元数据中心的元数据指的是什么？在一次 RPC 调用中，必然存在两个端点，一个是发起 RPC 请求的 Consumer 端，另一个是接收此次 RPC 请求并且处理该 RPC 请求的 Provider 端。在 Consumer 端会有 Consumer 所关心的数据，比如消费者需要调用的服务接口名称、服务版本、服务分组、方法列表、方法的参数列表、服务调用的超时时间、与 Provider 之间建立的连接数、服务调用的协议等。在 Provider 端也会有自己所关心的数据，比如 Provider 提供的服务接口名、服务对象实现的引用、服务版本、服务分组、服务处理请求的超时时间、负载均衡策略、服务负责人、服务权重、容错策略、服务暴露的协议等，如图 11-1 所示。

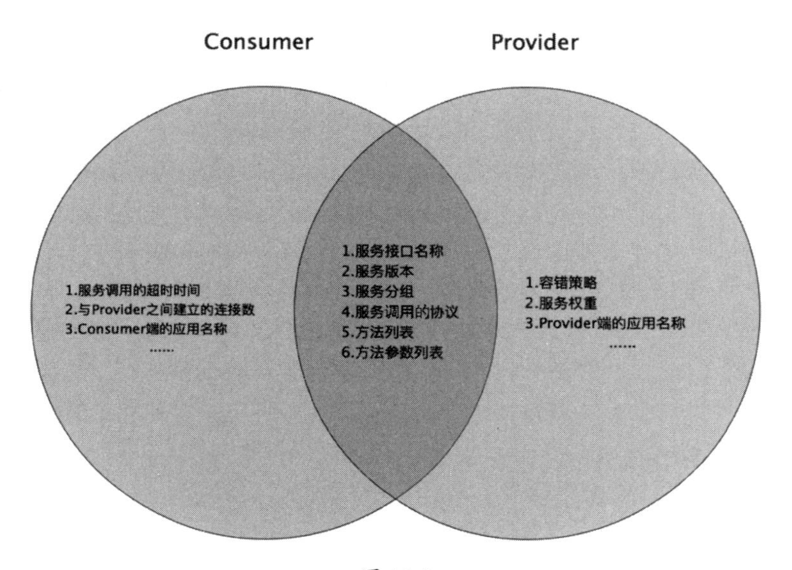

图 11-1

从图 11-1 中可以发现两个端点关心的数据中有一部分数据是重叠的，也就是服务接口名称、服务版本、服务分组、服务调用的协议、方法列表、方法参数列表这六部分数据，这六部分数据就是服务的元数据。服务的元数据是用于描述服务的最基本数据内容。在服务治理领域中，元数据中心就管理着服务的这些元数据信息。而这些元数据被集中管理，最主要的应用场景就是服务的测试和服务 Mock。元数据中心管理了具体的方法列表和方法参数，基于这些信息，接口测试人员可以查询调用方法所需的参数列表，方便测试人员在任何一个调用链路的节点上进行测试。一般元数据中心会配合一些服务治理的控制台，以实现将接口测试产品化，或者在自动化测试的场景中直接从元数据中心获取接口的定义，对需要测试的接口和方法进行自动化测试。而如果没有元数据中心，则测试人员需要开发人员提供相关的接口文档，或者通过其他的接口管理组件来完成这些数据信息的管理和同步。

一般在服务进程正常启动后，由服务进程向元数据中心上报该应用服务的元数据信息，而上报元数据信息的实现逻辑被封装在 RPC 框架中。元数据中心的服务的元数据是否需要定期更新由 RPC 框架本身决定，如果 RPC 框架支持动态发布服务，比如通过字节码技术和 RPC 框架的 API 实现动态发布服务，则元数据中心的服务的元数据可以支持定期更新，也就是在 RPC 框架中实现定期上报服务的元数据信息，以确保元数据中心能及时管理这部分在运行时动态发布的服务的元数据信息。

虽然元数据中心可以带来许多收益，但是增加一个元数据中心，运维成本也有所增加，整个系统的复杂度也会增加，并且元数据中心在服务治理领域中的重要程度无法和注册中心相比，因为服务的元数据并不影响整个 RPC 调用。在整个 RPC 调用过程中，服务的元数据并不会起到任何作用，注册中心管理的服务节点地址信息则直接影响服务发现，而且影响 RPC 调用的主要流程，当元数据中心服务不可用时，RPC 调用并不会被影响。所以元数据中心的方案在选型时对可用性并没有非常高的要求，而元数据中心的接入和使用也需要权衡收益和成本。

服务治理中的注册中心、配置中心、元数据中心都已经介绍完毕，下面将从存储的数据差异、职责差异、数据变更的频率、数据量大小等方面来对比这三大中心的区别。首先是这三大中心存储的数据不同，无论是前面提到的注册中心、配置中心，还是本节介绍的元数据中心，本质上它们都在一定程度上通过不同的存储手段或者方案来管理服务进程内的数据。配置中心管理的是服务进程内与配置相关的数据内容，比如超时配置、重试次数配置、服务权重配置等，配置中心的数据量大小由配置项的数量决定。注册中心管理的主要是服务的节点信息，比如服务节点的地址信息等，注册中心的数据量非常小。而元数据中心管理的是服务本身的元数据信息，也就是上述提到的六部分内容。元数据中心的数据量往往要比注册中心的数据量大得多，因为一个应用服务中可能存在许多接口，而接口可能存在许多方法，在元数据中心中还存储了方法参数列表等信息，随着应用服务的接口和方法越来越多，元数据中心的数据量也会越来越大。虽然注册中心也会管理服务接口名称、服务版本、服务分组等信息，但区别于元数据中心的是，注册中心不会管理方法列表和方法参数列表信息，而元数据中心不会管理服务的节点信息。这三大中心管理的数据由它们的职责所决定。

这三大中心从不同角度分别解决了 RPC 框架在服务治理领域的问题，其中配置中心的职责相对独立，它主要提供了配置管理的能力，包括支持动态变更配置、中心化管理配置等，注册中心的职责则是为了更好地实现服务发现，所以注册中心最重要的功能就是管理服务节点的地址信息。而元数据中心的职责是让描述服务的元数据信息被单独剥离，并运用于服务测试等领域，一切依赖服务元数据的功能和场景都需要元数据中心的支持。由于三大中心的职责差异，导致它们存储的数据变更的频率也有所不同。配置中心管理的数据变更的频率与元数据中心的数据变更的频率相似，变更的频率都不高，配置中心管理的数据仅仅在变更配置时变更，而元数据中心管理的数据只会在变更服务接口的定义和方法的定义时变更。但是注册中心的数据的变更频率就相对比较高，因为随着服务上下线，服务节点的信息会不断变更，特别是在容器中部署的服务，每次重启后地址都会发生变化。

11.2　元数据中心的选型

元数据中心的选型非常多，许多存储的方案都能够满足元数据中心的需求。那么到底哪一类型的方案最适合作为元数据中心呢？首先需要了解元数据中心存储的服务的元数据是什么样的格式。假设希望知道某一个服务接口的元数据信息，那么应该通过一个能够标识该服务接口的标识进行索引，找到该服务的元数据信息，而这种需求只需要 key-value 即可满足，其中用于索引的 key 就是服务接口的唯一标识。一般使用服务接口名称、分组及版本信息组成唯一标识，如果在 RPC 框架内还有服务标识相关的信息，那么也会作为服务接口唯一标识的组成部分。这种 key-value 的存储格式的实现可以是 MySQL 等关系型数据库、Redis 等 key-value 存储方案或者其他持久化存储方案。而在选择上，元数据中心更倾向于为 key-value 存储量身定做的方案，比如 Redis、etcd 等。

确定了大致的选型方向后，如何确定哪一个方案更适合呢？首先元数据中心的实现方案对服务端和客户端的特性要求并不高，元数据中心的数据交换模式是客户端主动向服务端上报信息，并且服务端可以提供 API 或者控制台查询上报的数据。它并不需要像注册中心一样，服务端需要具备主动推送实时数据的能力或者客户端需要具备订阅能力。所以在对元数据中心选型时，只要客户端具备数据上报的能力即可，这个要求基本上所有的 key-value 存储方案都能满足，如图 11-2 所示。

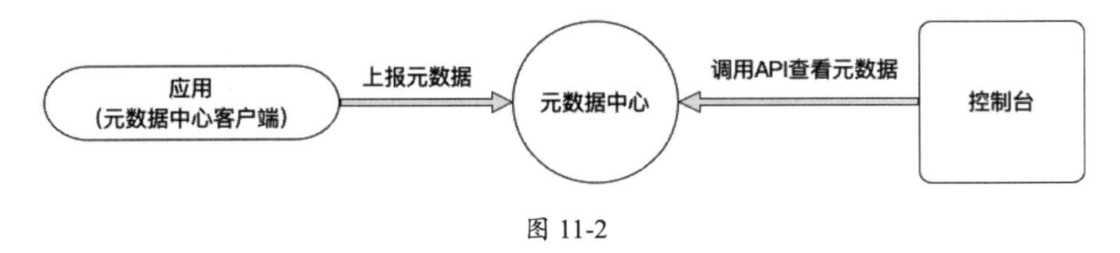

图 11-2

前面提到元数据中心对可用性的要求并不高，是因为它并不影响 RPC 调用的主流程，但是为了保证依赖元数据信息的功能能够正常使用，在选型过程中还需要适当考虑一下对可用性的支持，比如支持集群部署等。不过目前大部分的方案选型都有一定的可用性保障。系统永远无法承诺一定不会出故障，因为即使做了许多可用性的保障措施，还是无法逃脱地震等自然灾害的影响，而此时如果出现整个集群宕机等情况，那么元数据中心就需要有持久化的能力和自动恢复数据的机制。这也是元数据中心在选型的过程中需要考虑的重点。元数据中心的一个特点是服务元数据信息的上报发生在服务进程刚启动的过程中，一旦元数据中心的服务集群出现问题，比如整个集群宕机，那么此时依赖元数据信息的功能会出现异常，如果没有持久化，那么重启整个集群后，元数据中心内的数据将不存在，也就是服务的元数据将消失，此时有以下三种情况：

- RPC 框架仅在服务进程启动时上报元数据：这种情况下想要恢复元数据中心的数据，只能重启全站所有业务服务，很显然，这种情况是非常糟糕的。
- RPC 框架具备定期上报元数据的功能：这种情况下会在一定时间后恢复元数据信息，但是一般 RPC 框架中设置的上报元数据信息的频率不高，因为高频率地上报元数据信息，而每次上报的元数据信息都是一样的，这对系统资源是一种浪费。而如果上报频率较低，那么在一个上报周期内，元数据中心服务即使恢复了，也是没有数据存在的。
- RPC 框架具备动态上报元数据的功能：比如在动态发布服务时，还会重新上报元数据信息，此时元数据中心的恢复依赖于下一次动态发布服务，这也让元数据中心的恢复过程变得比较曲折。

想要解决这个问题，有两个解决的办法，第一个方法是元数据中心的服务端必须具备持久化能力，并且具备自动恢复数据的机制，即使出现整个集群故障，也能重启服务后恢复数据。第二个方法是元数据中心的客户端支持故障恢复，比如客户端发现整个集群不可用后，间隔一定时间发起重连，并且在重连成功后，重新上报元数据信息。一般优先选择第一个方法来解决此类问题，所有选择的方案需要考虑该选型是否支持持久化，因为部分 key-value 存储只能用于缓存场景，比如 Memcached，而 Redis 就支持持久化。

除了以上几个因素，元数据中心的选型优先选择比较适合读多写少场景的方案，因为元数据中心的服务的元数据变更的频率不高，而元数据中心大部分场景中都提供数据的读取能力，比如在自动化测试中不断获取服务接口的元数据信息等。由于元数据中心的选型要求比较低，目前开源社区中有许多元数据中心的方案，比如 Consul、etcd、Nacos、Redis、ZooKeeper 等，其中推荐使用 Redis 作为元数据中心。

12 chapter

第12章 服务的路由

服务消费者从注册中心进行服务发现后，能够获取提供该服务的服务节点列表，一次请求该如何从这些服务节点中选择请求的去向呢？本章将围绕这个问题展开介绍路由策略和负载均衡策略。路由策略和负载均衡策略是服务治理中非常重要的内容，它们也是RPC框架中非常重要的一部分。在路由策略的部分，将介绍路由、路由规则、路由策略的概念，以及路由在RPC调用中的作用、路由策略的设计等，并且以Dubbo的路由策略设计为例，加深读者对路由策略的理解。在负载均衡策略的部分，会介绍负载均衡策略的概念及四种常见的负载均衡算法。

12.1 路由策略

路由是通过互联网把信息从源地址传输到目的地址的过程，它发生在 OSI 网络模型的第三层，即网络层。路由一般分为三类。第一类是直连路由，路由器接口上配置的网段地址会自动出现在路由表中并与接口关联。直连路由是由链路层发现的，在路由表中它显示为“Direct”。第二类是静态路由，网络管理员通过 VRP 手动书写配置的路由条目（包括目标网段和掩码、下一跳接口信息）就是静态路由，一般在系统安装时根据网络的配置情况预先设定，它不会随未来网络拓扑结构的改变而自动改变，在路由表中此类路由显示为“Static”。第三类是动态路由，动态路由是通过协议发现的路由表，动态路由协议有距离矢量的路由协议、链路状态的路由协议等。

路由表中存放路由的目标地址，而决定路由的目标地址的是路由规则，路由可以按照一定的规则进行，这种规则被称为路由规则。按照路由规则，符合规则匹配的地址将作为路由的目标地址。路由发布和接收的策略被称为路由策略。路由策略是路由发现规则，它由于多个路由规则组成。与路由策略相似的词叫作策略路由，但路由策略和策略路由是两个不同的概念，策略路由是在路由表已经产生的情况下，不按照已有的路由表进行请求转发，而是选择其他路由方式将符合规则的请求进行路由，它是数据包转发规则。路由策略和策略路由作用的对象不同，路由策略作用于路由表，经过一系列的规则匹配后，产生路由表，路由策略中的路由规则影响的是路由表，而策略路由作用于转发表。尽管在路由表中存在当前的路由，但策略路由可以针对某些符合规则的主机不使用当前路由表中的转发路径而单独使用别的转发路径。策略路由在数据包转发的时候发生作用，它不会改变路由表中的任何内容。由于先通过路由策略产生路由表，再根据策略路由转发请求和流量，所以策略路由的优先级要高于路由策略。

在整个 RPC 调用的过程中，Provider 端部署了许多节点，Consumer 首先进行服务发现，发现了所有正常的 Provider 节点，然后 Consumer 端需要从中选择一个节点作为目标节点，将请求发送到该节点上。在整个过程中，从注册中心发现的服务节点列表可以认为是路由表，而经过一系列的规则匹配后，筛选出最终的路由表，然后从该路由表中选择一个服务节点进行流量转发，如图 12-1 所示。

在图 12-1 中，Router 就是路由策略生效的体现。Router 获取 Consumer 从注册中心内拿到的 Provider 节点列表后，根据既定的路由规则，筛选出符合规则的路由列表，交给 Loadbalancer，Loadbalancer 进行服务均衡处理后，选择其中一个服务节点进行请求转发。

从路由策略的重要性来看，它应该作为 RPC 调用中非常重要的一环，而在 RPC 框架中，路由策略是服务治理中非常重要的一部分内容，因为它控制着请求的去向。在微服务架构中，由于服务数量大，服务实例多，如果由人工去逐一管理这些服务节点的路由信息，则是非常烦琐且容易出错的，所以 RPC 框架内需要支持路由规则的配置，用不同的路由规则来满足服务治理中的需求。这也是为什么路由策略在服务治理中起到了关键性作用的原因。因为在一次 RPC 调用中，路由是必然会发生的，但却不一定需要路由策略，路由策略只有在服务治理中才会使用。除了服务治理中会用到路由策略，路由策略在发布策略中的应用也非常广泛。比如灰度发布、蓝绿发布等场景，发布完成后，需要做切流操作，将一部分生产环境的真实流量导入新版本的应用集群，或者将一些携带特殊业务属性的请求切流到新版本的应用集群，方便实现新版本应用集群的验证和回滚。这里的切流操作就需要路由策略的支持。比如通过灰度发布，将测试店铺的流量导入新版本的应用集群，其中路由策略中的某一条路由规则必定是根据店铺标识进行匹配的，匹配到测试店铺后，输出的路由列表应该是新版本的应用集群。

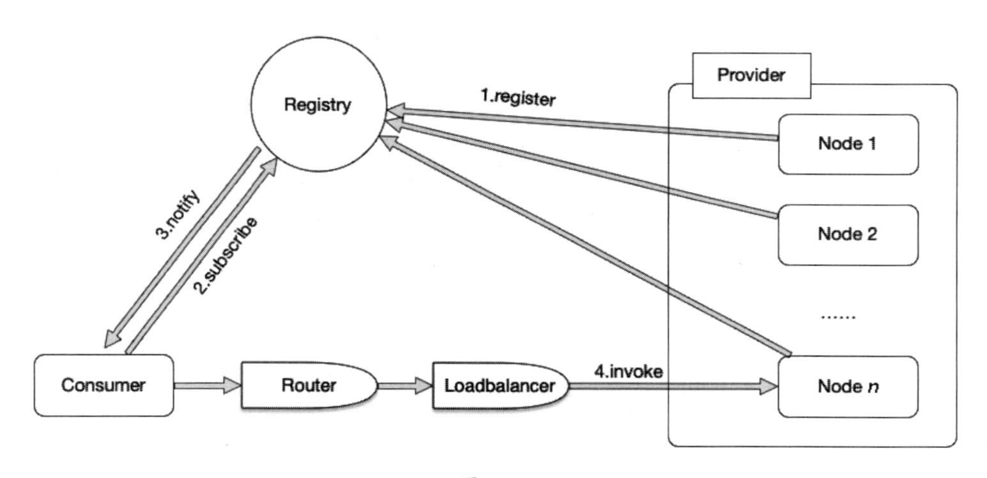

图 12-1

RPC 框架中的路由规则可以分为动态路由规则和静态路由规则。区别就是路由规则的配置是否能够在运行时生效。往往动态路由规则能够满足的场景更加丰富。下面是动态路由规则在 RPC 框架中的几种常见的应用场景：

- 迁移场景：在旧的服务实例向新的服务实例迁移流量时，可以通过路由规则来完成。比如做端口迁移，当新端口的服务实例启动完成后，Consumer 端就可以发现这一批新端口的服务，此时只需要配置匹配新端口的路由规则，就可以将请求流量从旧端口迁移至新的端口。最后下线旧端口的服务实例即可。
- 测试场景：在测试时，希望能将 Consumer 端的某个实例请求路由到 Provider 端某个指定的实例上，可以动态调整路由规则，实现请求精准路由的能力，方便问题的复现和排查。
- 流量隔离场景：当需要对两组实例做请求流量隔离时，可以调整路由规则，使符合规则的 Consumer 实例只能消费对应组别或者网段的 Provider 实例。比如有一个服务在暴露到注册中心时需要有公网和私网两种，当另一个服务想要调用该服务的公网时，就需要路由规则来匹配公网的那一组服务实例。

RPC 框架支持的路由规则越灵活，可使用的场景也就越多，那么在 RPC 框架中设计支持路由策略的可配置时需要考虑哪些内容呢？第一个需要考虑的就是路由规则的生效模式。在支持路由策略可配置的问题域中，多种路由规则组合后，才被称为一种路由策略。所以在 RPC 框架中，每一次请求的路由都不应该只能应用一种路由规则，在 RPC 框架中需要支持多种路由规则同时生效的能力。目前大部分的路由规则的生效链路都采用了 Pipeline 式，但是 Pipeline 式的生效模式中路由规则是无序的，如果需要支持路由规则的组装模式，则需要让 Pipeline 中的各个路由规则都具备优先级，从而根据优先级来动态组装这些路由规则。因为路由策略由多个路由规则决定，所以一次 RPC 请求经过多个路由规则的筛选后，很容易出现最终路由结果为空的情况。这种情况下需要设计路由降级，路由降级可以保证业务在正确性的前提下，顺利找到有效的地址，不会因为路由规则的原因导致业务故障。第二个需要考虑的就是路由规则的配置粒度，也就是该路由规则生效的粒度。路由规则一定需要对某一个群体生效，而这个群体的范围则是由路由粒度决定的。一次 RPC 调用就是一次远程过程方法的调用，所以最小的路由粒度就是方法，以下是一般的粒度划分：

- 方法粒度：路由规则被应用于某个方法。
- 接口粒度：路由规则被应用于某个接口。
- 应用粒度：路由规则被应用于某个应用。

除了这三种粒度的划分，如果 RPC 框架中还设计了集群等概念，也可以添加集群等路由粒度。在设计路由规则时，最重要的就是设计路由规则的规则体。规则体包括匹配条件和路由结果。比如粒度为接口粒度，A 协议的接口需要路由到 22222 端口，而 B 协议的接口需要路由到 33333 端口，在该例子中协议就是匹配条件，而以 22222 为端口的地址列表和以 33333 为端口的地址列表都是路由结果。匹配条件一般由 RPC 框架决定，在 RPC 框架的设计中，如果协议可以细分到接口粒度，那么在路由规则中进行匹配时，只要是接口粒度就可以将协议作为匹配条件。

目前开源的 RPC 框架中支持多种路由规则的例子并不多，Dubbo 是在服务治理方面表现非常好的 RPC 框架，下面以 Dubbo 中的路由策略设计为例介绍路由规则。在 Dubbo 2.7.x 中提供了三种路由规则，分别是条件路由、标签路由和脚本路由。下面介绍其中的条件路由和标签路由，了解如何设计路由规则。

- 条件路由：以服务或 Consumer 应用为粒度来配置路由规则。
- 标签路由：以 Provider 应用为粒度来配置路由规则，它可以将一组服务节点归为一个标签，保证流量只导向指定标签内的服务节点，可以做到流量的隔离，也有助于蓝绿发布、灰度发布的实施。

下面是引用官方文档中两个条件路由的示例。

1. 应用粒度示例

```
# app1 的消费者只能消费所有端口为 20880 的服务实例
# app2 的消费者只能消费所有端口为 20881 的服务实例
---
scope: application
force: true
runtime: true
enabled: true
key: governance-conditionrouter-consumer
conditions:
  - application=app1 => address=*:20880
  - application=app2 => address=*:20881
...
```

2. 服务粒度示例

```
# DemoService 的 sayHello 方法只能消费所有端口为 20880 的服务实例
# DemoService 的 sayHi 方法只能消费所有端口为 20881 的服务实例
---
scope: service
force: true
runtime: true
enabled: true
key: org.apache.dubbo.samples.governance.api.DemoService
conditions:
  - method=sayHello => address=*:20880
  - method=sayHi => address=*:20881
...
```

下面介绍其中三个关键的字段，其余字段可以自行参考 Dubbo 的官方文档说明：

- scope：表示路由规则的作用粒度。
  - service：服务粒度。
  - application：应用粒度。
- key：明确规则体作用于哪个服务或应用。

    - 当 scope=service 时，key 的取值为[{group}:]{service}[:{version}]的组合。
    - 当 scope=application 时，key 的取值为 application 名称。
- conditions：定义具体的路由规则内容。必填。

其中 conditions 字段规则体也有一定的书写格式：

- “=>”符号之前的内容为服务消费者请求路由的匹配条件，该规则中所有参数都将与服务消费者的特征进行对比，当服务消费者发起的请求完全满足匹配条件时，对该消费者执行“=>”后面的过滤规则。“=>”符号之后的内容为提供者地址列表的过滤条件，所有内容和服务提供者的特征进行对比，路由结果是过滤后的地址列表。
- 如果匹配条件为空，则表示对所有消费方应用该路由规则，如：=> host != 10.20.153.11。
- 如果过滤条件为空，则表示禁止被路由到任何实例上，如：host = 10.20.153.10 =>。

“=>”符号的前后都是表达式，Dubbo 定义了表达式的写法，表达式分为参数、条件和参数值三部分：

- 参数：这里的参数是指 Dubbo 中的特有字段，比如 host、method 等。
- 条件：
    - 等号“=”表示“匹配”，如：host = 10.20.153.10。
    - 不等号“!=”表示“不匹配”，如：host != 10.20.153.10。
- 参数值：下面给出参数值所支持的一些通用符号。
    - 以逗号“,”分隔多个值，如：host != 10.20.153.10,10.20.153.11。
    - 以星号“*”结尾，表示通配，如：host != 10.20.*。
    - 以美元符号“$”开头，表示引用消费者参数，如：host = $host。

12.2 负载均衡策略

在分布式架构中，负载均衡策略是非常重要的内容。它不仅能在一定程度上保证整集群的的高可用，而且能够提高系统的吞吐量，降低服务响应时间。每台计算机的系统资源都是有限的，能够承载的任务及处理的请求也是有限的。在分布式系统中一般通过扩容来增加系统整体的承载能力，但是当大量并发的请求发生时，如果请求分配不均匀，就会导致部分机器收到了大量请求，而部分机器非常空闲，这种现象轻则导致吞吐率偏低、响应时间过大，不能让资源的使用达到最优，重则导致接收过载的机器宕机、请求失败，出现服务不可用的现象。所以如何让这些请求较为均匀地分摊到集群内各个服务节点上，就是负载均衡策略所需要做的事情。在前面章节中提到当一个服务消费端完成路由规则的匹配后，会输出一个路由列表，该路由列表内的节点就是此次请求可以选择的服务节点，这些服务节点就是负载均衡所需的元数据。而如何确定最终的目标节点，就需要负载均衡器来完成。

负载均衡的本质就是通过合理的算法将请求均匀地分摊到各个服务节点上，它需要根据一定的算法从一大批服务节点中选择一个节点来接收和处理请求。而根据这个服务节点的集合信息是否存放在客户端，可以将负载均衡分为服务端负载均衡和客户端负载均衡。

12.2.1　服务端负载均衡

服务端负载均衡是在服务端维护了服务节点集合信息，此处的服务端并不指服务提供者所在的节点，而是一个统一维护服务节点信息的负载均衡器（Loadbalancer），如图 12-2 所示。

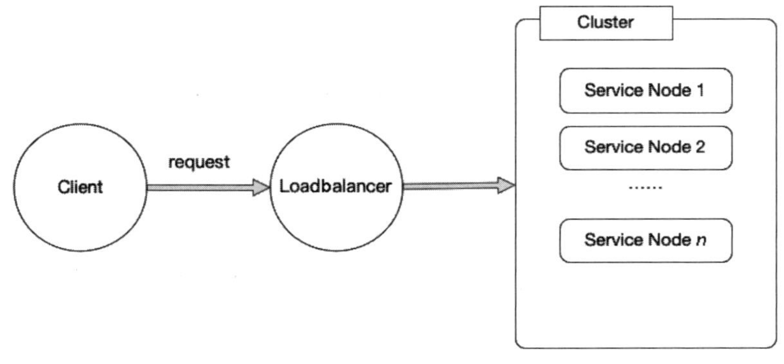

图 12-2

在服务消费端与服务提供端的中间有一个负载均衡器，当请求到达负载均衡器时，负载均衡器会通过一定的负载均衡算法从服务节点集合中选择一个合适的节点，通过请求转发器将该客户端的请求转发到对应的服务节点上。从图 12-2 中可以看出，服务端负载均衡可以让客户端和服务端解耦，保证对业务应用没有侵入性，无论负载均衡器如何变化，都不会影响业务代码。服务端负载均衡方案中除了负载均衡算法，最关键的就是网络请求的转发，根据网络请求转发发生的层级不同，可以分为二层负载均衡、三层负载均衡、四层负载均衡和七层负载均衡。

- 二层负载均衡：集群中不同的服务节点采用相同的 IP 地址，但是机器的 MAC 地址不一样。当负载均衡服务器收到请求之后，通过修改请求报文的目标 MAC 地址的方式将请求转发到目标机器来实现负载均衡。
- 三层负载均衡：集群中不同的服务节点采用不同的 IP 地址，当负载均衡服务器收到请求之后，选择一个服务节点，通过 IP 地址将请求转发至不同的真实服务器。
- 四层负载均衡：网络请求的转发发生在传输层，在传输层只有 TCP/UDP 两种协议，这两种协议中除了包含源 IP 地址、目标 IP 地址，还包含源端口号及目的端口号。四层负载均衡服务器在收到客户端请求后，通过修改请求报文的地址信息（IP 地址+端口号）将请求转发到对应的服务节点。

- 七层负载均衡：网络请求的转发发生在应用层，应用层有很多不同的协议，比如 HTTP 等，这些应用层协议中包含很多具有特殊意义的字段信息。比如同一个 Web 服务器的负载均衡，除了根据 IP 地址+端口进行负载均衡，还可根据七层的 URL、浏览器类别等来决定是否要进行负载均衡。

这四种负载均衡方案中最常见的就是四层负载均衡和七层负载均衡。四层负载均衡与七层负载均衡最大的不同就是四层负载均衡的本质是转发请求，而七层负载均衡是内容的交换和代理，因为七层负载均衡中需要根据特殊字段来选择最终的服务节点，负载均衡器就必须先代理最终的服务器来和客户端建立连接，接收客户端发送的真正的应用层内容的报文后才能选择最终的服务节点。

除了依据请求转发的层级进行分类，还可以根据负载均衡器的实现形态进行分类，即分为硬件负载均衡和软件负载均衡。常见的硬件负载均衡方案有 F5、NetScaler、Radware 等设备，常见的软件负载均衡方案有 Nginx、LVS、HAProxy 等。

虽然服务端负载均衡方案能够起到解耦的作用，但服务端负载均衡方案有两个非常严重的缺点，第一个缺点就是负载均衡器是整个系统处理性能的瓶颈，负载均衡器的过载或者出现单点问题都会导致响应缓慢或者服务不可用。第二个缺点就是请求必须经过负载均衡器转发或者代理，传输效率有所降低。

12.2.2 客户端负载均衡

在微服务架构中，服务之间的依赖关系较为复杂，在一个系统中存在许多服务和服务实例，如果通过服务端负载均衡方案实现负载均衡，则会导致负载均衡器变得尤为重要，系统也增加了不少复杂度，如图 12-3 所示。

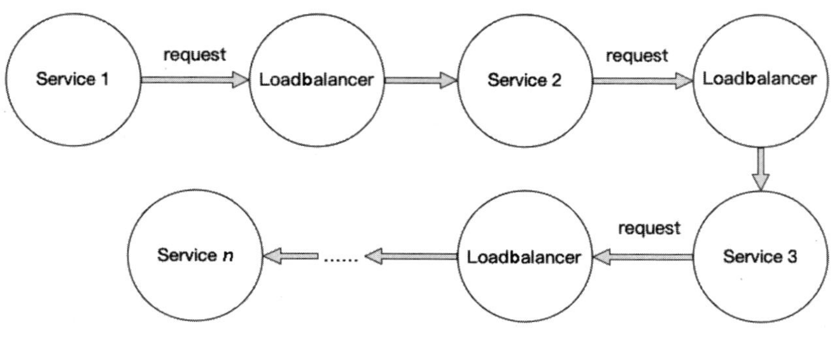

图 12-3

从图 12-3 中可以看出，随着整个调用链路的增加，负载均衡器的影响越来越大，整个请求链路的传输效率由于负载均衡器不断增加而不断降低，所以服务端负载均衡并不适用于微服务架构的系统。对于微服务之间的调用，在负载均衡方案的选择上，还是通过客户端负载均衡实现的方案较为合适。客户端负载均衡的方案就是把服务列表维护在客户端一侧，由客户端选择某一个服务节点，并且与之通信。而在微服务架构下，大部分 RPC 框架都有相应的负载均衡模块实现，并且 RPC 框架可以配合注册中心实现客户端的负载均衡方案。比如 Dubbo 中就实现了客户端的负载均衡，以及相关的负载均衡算法。单独从 RPC 框架中把负载均衡模块剥离出来的组件比较少，常见有 Netflix 公司的 Ribbon，如图 12-4 所示。

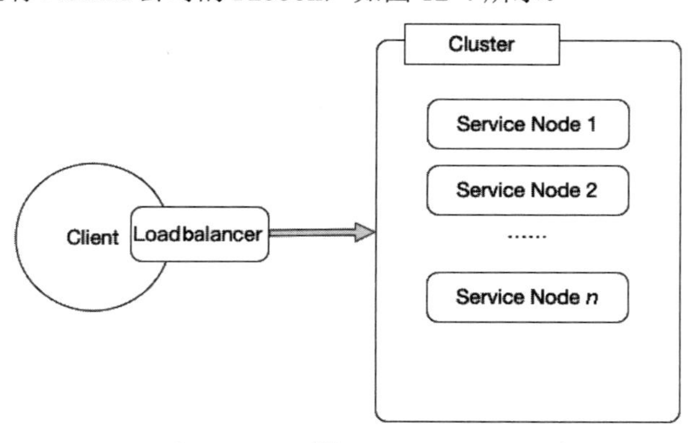

图 12-4

对比客户端负载均衡方案的示意图与服务端负载均衡方案的示意图，可以清晰地看出客户端负载均衡的优势和劣势。客户端负载均衡无须额外部署负载均衡器，并且也不需要进行请求转发或者代理，客户端可以直接和服务端连接并通信，传输损耗相对较少。没有负载均衡器，也就不存在负载均衡器的单点问题。但是客户端负载均衡方案并不能像服务端负载均衡方案一样做到对业务应用的无侵入性，并且每一个客户端都与服务节点连接并通信，所以连接数也会相应地增加。

12.3　负载均衡算法

无论是服务端负载均衡方案还是客户端负载均衡方案，都离不开负载均衡算法。因为无论如何都需要从服务节点的集合中挑选一个合理的节点来处理请求，而算法也直接决定了是否能将流量均匀地分摊到各个服务节点上，以实现资源的最大化利用，以及保障服务节点可用性的目的。在 RPC 框架中，客户端负载均衡方案的本质就是以一种负载均衡算法存在于框架中，当在 RPC 框架中完成路由规则匹配后，将路由列表作为输入，经过负载均衡算法的计算后，输出此次请求的目标服务节点。下面介绍几种常见的负载均衡算法。

12.3.1 随机算法

随机算法在负载均衡算法中是非常简单的一种算法，也就是服务消费者每次请求选择的服务节点都是随机的。这种算法在使用过程中的随机性太强，非常容易出现集群中某台机器负载过高或者负载过低的情况，导致整个集群的负载不够均衡。而且每台机器的配置和性能可能有所不同，所能够承载和处理的请求数量也不一样，所以为每台机器加上了权重，将随机算法优化为加权随机算法。加权随机算法是提供权重能力的随机算法，举个例子，比如一个服务集群中存在服务节点 A、B、C，它们对应的权重为 7、2、1，权重总和为 10，现在把这些权重值平铺在一维坐标系上，分别出现三个区域，A 区域为[0,7)，B 区域为[7,9)，C 区域为[9,10)，然后产生一个[0, 10)的随机数，查找该数字落在哪个区间内，该区间所代表的机器就是此次请求选择的服务节点。这样做可以保证权重越大的机器被击中的概率就越大，它所承受的请求数量也会越多。加权随机算法相对于普通的随机算法而言，利用权重来减小随机性，让规模和配置不同的机器可以适当调整其权重，使整个集群的负载更加平衡。

12.3.2 轮询算法

轮询算法可以分为三种，分别是完全的轮询算法、加权轮询算法和平滑的加权轮询算法。完全的轮询算法比较容易理解，服务消费者的每次请求选择的服务节点都是通过轮询的方式决定的。比如服务提供者有三个服务节点，分别是 A、B、C，服务消费者的第一个请求分配给 A 节点，第二个请求分配给 B 节点，第三个请求分配给 C 节点，第四个请求又分配给 A 服务器。这种完全轮询的算法只适合每台机器性能相近的情况，但是所有机器性能相近是一种非常理想的情况，更多的情况是每台机器的性能都有所差异，这个时候性能差的机器被分到等额的请求，就会出现承受不了并且宕机的情况。此时我们需要对轮询进行加权，也就是加权轮询算法。举个例子，服务节点 A、B、C 的权重比为 7∶2∶1，那么在 10 次请求中，服务节点 A 会收到其中的 6 次请求，服务节点 B 会收到其中的 3 次请求，服务节点 C 则收到其中的 1 次请求，也就是说，每台机器能够收到的请求归结于它的权重。加权轮询的顺序则是{A A A A A A A B B C}。

加权轮询算法的结果会导致流量先全部倾倒式地导向 A 服务节点，而其他服务节点会短暂处于空闲状态，这种情况会导致资源的利用率不高，当面对一些流量高峰的情况时，可能出现直接把 A 服务节点击垮的现象。所以在加权轮询算法的基础上新增了平滑处理，也就是平滑的加权轮询算法。平滑的加权轮询算法来源于 Nginx，它通过加权和降权来保证每次请求都被均匀分发。在平滑的加权轮询算法中，每个服务节点都有两个权重值，分别是 originalWeight 和 currentWeight。originalWeight 为该节点的原始权重，currentWeight 的初始值为 originalWeight 的大小。下面是平滑的加权轮询算法的推演过程：

（1）请求到来，每个节点都计算一遍 currentWeight+=originalWeight。

（2）比较每个节点计算过的 currentWeight 值，并从中选择最大值的节点作为最终节点。

（3）步骤 2 中选出的最终节点的 currentWeigh-=所有节点的 originalWeight 和。

依照上面的逻辑，举例推演执行过程：假设 A、B、C 三个节点的权重为 7、2、1，表 12-1 为计算过程。

表 12-1

执行序号	currentWeight（执行步骤 1 后的结果）	所选服务节点（执行步骤 2 选择的结果）	选择后的 weight（执行步骤 3 后的结果）
1	{14,4,2}	A	{4,4,2}
2	{11,6,3}	A	{1,6,3}
3	{8,8,4}	A	{-2,8,4}
4	{5,10,5}	B	{5,0,5}
5	{12,2,6}	A	{2,2,6}
6	{9,4,7}	A	{-1,4,7}
7	{6,6,8}	C	{6,6,-2}
8	{13,8,-1}	A	{3,8,-1}
9	{10,10,0}	A	{0,10,0}
10	{7,12,1}	B	{7,2,1}

从表 12-1 中的数据可以看出，最后计算完成后 currentWeight 又回到了原来的 7∶2∶1。这样做得到的 10 次请求的轮询顺序为{A A A B A A C A A B}，不再是{A A A A A A A B B C}的顺序，这样可以防止在某一段时间内流量倾斜到某个服务节点上，导致集群负载不均衡。

12.3.3　最少活跃数算法

最少活跃数算法是基于最小连接数算法衍生而来的，某个服务节点中活跃的调用数越小，表明该服务提节点处理请求的效率越高，也就表明单位时间内能够处理的请求越多。此时服务消费端的请求应该选择该服务节点作为目标节点。

该算法实现的思路是每个服务节点都有一个活跃数 active 来记录该服务的活跃值，每收到一个请求，该 active 就会加 1，每完成一个请求，该 active 就会减 1。在服务运行一段时间后，性能相对较高的服务节点处理请求的速度更快，因此活跃数下降得也越快，此时服务消费者只需要选择 active 最小的那个服务节点作为目标节点，而这个 active 最小的服务节点就能够优先获取新的服务请求。最少活跃数算法也可以像随机算法和轮询算法一样引入权重，演变成最少活跃数加权算法，在比较活跃数时，如果最小活跃数的服务节点存在多个，则可以利用权重法来进行选择，如果服务节点的权重也一样，则从中随机选择一个服务节点。

12.3.4 一致性 Hash 负载均衡算法

一致性 Hash 负载均衡算法是一致性 Hash 算法在负载均衡上的应用。它可以保证相同的请求尽可能落到同一个服务器上，这一点归功于一致性 Hash 算法。下面分析该算法的原理。

首先将服务节点的 IP 地址或者其他信息生成该服务节点的唯一 Hash 值，并将这个 Hash 值投射到[0, 2^32]的圆环上，如图 12-5 所示。

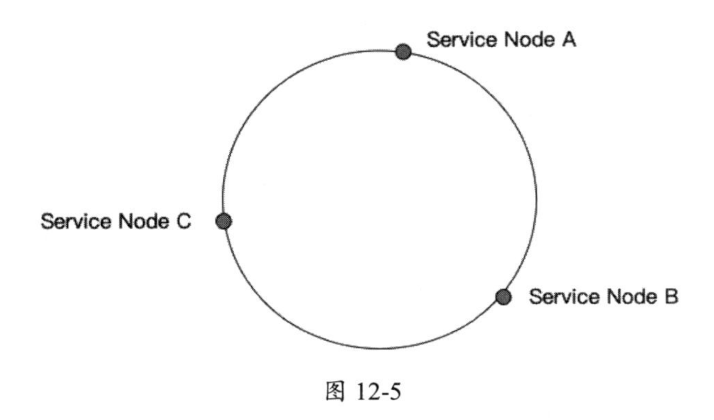

图 12-5

当请求到达时，会指定某个值来计算该请求的 Hash 值，这个值可能是请求方 IP 地址、用户 ID 或者其他信息。当请求方的 Hash 值计算完成后，就会顺时针寻找最接近该请求方 Hash 值的服务节点。例如，请求 a 计算后的 Hash 值落在服务节点 A 和服务节点 B 的 Hash 值之间，请求 b 计算后的 Hash 值落在服务节点 B 和服务节点 C 的 Hash 值之间，请求 c 计算后的 Hash 值落在服务节点 C 和服务节点 A 的 Hash 值之间，此时请求 a 将选择 B 节点，请求 b 将选择 C 节点，请求 c 将选择 A 节点，如图 12-6 所示。

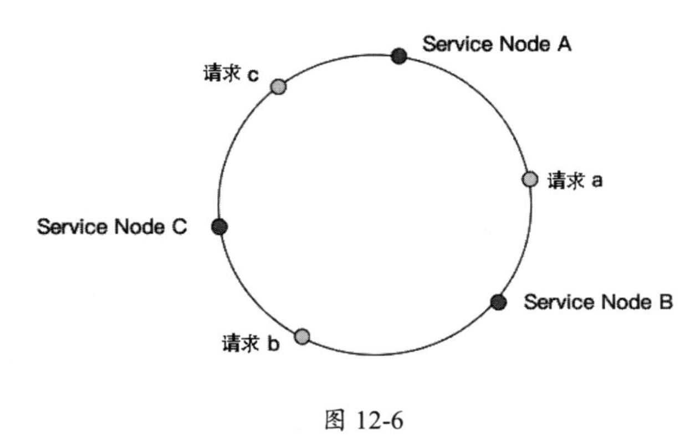

图 12-6

当有服务下线时，请求归属的节点也会按照顺时针方向往后移动，比如 B 节点“挂了”，之后请求 a 会选择节点 C，如图 12-7 所示。

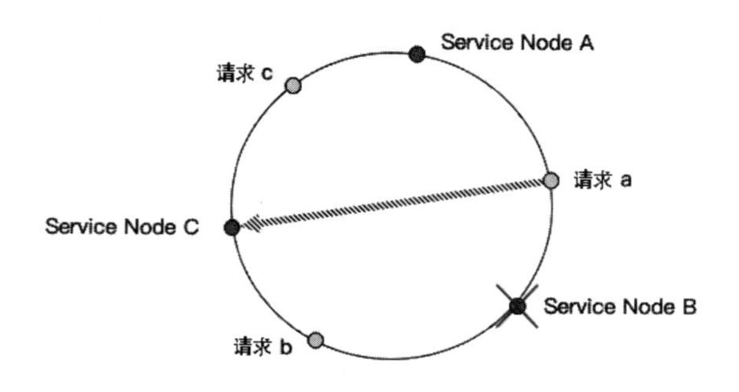

图 12-7

从图 12-7 中可以看到，Hash 一致性算法并不能够保证 Hash 算法的平衡性，因为如果一直往顺时针的方向移动，就会导致后续的服务节点接收的请求越来越多，出现数据倾斜现象，导致服务节点接连宕机，最终导致整个集群都被击垮。要解决这个问题就需要引入虚拟节点。虚拟节点是实际节点在 Hash 空间的复制品，即对每一个服务节点计算多个 Hash 值，每个计算结果的位置都会放置一个此服务节点，如图 12-8 所示。

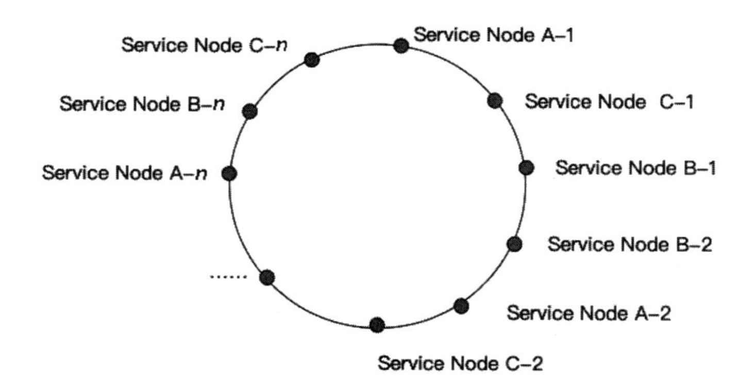

图 12-8

利用虚拟节点，能够在服务节点下线时，还能保持集群内剩余节点的负载相对均衡。举个例子，原先[0, 2^{32}]的圆环被分成了三段，分别是 A～B、B～C 和 C～A，当服务节点 B 下线后，服务节点 C 将接收单位时间内 2/3 的请求，而 A 还是继续接收 C～A 范围内的请求，这部分请求仅仅占用了所有请求的 1/3。引入虚拟节点后，[0, 2^{32}]的圆环被分成了 $3\times n$ 份，当服务节点 B 下线后，原先服务节点 B 所承受的压力会被服务节点 A 和服务节点 C 分担，避免了完全向服务节点 C 倾斜的现象。

第 13 章 分布式系统高可用策略

在分布式系统中，服务的可用性是非常重要的一个指标，而保障服务的高可用也成为服务治理领域中不可或缺的一部分。本章将介绍服务熔断、服务降级、服务限流、服务资源隔离四大服务高可用保障的措施，以及出现异常后的容错策略。本章还将介绍目前比较流行的三个用于保障高可用的组件，讲述它们各自的优点及其所提供的保障系统高可用的能力。

13.1　分布式系统高可用

在分布式系统中，系统本身的可用性非常重要，高可用是分布式系统架构设计中必须考虑的因素之一，我们需要通过设计来减少系统不能提供服务的时间，提高系统的可用性。

分布式系统由多个服务组成，分布式系统的可用性也可以理解为该分布式系统内所包含的服务的可用性，这些服务的可用性决定了整个分布式系统的可用性。服务的可用性受哪些因素影响呢？以下就是几个比较重要的因素：

- 机器硬件设备问题：比如硬件损坏造成的服务器宕机等情况。
- 网络问题：网络问题会导致正常的服务节点无法与别的服务节点进行交互，从而失去提供服务的能力。
- 程序 bug：比如一些代码导致的死锁，调用系统资源后没有及时释放等问题导致服务自身出现异常。
- 大量流量涌入：一个系统所能承载的最大流量是有限的，它取决于许多原因，比如部署的机器数量、机器的性能、系统的性能等。当流量超过系统的承载能力时，系统会被击垮，比如“双 11”这样的场景，电商公司会提前预演，并且通过增加服务部署的机器实例、做扩容等操作来提升整个系统负载极限。

当某一个服务节点由于上述原因导致服务不可用时，整个分布式系统不一定受到影响，因为在分布式系统中，不会让服务出现单点问题，所以即使一个服务节点出现问题，同层级的其他节点依然能够正常提供服务，如图 13-1 所示。

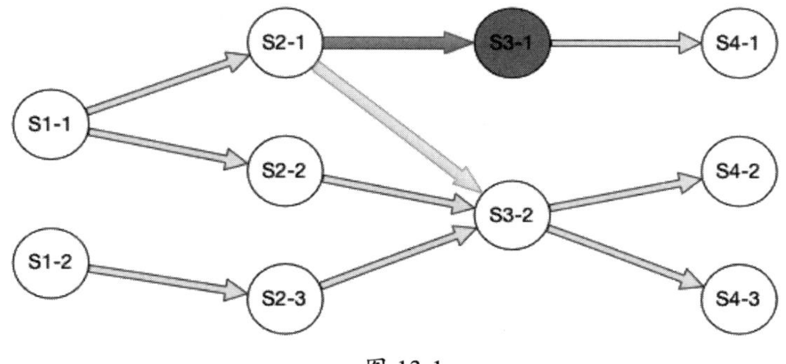

图 13-1

S3 服务的实例 1 出现故障时，对于 S2 服务存在两种情况，第一种情况是 S2 的所有实例在进行请求路由和负载均衡选择最终请求去向时，S3 的实例 1 不应该是被选择的对象，也就是 S2 所有的实例应该感知到 S3 的实例 1 是不健康的。这种情况可以通过注册中心反向地通知 Consumer，或者通过一些心跳保活机制来处理。第二种情况就是 S2 的实例中已经发往 S3 服务的实例 1 上的请求会出现异常。此时 S2 的实例需要一些策略来处理这些已经异常的请求，这种上游服务节点用于处理请求异常的策略被称为容错策略。前面提到系统中的服务稳定性会受非常多的因素影响，无法确保系统完全没有故障，所以在设计系统时就会考虑容错策略。对于 RPC 框架而言，容错策略也是需要考虑的一个能力。上述示例中的请求失败也就是一次 RPC 请求失败，RPC 框架可以提供不同的容错策略供用户选择，而不同的容错策略的应用场景也有所不同，下面列举了几种容错策略。

- 请求失败后仅记录日志：这种级别的服务失败了一般不会影响系统的其他部分，所以下游返回调用服务失败的异常后，仅仅打印相关的异常日志后直接忽略，不会将异常抛给上游。该方式适用于写入审计日志等操作。
- 请求失败后自动切换：当调用下游服务出现失败的时候，会自动切换到集群中其他服务节点，但重试会导致请求一直占用系统资源，并且带来更长的延迟，所以一般都会设置重试次数。该方式通常用于读操作。
- 请求失败后抛出异常：当调用下游服务出现失败后，立即抛出异常。该方式适用于幂等操作，比如新增记录等。
- 请求失败后自动恢复：在调用服务失败后，先返回一个空结果，并通过定时任务记录失败的调用并且发起重传操作。该方式适合执行消息通知等操作。
- 多方一起调用：该方式会在线程池中运行多个线程来调用多个服务器节点，只要有一个节点成功调用就算调用成功。该方式通常用于实时性要求较高的读操作，但需要浪费更多服务资源。一般会设置最大并行数。

当一个服务节点实例出现问题时，虽然该服务的其他节点实例可以正常提供服务能力，比如上述的 S3 的实例 2 还能提供服务，但并不代表该坏节点不会影响上下游服务节点及同层级的服务节点。是否影响其他节点取决于该坏节点导致异常的原因，一般出现坏节点会导致三种情况，第一种就是上述提到的，借助容错策略，系统会自动收敛异常，不会影响整个系统的可用性。比如由于机器硬件问题导致该节点的服务进程“挂了”，此时注册中心会摘除该坏节点，让后续的请求不再路由到该坏节点上，异常会在一段时间后收敛，而上游服务节点也可以通过一些重试等容错策略重新路由到正常的服务节点。在这种情况下，只要流量压力不大，其他节点就可以分担该坏节点的流量，整个系统不会受到影响。第二种情况就是坏节点影响同层级的服务节点，比如因为流量的突增，出现流量洪峰，导致服务节点被击垮，其他服务节点面对流量洪峰的压力本来就很大，此时还需要分担该坏节点的流量，最终导致其他的服务节点也被流量击垮。在这种情况下，坏节点就影响了同层级的服务节点。第三种情况就是坏节点影响上游服务节点。比如由于服务提供者的一些 bug 导致请求并没有正常返回响应给服务消费者，上游服务节点一旦没有设置超时等机制，就会导致上游请求被阻塞。如果没有相关的措施让该请求释放连接，该请求就会一直占用上游服务节点的系统资源，当相同的请求到达一定程度时，上游的服务节点实例会因系统资源耗尽也变成坏节点，最终导致该系统崩溃。

上述第二种情况和第三种情况反映的就是雪崩现象。在微服务架构下，业务系统被拆分成多个服务，大规模的系统具有成千上万个服务，每个服务也有多个实例，服务之间难免会有多层调用，比如服务 A 调用服务 B 和服务 C，服务 B 和服务 C 调用别的服务等。服务之间的调用错综复杂，一旦下游的某个服务调用失败，就会影响上游的服务节点或者同层级的服务节点，随着时间的推移，最终导致整个系统不可用。这种现象被称为雪崩现象。雪崩现象会对用户造成极差的产品体验，所以我们要采取一些措施防止因为某个服务节点出现异常而导致整个系统崩溃，也就是预防雪崩现象的发生。

为了防止雪崩现象的发生，根据引起雪崩的原因，工程师们也设计了各种解决方案，其中不乏为了防止服务器崩溃而让个别请求失败的方案，如果只是让某个请求失败，释放系统资源，则不会导致雪崩现象，只是会影响当前的请求。预防雪崩现象发生的策略有四种，分别是服务资源隔离、服务降级、服务熔断和服务限流。下面具体介绍这四种策略。

1. 服务资源隔离

服务资源隔离就是让不同类型的请求互不干扰，就像一个岛屿被分成一个个孤岛一样，某个孤岛被淹没了，也不会影响别的孤岛。服务隔离的本质就是隔离资源，比如线程池的隔离、机器隔离等。服务隔离可以分为服务内的资源隔离和服务间的资源隔离两大类。

- 服务内的资源隔离：该隔离措施主要指某一个服务内的一些资源按照一定的规则或者分类进行隔离，比如服务内的线程池隔离，用不同的线程池来管理不同类型的请求，将不同类型的请求进行隔离，如果其中一类请求的线程池资源耗尽，那么该类型的请求将会失败，但这并不会影响其他线程池正常工作，也就不会影响其他类型的请求。
- 服务间的资源隔离：服务间的资源隔离主要体现为机器资源的隔离，在整个架构设计合理的情况下，合理地拆分服务，让服务部署在不同的机器上，当某个服务出现异常，不断消耗机器资源时，其他服务能力不会因为在同一个机器或者同一个进程内而受到影响，并且采用熔断、降级等高可用保障的措施，可以保证上游服务正常提供服务。

2. 服务熔断

熔断常在电路设计中出现，如果一条线路电压过高，那么保险丝会熔断，防止发生火灾。而服务间的熔断也参考了电路中的熔断设计，当下游的服务调用慢或者出现大量超时时，上游服务为了保护整个系统的可用性，可以暂时切断对该服务的调用，并且做一些服务降级处理，比如将调用失败返回给上游服务，这样就可以释放此次请求占有的系统资源，不会导致雪崩现象。过了一定的时间后，上游服务也可以再次尝试调用下游服务，一旦下游服务恢复正常，熔断机制也会再次回到关闭状态来预防下一次灾难的发生。设计服务熔断时主要需要考虑三个方面的问题，第一个方面的问题就是何时达到需要熔断的条件，常用的参考数据就是调用失败数和调用时间，当这些数据达到一定阈值时，就达到了开启熔断器的条件。开启熔断器之后，第二个方面的问题就是需要考虑上游应用如何处理被熔断后的异常，因为开启熔断器之后，上游的任何调用都是失败的，并且会获得熔断器抛出的异常。针对该异常，上游应用服务需要根据具体的业务场景给出相应的处理逻辑，比如重试、记录日志等，处理逻辑也可以采用容错策略中的某一个策略。第三个方面的问题就是开启熔断器之后，什么时机关闭，下游服务不能一直都不提供服务，需要在一定的时机重新提供正常的服务，不同的熔断器实现有不用的恢复逻辑，后面章节会介绍各熔断器开启之后是如何自动关闭的。

3. 服务限流

限流模式下会有一些阈值，比如 QPS 阈值、响应时间等，如果系统运行时的指标数据高于设置的阈值，则不再处理该请求，该请求将直接返回，不再调用后续服务。由于服务限流策略并不是对已经出现异常的服务进行处理，而是提前预发，防止服务发生异常，所以限流模式也可以称为预防模式。这种策略能解决系统整体资源分配问题，可以防止服务由于流量的突增而被击垮。服务限流是从源头解决了雪崩现象，因为只要调用链路上的某个服务不崩溃，也就不存在雪崩现象。

服务限流的分类有很多，比较常见的有三种分类方式，第一种就是按照限流的位置分为客户端限流和服务端限流，客户端限流是在服务消费端进行限流操作的，它主要是针对单个调用方的限流，目的是防止单个调用方对下游服务过度地发起请求，如图 13-2 所示。

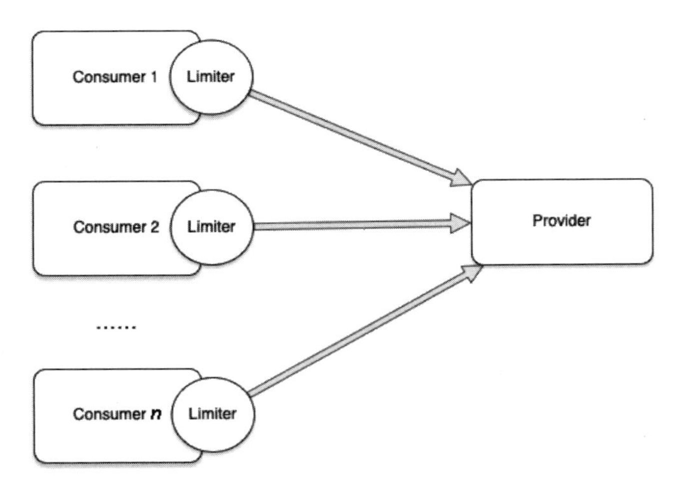

图 13-2

服务端限流则是在服务端进行限流操作，目的是限制该服务的处理请求的速度，如图 13-3 所示。

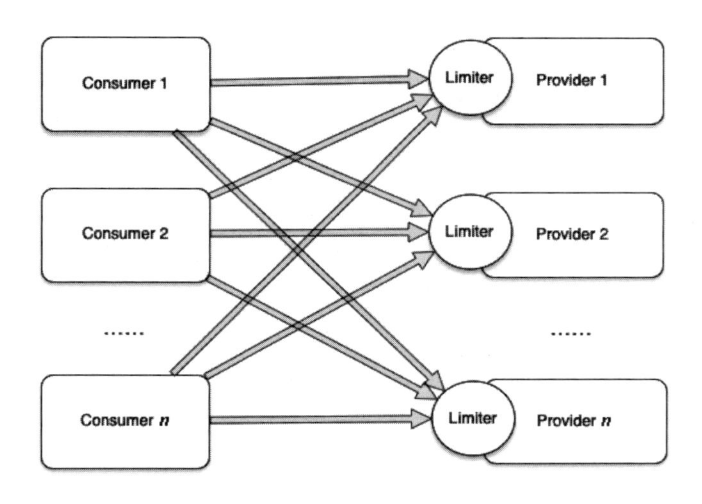

图 13-3

从上述的客户端限流和服务端限流的示意图中可以看到，每个限流器都只和一个客户端或者服务端绑定在一起。对于客户端限流来说，限流器只能限制某一个服务消费者发起的请求，而对于服务端限流来说，限流器只能限制某一个服务提供者接收处理的请求。在分布式系统中，往往存在对整个集群进行限流的需求和场景，基于此类需求，就产生了第二种分类，也就是中心化限流和去中心化限流。去中心化限流指的是应用进程独自管理限流的阈值、配额状态等，图 13-2 和图 13-3 所表示的都是去中心化限流，而中心化限流指的是限流的配额状态都由一个中心限流服务进行管理，如图 13-4 所示。

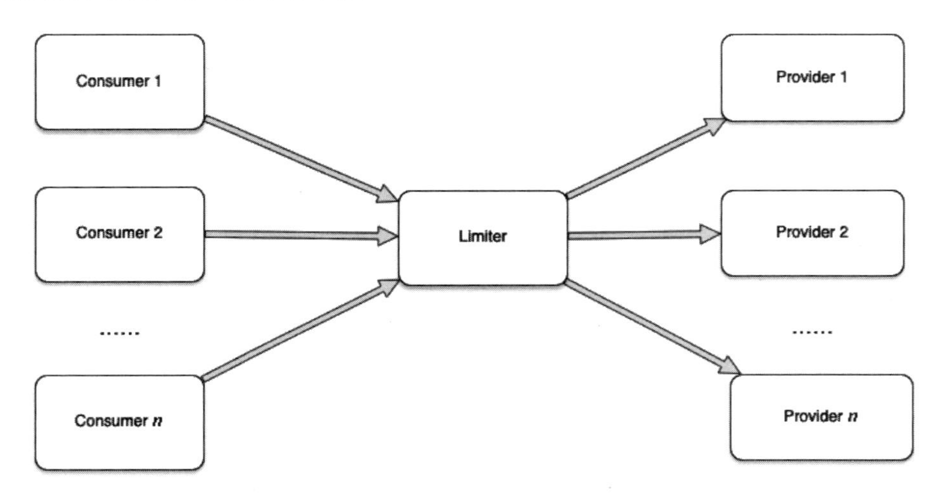

图 13-4

中心化限流主要用于一些需要对集群限流的场景，比如在商城系统中，需要对某一个店铺进行限流，此时限流器需要识别店铺的唯一标识，统一管理下游所有服务提供者实例的流量入口。根据请求携带的业务属性来识别请求，在分布式场景中达到对整个下游集群限流的目的。中心化限流虽然可以达到保护下游服务集群的效果，但是它非常容易成为系统的性能瓶颈，所以还需要根据实际的场景来选择限流方案。

第三种分类就是按照限流的阈值是否会自动调整分为静态限流和动态限流。静态限流是直接通过配置固定了阈值，静态限流存在两个问题，第一个问题就是阈值无法准确评估，服务处理请求的能力受到很多因素的影响，比如机器性能、服务本身的设计等，在设置静态阈值时，需要不断做压测来调整限流阈值，让阈值处于一个相对合理的值。第二个问题就是设定阈值后，服务的瓶颈就会被限制，无法根据运行时的一些状况适当调整阈值，从而达到提升服务处理请求速度的效果。针对这两个问题，动态限流被运用的场景也越来越多。动态限流也被称为自适应限流，指的是限流阈值能够根据机器的性能、服务的状态、处理请求的耗时等，在运行时动态调整，让服务处于一个最佳的状态，合理地利用系统资源。动态限流方案能够最大化利用系统资源来增加整个系统的吞吐量，降低系统的响应时间。

4. 服务降级

服务降级是指当某一个服务出现异常时，它的上游服务会根据异常做出一些降级处理，用于保证整个系统的核心功能不受该异常服务的影响。比如下游的服务响应过慢时，下游服务关闭一些不重要的业务来释放服务器系统资源，增加系统的吞吐量，或者当下游服务不可用时，上游服务调用本地的降级逻辑来防止线程阻塞，防止上游服务因此出现雪崩现象。

在设计服务降级策略时需要考虑三个方面：第一个方面就是明确哪些逻辑需要进行服务降级，也就是区分哪些服务为核心或非核心，或者区分哪些方法是核心或非核心。区分的依据就是业务场景，比如在秒杀抢购的业务场景中，用户评论后的积分增长能力相对于库存更新、支付等能力就没有那么重要，此时就可以对一些非核心的能力做一些服务降级处理。第二个方面就是决定降级策略，也就是当服务出现需要降级的时机时，既可能是到达系统瓶颈，需要释放一些非核心的服务的资源，也可能是非核心的服务不可用，需要做一些降级处理。降级策略往往是为了保证整个系统的稳定，并在一定场景下能够给用户友好的提示。比如延迟服务的降级策略：当系统资源达到瓶颈时，不再对下游服务发起请求，而是延迟一段时间后再发起，让下游服务有一个缓冲的时间。比如在评论场景中，用户评论后在评论页面中马上展示最新的评论是核心逻辑，但是给用户增加评论积分，可以做一些延迟处理，等积分增加的服务恢复正常水位后，再执行积分增加的逻辑。在这个例子中，对于用户而言，相比于积分增长服务异常导致评论失败的现象，积分增长延迟的现象在一定程度上更容易被接受。第三个方面就是降级触发的方式，也就是决定如何触发降级。服务降级可以分为手动降级和自动降级。手动降级往往需要监控、告警等系统来配合相关人员操作降级，比如告警系统报警某个服务的水位已经远远超过水位线或者出现大量的异常，则需要通过电话、邮件告警来通知相关人员，相关人员可以手动开启服务降级，以防止上游核心服务异常而出现崩溃。手动降级往往会出现时间差，从系统告警到开启降级这一段时间内，系统还有可能出现雪崩现象。人工降级一般在可预见的活动和场景中使用，比如电商大促等场景，在这种可预见的场景中，一般会有相关人员观察服务的健康状况，一旦出现系统异常，就可以手动开启服务降级。而在平常的时间点，自动降级更加适合。自动降级的本质就是服务自动识别各类异常，根据异常类型的不同执行不同的降级策略。上面的熔断和限流就是两种可以被识别的异常，熔断和降级组合使用可以称为熔断降级，限流和降级组合使用称为限流降级，实现原理都是识别熔断后的异常和限流后的异常，并执行相关的降级逻辑。这种自动降级的方式不需要人为介入，只需要完成阈值的配置即可。

13.2 Hystrix

Hystrix 是 Netflix 开源的高可用保障框架，它旨在隔离对远程系统、服务和第三方库的访问，防止出现级联故障，并在不可避免发生故障的复杂分布式系统中提供一定的弹性能力。从 2011 年开始，Netflix 的 API 团队就开始考虑分布式系统的可用性，而 Hystrix 也是在这个时候诞生的，经过一年的打磨，在 2012 年，Hystrix 已经变得比较成熟和稳定，Netflix 中的许多团队也开始使用 Hystrix 来保证系统的高可用。在 2012 年 11 月，Netflix 团队开源了 Hystrix。经历了六年的开源后，在 2018 年 11 月，Hystrix 的维护团队在其 GitHub 主页宣布，不再开放新功能，仅维持维护状态，而 Netflix 内部也将重心转向探究对应用程序的实时性能做出反应的自适应性能力，通过自适应来保证系统的高可用，而不是预设一些配置。并且推荐开发者使用其他仍然活跃的开源项目，比如后续会介绍的 Resilience4j 等。虽然 Hystrix 不再更新新的特性，但是它对于保障高可用的方案还是有一定借鉴意义的，目前有一部分应用仍然使用 Hystrix。Hystrix 主要提供了以下四个关键能力：

- 熔断能力。
- 降级能力。
- 支持近实时的监控、报警及运维操作。
- 资源隔离能力。

1. 熔断能力

Hystrix 定义了熔断器的三种状态，分别是 OPEN、HALF_OPEN 和 CLOSE 状态：

- CLOSE 状态：该状态为 Hystrix 熔断器的初始状态，此时请求能够正常发送到下游。
- OPEN 状态：当 Hystrix Command 请求后端服务失败的数量超过一定比例时（默认为 50%），熔断器会切换到 OPEN 状态。该状态下停止所有对下游服务的请求。

- HALF_OPEN 状态：熔断器保持在 OPEN 状态一段时间（默认为 5 秒）后，自动切换到 HALF_OPEN 状态，在该状态下，会尝试放行向下游服务发起的请求，一旦请求正常，则断路器变更为 CLOSE 状态，否则重新变更为 OPEN 状态。

Hystrix 熔断状态的变迁如图 13-5 所示。

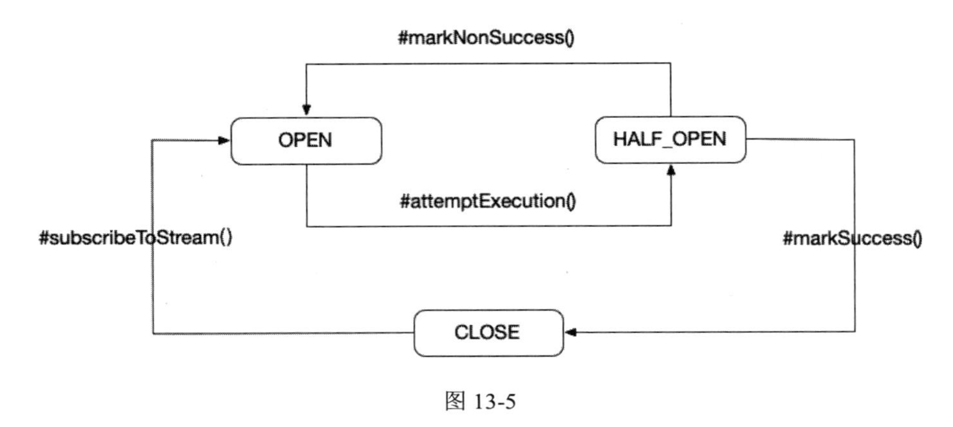

图 13-5

图 13-5 中的四个方法是 Hystrix 中定义的方法，下面是它们内部封装的逻辑：

- subscribeToStream()：在该方法内封装了对请求量统计发起订阅的逻辑，每当服务被调用时都会检查统计值，并且判断是否需要开启熔断器。具体的逻辑主要分为两步，第一步检查总的请求量是否超过了 statisticalWindowVolumeThreshold，也就是校验在时间窗范围（默认值为 10000ms）内的请求次数，如果低于阈值（默认值是 20），则不做处理，如果高于阈值，则判断接口请求的错误率。第二步检查接口请求的错误率：判断时间窗范围（默认值为 10000ms）内接口请求的错误率（默认值是 50%），如果低于这个值，则不做处理；如果高于这个阈值，则开启断路器，也就是熔断器的状态从 CLOSE 变为 OPEN。这两步也是 Hystrix 熔断器的核心检查逻辑。
- attemptExecution()：执行接口请求时将调用该方法，主要用于判断请求是否能被正常处理。
- markSucces()：处于半开状态时，如果尝试请求成功，则会调用该方法，该方法主要封装了关闭熔断器的逻辑。
- markNonSucces()：当调用正常逻辑失败时，调用该方法，该方法内封装了重新开启熔断器的逻辑。

当开启熔断器之后，请求将收到 HystrixRuntimeException 异常，一般会根据异常信息做一些熔断后的处理，比如服务降级等。下面将详细介绍 Hystrx 提供的服务降级能力。

2. 服务降级

前面提到了设计服务降级前必须了解服务降级的时机，在 Hystrix 中，服务降级和 Hystrix 内部定义的一些异常现象关联在一起。在 Hystrix 中也定义了五种请求异常的情况：

- FAILURE：请求执行失败，请求抛出了异常。
- TIMEOUT：请求执行超时。
- SHORT_CIRCUITED：熔断器被打开，该请求被拒绝。
- THREAD_POOL_REJECTED：线程池已满，请求被拒绝，这里的信号量与后续介绍的线程池隔离有关。
- SEMAPHORE_REJECTED：预设的信号量已满，请求被拒绝，这里的信号量与后续介绍的信号量隔离有关。

以上这五种请求异常的情况都会抛出 HystrixRuntimeException 类型异常，只要出现以上五种请求异常的情况，Hystrix 就会执行服务降级逻辑。除了 HystrixRuntimeException 异常，还有一种被称为 HystrixBadRequestException 的异常，这种异常一般是由非法参数或者一些非系统异常引起的，此类异常发生时不会触发 Hystrix 服务降级的逻辑。

3. 服务资源隔离

在 Hystrix 中，主要提供了两种服务资源隔离的方式，两种隔离方式都是限制对共享资源的并发访问量。第一种就是线程池隔离。线程池隔离参照了船只的舱壁隔离技术，它主要是指 Hystrix 将处理请求的线程资源分离，让不同类型的请求在不同的线程池内被处理。通常在使用的时候会根据调用的远程服务划分出多个线程池。例如，调用支付服务相关的请求由 A 线程池处理，调用商品服务的请求由 B 线程池处理，这样做的主要优点是运行环境被隔离开了。当一个请求出现异常时或者由于其他原因导致该请求所在线程池被耗尽时，其他类型的请求还可以正常地使用线程资源，而不会被异常请求所影响。这种服务资源隔离的方式虽然达到了防止雪崩的目的，但这种方式会因为维护多个线程池而给系统带来额外的性能开销。性能开销主要来源于线程上下文空间的切换——要实现线程池隔离，发起请求的线程必然与调用请求的线程不是同一个线程，这样做调用请求的线程才能够通过线程池进行管理，此时就需要从发起请求的线程切换到调用请求的线程，因此会产生线程上下文切换的开销，这个主要是用户态和内核态切换带来的性能损耗。

第二种就是信号量隔离。Hystrix 的信号量隔离比较简单，通过信号量上限来限制某一组别的请求，信号量设置为多少，就代表该组请求的并发量是多少。Hystrix 官方提供的线程池隔离和信号量隔离的示意图如图 13-6 所示。

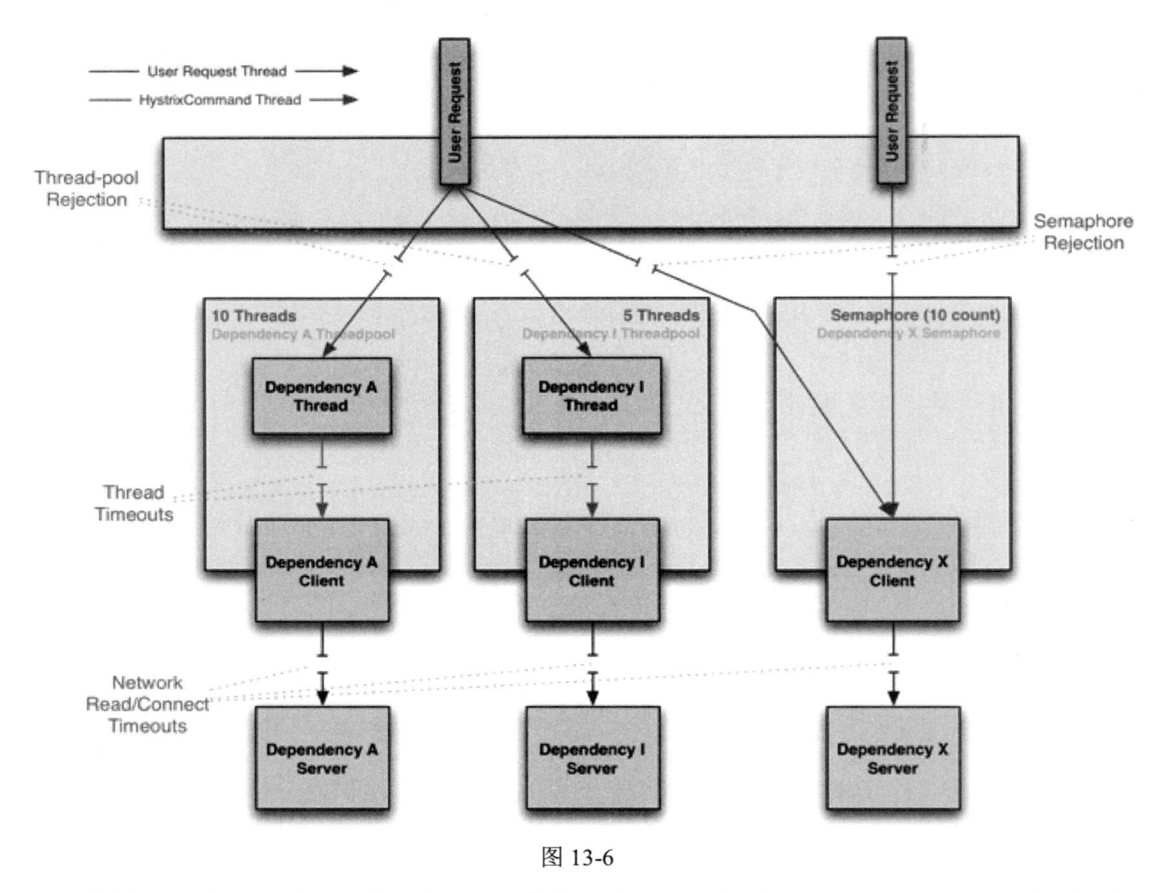

图 13-6

从图 13-6 中可以看到，基于线程池隔离的方式，调用请求的线程和 Hystrix 处理请求的线程并不是同一个，而信号量隔离是同一个。在选择信号量隔离和线程池隔离时，主要关注请求的耗时程度，如果请求不耗时，返回速度非常快，不会占用线程太长的时间，那么可以选择信号量隔离，因为信号量隔离无法支持异步操作。如果请求所需的网络开销比较大或者请求比较耗时，则可以选择线程池隔离，因为线程池隔离可以支持异步操作。

13.3 Resilience4j

Resilience4j 是受 Netflix Hystrix 启发而出现的轻量级容错库，并且专为 Java 8 和函数式编程而设计。Resilience4j 只使用了 Vavr，它不依赖于任何外部库。使用 Resilience4j 时，无须引用 Resilience4j 的全部依赖，根据自己需要的功能引用相关的模块即可。从 Resilience4j 的模块划分就可以看出 Resilience4j 提供了哪些能力。以下几个模块是与高可用相关的核心模块，这些模块分别封装了不同的保障系统高可用的功能：

- resilience4j-circuitbreaker：封装了服务熔断的能力，实现了断路器。
- resilience4j-ratelimiter：封装了服务限流的能力。
- resilience4j-bulkhead：封装了基于信号量的资源隔离能力。
- resilience4j-retry：封装了请求自动重试（同步和异步）的容错策略。
- resilience4j-timelimiter：封装了限时器的能力，主要用于提供发生请求超时的处理策略。

除了以上这些和保障服务高可用的能力，Resilience4j 还提供和许多周边的集成功能，比如与 Spring Boot 的集成、与 Spring Cloud 的集成等，降低了 Resilience4j 的接入成本。下面主要介绍 Resilience4j 提供的保障系统高可用的能力。

1. 服务熔断能力

因为 Resilience4j 受 Hystrix 启发，所以在熔断器的设计上沿用了 Hystrix 的设计，它也有和 Hystrix 一样的三种状态：OPEN、HALF_OPEN 和 CLOSED。这三种状态的含义和 Hystrix 是一样的，除了这三种状态，Resilience4j 还添加了其他两种可以设置的强制状态，第一种是 DISABLED，当熔断器为 DISABLED 状态时，表明熔断器无论如何都不会被打开，也就意味着永远能够处理请求。第二种就是 FORCED_OPEN，当熔断器为 FORCED_OPEN 状态时，表明熔断器一直被打开，此时所有请求都会被拒绝。虽然 Resilience4j 的 OPEN、HALF_OPEN 和 CLOSED 这三种状态和 Hystrix 的含义相同，但它们发生状态转化的条件有所区别。从 CLOSED 状态转变为 OPEN 状态的条件是开启熔断器的条件，主要分为以下三部分：

（1）需要满足整个请求占满环形缓冲区，也就是总的请求量不小于 minimumNumberOfCalls 值，才会开始计算失败比例。

（2）如果失败比例大于或等于 failureRateThreshold 的阈值（默认为 50%），则开启熔断器。

（3）如果慢速请求的数量大于或等于 slowCallRateThreshold 的阈值（默认为 100），则开启熔断器。如果请求的持续时间超过 slowCallDurationThreshold 的阈值（默认为 60s），则视为慢速的请求。

从 OPEN 状态转变为 CLOSED 状态的条件也就是关闭熔断器的条件，下面是熔断器从 OPEN 状态转变为 CLOSED 状态的整个过程：

（1）开启熔断器之后，维持一段时间，该持续时间以 waitDurationInOpenState 的设定值为准，将熔断器状态变更为 HALF_OPEN 状态，此时会创建一个新的 Ring Bit Buffer（环形缓冲区）。

（2）尝试执行熔断器变为 HALF_OPEN 状态之后收到的请求，可以尝试执行的请求数量为 permittedNumberOfCallsInHalfOpenState 设定的阈值。熔断器是否返回 OPEN 状态的判断策略与开启熔断器的策略一样，只要满足上述发生熔断的条件，熔断器仍然维持 OPEN 状态，反之熔断器的状态将变为 CLOSED 状态。

2. 服务限流能力

在 Resilience4j 中限流器的抽象接口是 RateLimiter，该接口有两个实现，分别是 AtomicRateLimiter 和 SemaphoreBasedRateLimiter，它们分别代表了 Resilience4j 中两种限流器的实现，AtomicRateLimiter 是基于原子计数器实现的限流器，SemaphoreBasedRateLimiter 是基于 Java 信号量实现的限流器。实现限流器的算法有很多，比如滑动窗口技术法、令牌桶算法、漏桶法等，Resilience4j 的这两种限流器实际上都采用了令牌桶算法。Resilience4j 官网提供的有关限流器的示意图如图 13-7 所示。

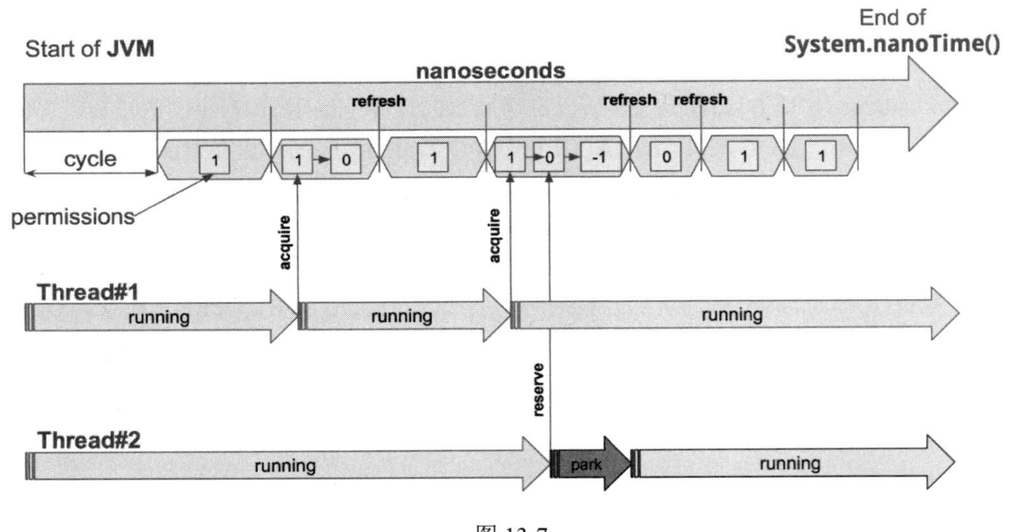

图 13-7

当限流器启动时，以当前 JVM 的启动时间为起点、JVM 的结束时间为终点，每经过一个固定时间段，记录为一个周期，每个周期设置固定的可访问的次数，这里的可访问次数就是令牌桶算法中的令牌。当有请求访问时，首先计算限流器经历到了哪个周期，该周期的可访问次数是否大于零，如果大于零则允许请求发起调用；如果小于零则请求会被拒绝，无法正常发起请求调用，此时请求发起方将收到限流异常。在基于信号量的限流器中，用户每次请求都会申请一个信号量，并记录申请的时间，如果申请通过则允许处理请求，如果申请失败则被限流，并且这种限流器的实现需要额外的线程来定期扫描过期的信号量并释放。在基于原子计数器的限流器中，通过原子类管理每个周期可访问的次数，并且它不像基于信号量的限流器，它不需要通过额外的线程来管理令牌，在处理请求时，根据距离上次请求的时间和生成令牌的速度就能自动填充令牌。

3. 服务资源隔离能力

与 Hystrix 一样，Resilience4j 中的服务资源隔离也有两种方案，第一种是基于信号量实现的资源隔离。基于信号量的资源隔离同样采用的是 Java 并发库中的 Semaphore 类实现的，信号量隔离主要运用于 I/O 密集型的场景。与 Hystrix 不同的是，Resilience4j 中的信号量隔离不提供线程池的配置选项，而是提供了一个阻塞计时器，当信号量全部被占用时，获取信号量的请求会被阻塞，如果阻塞状态的请求在阻塞计时内无法获取信号量则会拒绝这些请求，如果请求在阻塞计时内获取了信号量，则直接获取信号量并执行相应的业务处理。

第二种是线程池隔离，线程池隔离是采用一个有界队列和一个固定线程池实现的。资源隔离依靠 Java 内的线程池做隔离，当线程池中无空闲线程时，后续的请求将进入等待队列，当等待队列已经排满时，就会执行拒绝策略，等待线程池中有空闲线程时再处理在队列中等待的请求。线程池隔离与信号量隔离虽然都是限制并发数量，但线程池隔离并没有阻塞的行为，因为请求即使不能被处理，也会进入队列，但信号量却有阻塞，此时阻塞会消耗系统资源。

4. 限时器

在分布式系统中，经常会出现一次请求的调用链路非常长的现象，比如 A→B→C→D→E，由于一些网络异常或者服务异常等情况，导致服务 E 的实例无法提供正常的服务或者服务 E 处理请求异常缓慢，导致上游的服务 A、B、C、D 需要长时间等待各自上游的响应，此次请求会一直占用这些上游的服务实例的系统资源，最终影响上游服务的健康状况。Resilience4j 提供了限时器，它可以提供切断异常链路的能力。它将限时的能力单独封装成一个模块，不仅提供了服务间调用的限时能力，同样可以运用于进程内的函数调用。当发起函数调用后，限时器就开始计时，如果未在设置的超时时间内返回调用结果，则抛出超时的异常。比如在上述的例子中，服务 C 集成了该限时器，如果服务 D 未在规定时间内返回响应，则服务 C 直接返回超时异常给上游服务 B，让服务 B 做出一些应对措施，而不是让服务 B 的实例一直等待。

使用限时器有三点收益，第一点是当依赖服务不可用时，可以保障核心服务始终工作，第二点是避免上游服务无限期地等待，第三点是避免阻塞任何线程。一般限时器往往与熔断器配合使用，达到超时熔断的效果。

5. 自动重试的能力

Resilience4j 的自动重试能力属于一种容错策略，当下游服务在处理请求时抛出了一次异常，则发起请求的这一端需要应对异常。自动重试则是比较常见的一种措施，Resilience4j 提供了该能力，并且还为自动重试这种容错机制提供了许多配置，用于满足不同的需求。下面列举了一些用户在使用该容错机制时可定制的内容：

- 通过配置 maxAttempts，可以自定义最大重试次数，包括首次调用，首次调用作为第一次尝试请求。

- 通过配置 waitDuration，可以自定义连续两次重试之间的等待时间。
- 通过配置 IntervalBiFunction，可以自定义重试之间的等待时间，它根据重试次数和结果或异常计算重试的等待间隔，比如可以实现指数退让等能力。
- 通过配置 retryOnResultPredicate，可以自定义何时触发重试，它主要用于评估某个响应是否应该触发重试。
- 通过配置 retryExceptionPredicate，与 retryOnResultPredicate 一样，也是用于自定义何时触发重试，只是该配置项主要用于异常类的判断，用于评估该异常类型是否应该触发重试。
- 通过配置 retryExceptions，可以配置应该触发重试的异常列表，当响应中携带的异常在该列表中时，将触发重试。
- 通过配置 ignoreExceptions，可以配置应该被忽略并且不会触发重试尝试的异常列表，当响应中携带的异常在该列表中时，将不触发重试。

从这些可定制的内容可以看出 Resilience4j 的自动重试能力拥有良好的扩展性，但 Resilience4j 仅提供了这一种容错策略，在容错策略的支持方面显得比较单一，因为自动重试并不适用于所有场景。

13.4 Sentinel

Sentinel 是阿里巴巴开源的实现系统高可用能力的框架。在 2012 年，Sentinel 在阿里巴巴内部诞生，主要用于控制入口流量。从 2013 到 2017 年，Sentinel 被广泛应用于阿里巴巴集团的各个业务线中。2018 年，阿里巴巴将 Sentinel 开源，并且不断迭代新的能力。Sentinel 以流量为切入点，从流量控制、熔断降级、系统负载保护等多个维度保护服务的稳定性，提高系统的可用性。Sentinel 拥有丰富的应用场景，它承接了阿里巴巴近 10 年的“双 11”大促流量的核心场景，比如秒杀（即突发流量控制在系统容量可以承受的范围内）、消息的削峰填谷、集群流量控制、实时熔断下游不可用应用等。官方提供的 Sentinel 的主要特性如图 13-8 所示。

从图 13-8 中可以看到，Sentinel 的功能非常丰富，除了与保障系统高可用相关的核心能力，Sentinel 还提供了以下三个重要的特性：

- 提供了功能完备的控制台功能：在 Sentinel 的控制台中提供了实时监控、规则配置等功能，可以在控制台中看到接入应用的单台机器的秒级数据，比如 RT（响应时间）、QPS（每秒查询率）等数据，甚至可以查看 500 台机器以下规模的集群的汇总运行情况。
- 开源生态广泛：从图 13-8 中可以看到，Sentinel 提供了“开箱即用”的与其他开源框架/库的整合模块，比如与 Spring Cloud、Dubbo、gRPC 框架的整合。只需简单的配置即可完成 Sentinel 的接入。

- 支持多种动态规则配置的方案：比如支持 ZooKeeper、Nacos、Apollo 等方案，以供用户选择。

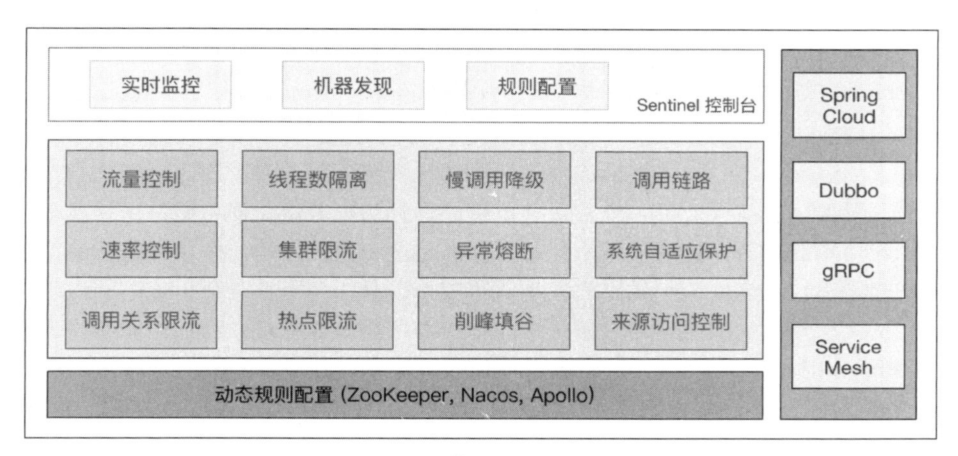

图 13-8

对于 Sentinel 来说，最核心的还是保障系统高可用相关的能力，从图 13-8 中可以看到，Sentinel 提供了十二种保证系统高可用的措施，可以将它们归为分为熔断、降级、资源隔离、流量控制四种类型。在 Sentinel 中，采用了责任链的设计模式，大部分高可用保障的手段都被封装成不同的 Slot，下面是 Sentinel 中比较重要的 Slot：

- NodeSelectorSlot：负责收集资源的路径，并将这些资源的调用路径以树状结构存储起来，用于限流降级。
- ClusterBuilderSlot：用于存储资源的统计信息及调用者信息，比如该资源的 RT、QPS、Thread Count 等信息，这些信息将作为多维度限流和降级的依据。
- StatisticSlot：用于记录、统计不同纬度的 Runtime 指标监控信息。
- AuthoritySlot：根据配置的黑白名单和调用来源信息来进行黑白名单控制。
- SystemSlot：通过系统的状态，比如 load1 等来控制总的入口流量。
- FlowSlot：用于根据预设的限流规则及前面 Slot 统计的状态来进行流量控制。
- DegradeSlot：通过统计信息及预设的规则来进行熔断降级。

这些 Slot 执行的顺序是可以借助 Slot Chain 的扩展能力进行编排的。下面介绍的几种保障系统高可用的能力的实现细节也都被封装在这些 Slot 中。

1. 熔断

图 13-8 中的异常熔断表示的就是 Sentinel 的熔断能力。Sentinel 的熔断器状态也是 OPEN、HALF_OPEN 和 CLOSED 这三种状态，状态的含义与 Hystrix 的一样。虽然熔断器的状态相同，但是 Sentinel 还提供了监听熔断器状态机的三种状态转换的监听器，用户可以实现熔断器状态变更的 Hook，可以通过该 Hook 来获取熔断器每次状态切换的事件，以及熔断器对应的熔断规则，为用户感知熔断器内部状态的变更提供了便利。熔断中最关键的是熔断器的开启条件和恢复策略，Sentinel 提供了三种判断熔断器是否开启的依据，也就是三种熔断策略：

- 慢调用比例（SLOW_REQUEST_RATIO）：慢调用是指一次请求响应时间超过了用户设置的最大响应时间，这种请求的调用被称为慢调用，慢调用比例则是指在单位时间内，慢调用的请求数量占全部请求数量的百分比。若熔断器将慢调用的请求比例作为判断熔断器是否开启的依据，则只需要满足两个条件，第一个条件是在单位时间内，总的请求数目需要大于设置的最小请求数目；第二个条件是在单位时间内，慢调用的比例大于预设的阈值。同时满足这两个条件，熔断器将被开启，熔断器状态也会变为 OPEN 状态，并且在接下来的熔断时长内的请求会自动被熔断。
- 异常比例（ERROR_RATIO）：若熔断器将异常比例作为判断熔断器是否开启的依据，那么也需要满足两个条件，第一个条件同样是在单位统计时长内请求数量大于设置的最小请求数量，第二个条件就是异常的比例大于预设的阈值，接下来的熔断时长内的请求会自动被熔断。异常比例的阈值范围是[0.0, 1.0]，代表 0%～100%。
- 异常数（ERROR_COUNT）：当单位统计时长内的异常数目超过预设的阈值之后请求会自动被熔断。

以上三种熔断策略的恢复策略也有所不同，第一种是慢调用比例，当经过熔断时长后熔断器会进入探测恢复状态（HALF-OPEN 状态），若接下来的一个请求的响应时间小于设置的慢调用 RT 则结束熔断，若大于设置的慢调用 RT 则请求会再次被熔断。第二种是异常比例，当经过熔断时长后熔断器会进入探测恢复状态（HALF-OPEN 状态），若接下来的一个请求成功完成（没有错误）则结束熔断，否则请求会再次被熔断。第三种是异常数，当经过熔断时长后熔断器会进入探测恢复状态（HALF-OPEN 状态），若接下来的一个请求成功完成（没有错误）则结束熔断，否则请求会再次被熔断。

2. 流量控制

很多系统的可用性问题都是因为流量导致的，Sentinel 作为面向分布式服务架构的高可用流量控制组件，在流量控制方面也提供了许多实用的功能。下面主要介绍三种典型的流量控制场景，第一种就是来源访问控制，这种流量控制主要侧重于权限控制，Sentinel 依据一些业务属性来判断当前流量是否允许被处理，它设置了黑白名单机制，使用了 Sentinel 的黑白名单控制功能，可以达到权限控制的目的，也能阻截一部分流量。黑白名单根据资源的请求来源限制资源是否通过，若配置白名单，则只有请求来源位于白名单中时才可以通过；若配置黑名单，则请求来源位于黑名单中时不通过，其余的请求都通过。

第二种就是图 13-8 中提到的削峰填谷，削峰填谷指的是当出现大批量的流量突刺时，如果在一瞬间让服务处理这么多流量，则可能导致系统负载过高，最终影响系统的稳定性。其实可能后面一段时间内并没有请求或者请求量非常低，此时如果采用熔断、限流等策略将突刺的请求拒绝，则不够优雅，所以希望将这部分突刺的请求量均摊到后面的一段时间内处理，这样就起到了削峰填谷的效果。削峰填谷最多的应用场景是消息处理。Apache RocketMQ 借用 Sentinel 进行削峰填谷的示意图如图 13-9 所示。

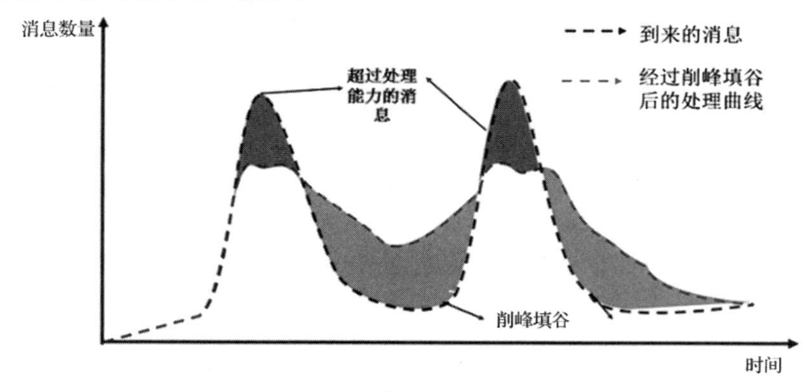

图 13-9

图 13-9 中凸起的部分代表超出消息处理能力的部分。我们可以看到，消息突刺往往都是瞬时的、不规律的，其后一段时间系统往往都会有空闲资源。我们希望把凸起的那部分消息平摊到后面空闲时段去处理，这样既可以保证系统负载处在一个稳定的水位，又可以尽可能地处理更多的消息。

第三种就是常见的流控，即限流。从图 13-8 中可以看到，Sentinel 提供了非常丰富的限流能力。图 13-8 中有五种功能都在限流范围内，第一种是速率控制，速率控制指的是控制请求处理的速率。目前常见的控制请求处理的速率的算法有令牌桶算法和漏斗算法。在 Sentinel 中，除了提供正常的令牌桶算法和漏斗算法来实现限流，还提供了冷启动的令牌桶算法和冷启动的漏斗算法。冷启动也可以称为预热，在系统长期处于低水位的情况下，如果流量突然增加，那么直接把系统拉升到高水位可能瞬间把系统服务击垮。通过冷启动，可以让通过系统的流量缓慢增加，在一定时间内逐渐增加到阈值上限，给系统一个预热的时间，避免系统服务被击垮。第二种是调用关系限流。调用关系包括调用方、被调用方，调用方和被调用方之间是通过不同的方法调用关联在一起的，一次请求经过的调用链路上的相邻节点都有上下游的关系，从而形成了一个调用链路的层次关系。

在 Sentinel 中将调用关系分为三种，这三种关系也对应了三种基于调用关系的限流策略：

- 根据调用方的限流策略：一个服务可能被多个不同的服务调用，比如服务 A 调用服务 B，而服务 C 也调用服务 B，Sentinel 提供了根据调用方来分配不同的限流规则的能力。在服务 B 上可以配置多个限流规则，可以分别针对不同的调用方配置限流规则，当对应的调用方发起的请求到达服务 B 时，能够根据调用方的特征来匹配并生效对应的限流规则。这种限流策略让限流更加灵活，解决了对上游服务只能生效一套限流规则的问题。
- 链路关系限流策略：在分布式系统中，服务之间的调用链错综复杂，经常会出现上游服务的多个接口都调用下游服务的情况，比如服务 A 的接口 1 和接口 2 都需要调用服务 B，此时通过 Sentinel 可以根据调用的链路关系进行限流，Sentinel 提供了更加细粒度的限流规则配置来支持链路关系限流。使用 Sentinel 的配置可以实现接口 1 发起的请求应用的限流规则和接口 2 发起的请求应用的限流规则不同，让下游服务能够针对不同链路进行限流。它是比根据调用方分配限流规则的限流策略粒度更细的流控策略。
- 关联关系限流策略：当两个资源之间具有资源争抢或者依赖关系的时候，这两个资源便具有了关联性。比如在服务 B 中有两个接口，一个接口负责读取数据库中的数据，另一个接口负责向数据库中写数据，此时两个接口同时都在接收大量的请求，会导致读/写操作一直在竞争资源，这就可能导致系统整体的吞吐量下降。这时可以通过关联关系限流策略来控制这两个有关联关系的接口流量，比如当写操作非常频繁时，对读操作的接口做一定的限流，降低资源竞争，保证系统整体的吞吐量。

第三种就是热点限流。热点指的是经常访问的数据，Sentinel 利用 LRU 策略来统计最近最常访问的热点参数，结合令牌桶算法来进行参数级别的流控。这里的热点参数是指一些携带业务属性的标识，比如将商品 ID 作为参数，统计一段时间内最常购买的商品并对购买行为进行限流。这种限流策略在秒杀、抢购等场景中非常实用。

第四种就是集群限流，集群限流也就是前面提到的中心化限流，主要用于精确地控制整个集群的调用总量。比如需要控制整个集群中某个接口的总 QPS，就可以采用集群限流。除此之外，集群限流还可以解决流量不均匀导致总体限流效果不佳的问题。

第五种就是系统自适应保护，也就是前面提到的动态限流，也称为自适应限流。Sentinel 结合应用的 Load、CPU 使用率、总体平均 RT、入口 QPS 和并发线程数等几个维度的监控指标，动态地调控系统中限流的阈值，让系统拥有自适应的流控策略，从而保证系统的入口流量和系统的负载达到一个平衡，让系统尽可能拥有最大吞吐量的同时保证系统整体的稳定性。

3. 降级

降级作为一个出现异常时的应急措施，在 Sentinel 中，往往和熔断、限流等一起使用，当发生熔断或者限流时，往往会配合降级来提供一些应急措施。图 13-8 中的慢调用降级就属于服务降级。降级一般是调用失败后的一个回退策略。Sentinel 提供了@SentinelResource 注解，其中有一个配置就是 fallback，在其中填入降级的方法，当被@SentinelResource 注解标识的方法调用失败时，会自动回退 fallback 中配置的方法，也就是执行降级逻辑。

4. 资源隔离

从图 13-8 中可以看到，和隔离有关的就只有一个线程数隔离，它并不是线程池隔离，Sentinel 不支持线程池隔离。线程数隔离的本质就是信号量隔离，Sentinel 采用并发线程数模式来提供信号量隔离的功能，它通过限制资源并发线程的数量来减少不稳定资源对其他资源的影响。这种线程数隔离的好处是没有线程切换的成本，也不需要提前预设各个资源所要占用的线程池大小。当某个资源出现不稳定的情况时，比如响应时间变长，对资源的直接影响就是会造成线程数的逐步堆积。当线程数在特定资源上堆积到设置的上限之后，对该资源的新请求就会被拒绝。堆积的线程完成任务并释放线程后才继续接收请求。

第 14 章 服务可观测性

随着分布式系统和微服务架构的兴起,服务治理也变得越来越烦琐。服务可观测性是服务治理中非常重要的手段之一，本章将介绍服务可观测性的概念，并且基于日志记录、聚合度量及链路追踪这三部分内容来介绍如何实现服务可观测性。除此之外，本章还会介绍这三部分内容的区别和联系，以及业界实现这些可观测性手段的解决方案。

14.1　服务可观测性简介

可观测性（Observability）这个词在近几年被越来越多的人提及，最初它是与可控制性（Controllability）组合出现的，这对概念是在 20 世纪 60 年代初由匈牙利数学家 Rudolf E. Kálmán 针对线性动态控制系统所提出的，它们原本的含义是指可以由外部输出推断其内部状态的程度。

可观测性的含义是指可以通过观察整个系统的外部内容来追溯系统内部发生了什么问题，而无须发布新的调试代码来追溯问题。在生产环境中，服务的可观测性程度越高，对于调试服务、运维服务、发现服务问题等的帮助就越大。随着分布式架构渐成主流，服务的可观测性也越来越被分布式系统所需要，它也是服务治理中非常重要的一部分内容。

在可观测性出现之前，与可观测性相关的内容是监控，监控与可观测性之间有联系，却又有所区别。联系在于它们都是为了实现同一个目标，即保障系统的稳定性，提前发现系统的异常情况，在系统出现异常时能够及时止损。区别在于监控更加关注对预设的指标的监视，比如对服务 QPS 指标的监视，监控往往配合告警系统一起使用。而可观测性更倾向于对未知事件的探索。比如有一百个应用，需要观测目前应用的启动时间，但是并不确定这组数据是否有用，在统计了这一百个应用的数据之后，也许发现在应用的启动时间上有非常大的优化空间，也许发现优化的空间非常小，这完全取决于观测后的数据。再比如应用出现异常，通过观测应用进程内的数据状态来探究异常发生的原因。

面对可观测性，往往存在两个亘古不变的问题，第一个问题是观测的对象是谁，第二个问题是需要观测哪些数据和内容。可观测性面向的对象可以是一个服务或者一个应用，甚至是整个分布式系统，基于可观测性的对象不同，观测的数据也有所不同。对于系统的可观性而言，可以观测的数据有整个系统的当前水位、整个系统的异常数量、整个调用链路耗时等，对于某个服务而言，同样可以观测某个服务的当前水位、异常数量。除此之外，因为服务的可观测性相较于系统可观测性的粒度更细，所以它可以观测更多的数据，比如 CPU 的使用情况、服务内部的状态的变更情况、请求失败的数量、服务内部异常的指示因素等一系列数据。为了能观测这些数据，常见的可观测性手段有三种，分别是聚合度量（Metrics）、链路追踪（Tracing）和日志记录（Logging），它们是目前实现可观测性最有力的措施。

- 聚合度量：对系统或者某个服务的数据统计，这些数据往往是一些预设的指标，被观测的指标数据能够反映系统的运行状况。
- 链路追踪：观测一次请求所经过的整个链路信息。
- 日志记录：将服务内部的状态输出到日志中，提高对服务内部状态的可观测性。

聚合度量、链路追踪和日志记录各自都有侧重点，却又不是相互独立的，下面引用 Peter

Bourgon 在 2017 年 2 月 21 日发表的一篇名为 *Metrics, Tracing, and Logging* 的博文中的一张图，这张图阐述了三者直接的关系和差异，这张图也受到了业界的广泛认可，如图 14-1 所示。

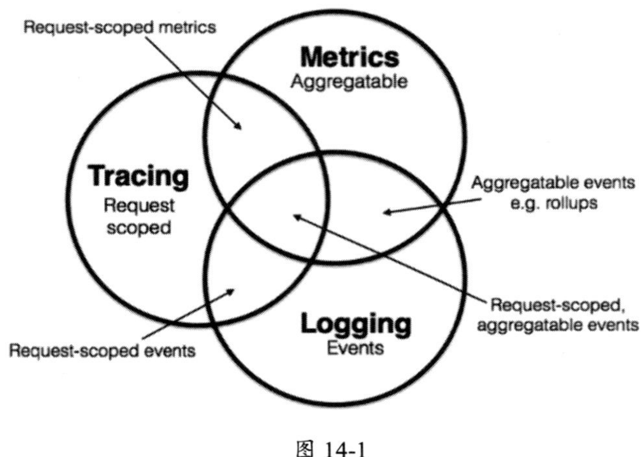

图 14-1

从图 14-1 中可以看到，聚合度量、链路追踪和日志记录被划分成三块区域，聚合度量主要侧重于应用系统内可聚合的数据的可观测性，链路追踪更加侧重于请求范围内的数据的可观测性，而日志更加侧重于与离散事件有关的数据的可观测性。这三者中两两之间有相交的区域，表明了它们之间也存在对同一类数据具备可观测的能力。日志记录与聚合度量相交之处，表明结合这两种手段可以对与离散事件有关的数据实现可观测性，并且这些数据是可聚合的。比如某个服务的错误日志数量就是可聚合的，想要实现对某个服务中错误日志的数量的可观测性，就可以结合日志记录与聚合度量来完成。日志记录与链路追踪相交之处，表明结合这两种手段可以对与离散事件有关的数据实现可观测性，并且这些数据是与请求相关的。比如想要观测某一次请求的错误日志，即可通过链路追踪和日志记录来完成。链路追踪和聚合度量相交之处，表明结合这两种手段可以对与请求相关的数据实现可观测性，并且该数据是可聚合的。比如想要观测某个接口的平均 RT，则需要将该接口的请求耗时进行聚合和计算，最终得到某个接口的平均 RT，这时就可以结合链路追踪和聚合度量来完成。除了这三者中两两之间相交的区域，这三者也有共同的交集区域，表明了结合这三种手段可以观测请求范围内可聚合的事件数据。

目前业界也出现越来越多的可观性框架，有些可观测性框架仅仅涵盖了以上三种手段的某一种，比如 Prometheus 等，而有些可观测性框架随着发展，涵盖的手段越来越多，比如 OpenTelemetry 就提供了聚合度量、链路追踪及日志记录功能。当然这些框架还需要许多其他组件的配合，才能最终成为一个可观测性系统。比如 OpenTelemetry 仅仅做了数据规范、数据采集等事情，还需要结合其他组件来完成可观测性。

14.2　日志记录

记录日志是开发者在编码时经常会做的一件事情，作为实现服务可观测性最常见的手段之一，它的灵活性非常高，在进程内的任何一个地方都可以通过记录日志的形式来将服务内部状态输出到外部，以起到观测服务内部状态的目的。正因为日志记录的灵活性，所以它往往被用于记录离散的事件，通过观测这些输出的事件内容，可以分析目前进程内的程序行为。在记录日志时，根据记录的事件内容的不同，一般会将日志内容分级，不同的日志记录框架可能会有不同的日志级别，但基本都包含了 Debug、Info、Warn、Error 这四种日志级别。

- Debug 级别：该级别的日志内容一般是细粒度的事件，它主要用于调试应用程序。
- Info 级别：该级别的日志内容一般是粗粒度的事件，比如输出程序启动成功、配置装载成功等信息。例如，应用程序初始化的时候，需要向外输出系统的配置参数，这时可以用 Info 级别的日志来完成。
- Warn 级别：该级别的日志信息往往用来反映不符合预期的逻辑行为和状态，但这些逻辑行为和状态并不影响系统的正常运行。
- Error 级别：该级别的日志事件用来反映应用程序中出现的异常。举个例子，做除法运算的时候，当发现分母为零时，可以打印 Error 级别的日志来反映程序中的异常行为和状态。打印的 Error 级别的日志往往是必须关注的日志内容。

对日志内容进行分级有以下三个好处。第一个就是不同级别的日志可以适应不同的环境。假如没有把日志内容分级，在任何环境下都打印所有记录的日志内容，那么将导致日志输出过多，而且在许多时候系统输出的日志内容是无效的，最终导致无效的日志浪费了宝贵的存储资源。比如 Debug 级别的日志内容并不需要在生产环境中输出，它只需要在开发环境中输出，协助开发者进行调试即可。

第二个好处就是让开发者更加专注于有效的日志内容。比如在发布服务时，开发者需要关注应用启动时 Error 和 Wran 级别的日志内容，一旦出现这些级别的日志内容，则需要特别关注，并检查服务的健康状况，但对于 Info 级别的日志就不太需要关心。

第三个好处就是日志级别可以作为日志系统分析的维度。比如分析 Error 日志数量等。这里提到的日志系统是日志内容的一个去向，根据日志输出的目的地不同，可以将日志记录分为两种输出形式，一种是直接输出到本地文件中，通过文件的形式存储在本地磁盘中。另一种就是直接输出到远程的日志系统中。第一种输出形式会导致日志内容一直占用本地内存，如果服务部署在虚拟机中，那么日志占用的内存会越来越大，不断消耗系统资源，最终影响正常的服务进程；如果服务部署在容器中，那么容器一旦销毁，本地日志也会一起被销毁，这种情况下会导致日志记录丢失，从而无法协助我们排查和解决问题，并且会出现无法观测服务内部状态的情况。在以前的单体架构中，服务只有一个节点，所以日志存储在本地文件中还是能够用日志记录来保证服务的可观测性的。但在分布式系统中，每个服务都有许多部署的节点，如果日志输出到本地文件中，那么在观测某个服务是否正常时，需要逐个查看该服务的所有节点，并且当统计服务的 Error 级别的日志数量等数据时，需要聚合所有节点的数据，才能得出服务整个集群的数据，这样做会显得既烦琐，又容易出错。所以在分布式系统中，非常需要一个日志系统将离散的事件内容按照一定的维度组合在一起，来完成日志的采集、聚合、分类、索引及存储等功能，将日志内容以更加清晰和方便检索的方式呈现给开发者。

远程的日志系统可以根据不同的维度对日志分类，比如主机名、IP 地址、应用名，以及前面提到的日志级别等维度。在日志系统中，我们能看到整个集群的日志数据，并且还能追溯历史日志数据，它是容器时代实现服务可观测性非常重要的一个系统。当然日志输出到远程日志系统与输出到本地文件相比，也有一些劣势。第一个劣势就是数据可能出现丢失的情况，因为在网络传输中，传输日志数据更容易丢失数据。第二个劣势就是有网络带宽消耗，这也是网络传输不可避免的。当然日志系统的优势和价值要远超于这些劣势。

目前有许多日志框架支持日志输出到本地文件这种日志记录方式，在 Java 领域就有 Avalon LogKit、Log4j、SLF4J、Logback，以及 JDK 自带的日志组件 java.util.logging.Logger 等。这些日志框架都能满足日志输出到本地文件的需求。而对于日志输出到远程日志系统这种日志记录的方式，日志系统的选型是非常关键的。其中有两种实现方案，第一种就是应用还是将日志输出到本地文件，但在业务应用部署的机器中还会部署一个日志采集的组件，它用于采集本地的日志文件，并将采集的信息传输到远程的日志系统。第二种方案就是直接由应用进程将日志输出到远程日志系统。目前日志系统的选型也有很多，比如 ELK（ElasticSearch、Logstash、Kibana）、EFK （ElasticSearch、Filebeat 或者 Fluentd、Kibana），以及 Grafana Labs 团队开源的 Loki 等。日志系统除了提供日志的检索能力，还可以与告警系统配合，实现日志监控告警，比如对某个应用下的某条 Error 日志配置告警规则，告警的阈值是一分钟内出现 10 次符合规则的 Error 日志，当该日志的统计数据超过设定的阈值时，即开始告警，提醒系统出现异常。

在 RPC 框架中，日志记录也是用于观测服务非常重要的一个手段，RPC 框架可以通过日志记录来输出整个 RPC 调用过程中的内部状态。举个例子，当注册中心的整个集群有问题时，因为 Consumer 端与注册中心有心跳保活，所以 Consumer 端会感知注册中心的故障，从而通过日志方式记录该异常信息。当 Consumer 端没有感知 Provider 的节点变更时，就可以通过该日志信息来确定是因为注册中心的集群有故障才导致 Consumer 端没有正常感知 Provider 节点变更。在一个日志事件中，除了提供用于检索的 IP 地址、主机名、应用名、时间等内容，日志本身输出的内容才是最关键的。在 RPC 框架中，通过日志记录这种手段来提升有关服务化的可观测性，比如观测节点状态的变更、观测 RPC 请求是否发生降级等。

在 RPC 框架中哪些内容需要打印为 Error 级别，哪些内容需要打印为 Info 级别呢？由于 Error 级别的日志是必须关注的内容，所以打印的 Error 级别的日志一定是影响 RPC 框架核心能力的事件。在整个 RPC 调用过程中，任何一个环节出现异常，都需要记录 Error 级别的日志，比如 RPC 调用时序列化或者反序列化失败等事件。在 RPC 框架中，记录的 Wran 级别的日志是不会影响 RPC 框架核心能力的事件。比如在发起调用时，出现调用超时，执行超时重试的容错策略，第二次就调用成功了，此时第一次调用失败可以记录为 Wran 级别的日志，用于警示此次请求发生了重试。如果这种日志打印过多，则说明下游服务可能达到瓶颈，平均 RT 可能比较高，也有可能是网络延迟较大。而记录的 Info 级别的日志的内容范围相对比较广，比如 RPC 框架中的配置初始化完成、服务完成注册等事件都可以记录为 Info 级别的日志。当出现异常时，可以通过观察这些 Info 级别的日志来降低异常发生的可能性，缩小排查范围。

14.3　聚合度量

聚合度量是指将系统中的某一类数据信息进行计算处理，最终形成能够清晰表达某一指标的数据。一个系统如何才算稳定、如何才算性能高，这些都是比较宽泛的叙述，而正确衡量稳定性、服务健康程度、性能等系统运行状况的思路是将这些状况进行量化。比如在服务稳定性方面，可以通过请求失败数等数据来体现，在性能方面可以通过请求响应时间、占用机器的内存比值、CPU 负载等数据来体现。就像飞机驾驶舱内的仪表盘数据，它们是对飞机整体的安全性和稳定性的呈现。聚合度量与之前提到的监控有非常紧密的关联，监控某一项指标就是通过聚合度量这一手段实现的。

聚合度量最重要的作用有三个，第一个作用是协助异常分析，监控系统将度量指标数据通过不同维度展示出来，当服务出现异常时，通过监控系统查看服务异常时间范围内的各类指标数据，通过分析这些指标数据来确定异常排查的方向。比如通过监控系统观察到在该异常时间内服务进程的 CPU 占用率非常高，则可以考虑继续通过检查 GC 情况、检查线程中是否存在异常或者阻塞的情况等来确定服务出现异常的根因。

第二个作用就是提前预警，监控系统往往和告警系统联合使用。如果协助异常分析是监控系统的被动能力，需要用户主动查看对应的监控项内容，那么提前预警就是监控系统借助告警系统为用户提供主动能力，对不同的监控项配置告警阈值。当对应的监控项达到告警阈值时，通过告警系统将告警内容推送给用户，让用户第一时间了解系统的告警。

除了服务稳定性，服务性能也是非常重要的内容，聚合度量的第三个作用就是用于性能分析。前两个作用更多的是为系统的稳定性服务，而第三个作用则是反映一些性能指标数据，通过聚合度量的手段实现服务性能的可观测性。APM（Application Performance Management 或者 Application Performance Monitor）系统就是性能可观测性的产物，APM 系统也属于监控系统的范畴，只是 APM 系统更偏向性能方面的监控，它的本质也是通过聚合度量实现对系统性能方面的监控的。APM 系统可以呈现服务的吞吐量、CPU 占用率和内存占用率等与性能有关的内容，协助用户对该服务进行性能分析。

为了实现以上三个作用，需要采集大量度量数据，而度量数据的采集方式与日志的采集方式一致，都有两种常规的方式，第一种就是在应用进程的机器中部署用于采集度量数据的采集器，借助采集器主动拉取度量数据，比如主动从操作系统中拉取网络 I/O 的写入量，然后通过采集器将度量数据推送至监控系统。第二种就是度量数据不经过采集器，产生度量数据的那一端主动推送度量数据到监控系统中。这两种方式的适用场景不同，根据被采集的度量数据的不同，选择的方式也有所不同。在业界，聚合度量的解决方案也有很多，比如 Cortex、Zabbix、OWL、Sysdig，以及起源于度量监控系统 BorgMon 的 Prometheus 等。除此之外，还有像提供数据可视化分析能力的 Grafana 等产品。监控系统和日志系统的技术挑战并不一样，日志系统的技术挑战在于存储和索引，对于监控系统而言，技术挑战在于计算。从聚合度量这个词就能看出，需要对度量数据进行大量计算，最终呈现出期望的监控项数据。特别是在分布式系统中，度量数据的计算压力会随着服务实例的增加而增加。

RPC 领域内的度量及需要监控的指标总体上可以分为三类，第一类就是机器的监控指标，机器的监控指标主要包括以下几部分。

- CPU：在 Linux 内可以通过采集 proc 目录下的 stat 文件来得到 CPU 的活动情况，其中包括系统内核态时 CPU 占用率、用户态时 CPU 占用率、CPU 上下文切换频率等数据。
- Load：机器的负载情况可以根据不同的采样周期维度来呈现，比如采集机器在 1 分钟、5 分钟、15 分钟内的平均负载。
- 内存：在内存方面，可以观测机器的内存占比、总内存大小、swap 占比等数据。
- 磁盘：在磁盘方面，可以观测机器的磁盘使用率、磁盘总大小、磁盘的使用量、inode 占比等数据。
- I/O：在 Linux 内可以通过采集 proc 目录下的 diskstats 文件来得到 I/O 的观测性数据，比如 I/O 请求数、读取所消耗的总毫秒数、写入所消耗的总毫秒数、读取的 Byte 数和写入的 Byte 数等。
- 网络：与网络相关的可观测性数据有网卡发送/接收的数据量、网卡每秒传输的数据量等数据。

机器的运行状况是服务稳定性的重要影响因素之一，机器的监控指标主要用于定位和排查机器故障导致的问题，这些监控项的采集方式基本上与操作系统提供的能力有关。采集机器的监控指标一般通过增加采集器组件来主动拉取机器的度量数据，再将这些度量数据传输给监控系统，最终呈现机器的运行状况。第二类是服务进程的监控指标，服务进程监控指标是指从整个服务进程的角度出发的监控项，比如当前进程内的线程数等。其中一部分监控项与语言特性有关，比如在 Java 领域，JDK 本身提供了获取 Java 应用的度量内容。从 JDK 1.5 开始，JDK 提供了 JMX（Java Management Extensions），通过 JMX 可获取 Java 应用的一些度量内容。比如内存、Java 虚拟机的启动时间、垃圾收集器执行 GC 的次数、JVM 内的线程数等。通过统计和聚合这些可采集的信息，可以描述 Java 应用的运行状况。第三类是服务内部的监控指标，服务内部的监控指标指能够呈现服务的内部状况，比如 QPS、RT、服务内部的线程池监控数据等。

14.4 链路追踪

分布式系统的一个非常重要的特点就是服务的实例数很多，并且在微服务体系的冲击下，许多服务被拆分，导致一次请求需要经过的服务实例越来越多。随着一次请求的链路越来越长，观测一次请求的状况时就变得非常困难，如图 14-2 所示。

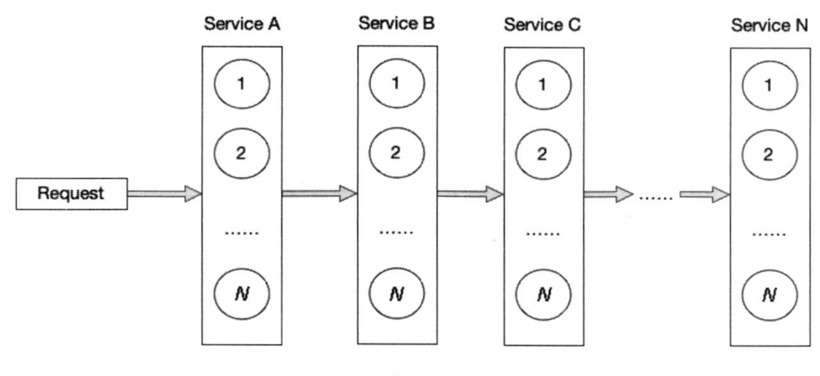

图 14-2

一次请求经过 N 个服务，并且每个服务都有 N 个实例，则此次请求经过的链路将有 N^N 种情况。如果要观测某一次请求的状况，则只能追踪此次请求所经过的所有服务和对应的实例，并在追踪这些链路时输出与请求有关的数据，这就是链路追踪的核心概念。链路追踪与调用栈追踪非常相似，一次请求每经过一个节点，就如同进行函数调用时调用栈中的一条调用记录。链路追踪在 RPC 请求中应用最广，除了追踪 RPC 的调用链路，它还可以用于追踪 SQL 语句的执行、消息的产生和消费等。

链路追踪的作用与聚合度量和日志记录相似，都用于定位问题和性能分析，但它们的侧重点并不相同。在很多出现问题的情况下，并不能第一时间确定出现问题的服务，往往只能在请求的发起端观察到异常，此时如果需要定位出现问题的服务，则可以借助链路追踪系统来完成定位。因为在大多数的链路追踪系统中会对错误链路百分百采样，在链路追踪系统中可以查询此次请求所经过的所有服务，并且还可以直接定位到出现异常的服务实例信息，此时无须再逐个排查所有服务，大大缩短了定位问题的时间。而日志记录和聚合度量往往在已经确定某个服务甚至确定某个服务实例后才被使用，通过日志系统和监控系统来确定该服务中的具体问题。链路追踪虽然也可以进行性能分析，但它对性能分析的帮助相对有限，因为链路追踪反映的是请求范围内的数据可观测性，用户可以通过链路追踪系统查询某次请求的耗时、请求的数据包大小等，但一次请求并不能完全反映服务的性能，所以链路追踪往往还需要结合聚合度量的能力来呈现服务的性能状况。

链路追踪在定位问题上起到了非常重要的作用，如果一次正常的请求被正常响应并被采集到链路追踪系统中，那么链路追踪系统会因为链路上报的数据过多而导致存储压力骤增，所以链路追踪系统对正常链路会配置采样比，从而减轻链路追踪系统的存储压力。对于异常链路，一般都会百分百采样，因为异常链路是用户重点关心的内容，链路追踪系统必须保证每一条异链路都能被查询到。

在实现链路追踪时，最主要的环节就是采集链路信息并上报到链路追踪系统中，链路信息分为两部分，一部分是用于将请求所经过的节点关联成调用链拓扑的链路信息，这部分信息包括此次请求唯一标识、该节点的链路标识、起到关联作用的上一跳节点的链路标识等信息，另一部分则是调用链路上所需要观测的数据。链路追踪作为实现可观测手段之一，不同于日志记录和聚合度量的地方是它所观测的数据都围绕请求这个对象，在请求的生命周期内，所有请求的数据都可以通过链路追踪系统进行观测。链路追踪观测的数据大致可以分为两类，第一类数据与请求的整个生命周期有关，这类数据包括调用链路上经过的节点信息、请求总时长、请求包大小、在调用链路上的每个节点中处理请求的耗时等。第二类是不同节点的外带信息，比如在异常的节点上将异常码上报到链路追踪系统中，或者在消息的消费节点上将消费的 topic 信息上报到链路追踪系统中，这些信息可以帮助用户在排查问题时，加快问题定位的速度。

在业界，链路追踪的解决方案和产品已经非常丰富，业界最早出现的产品是 eBay 的 CAL（Centralized Application Logging），它是在 2002 年 eBay 的研发团队为了解决分布式系统的复杂性，增加对分布式系统的可观测性而研发的调用链监控产品。2010 年，Google 发表了关于分布式调用链追踪基础设施 Dapper 的论文，Dapper 经过 Google 内部的大规模实践后问世，Dapper 也对业界链路追踪产品的发展产生了巨大而深远的影响。Dapper 问世后，大量的链路追踪的产品不断涌现，比如美团点评的 CAT（Centralized Application Tracking）、Twitter 的 Open Zipkin、Naver 的 Pinpoint、京东的 Hydra、阿里巴巴的 Eagleye。除此之外，开源社区也涌现了大量优秀的链路追踪的产品，比如 Uber 的 Jaeger、吴晟个人开源的 SkyWalking、Google 的 OpenCensus 等。开源社区也在孵化统一的分布式链路的概念和数据标准，目的是提供统一的标准，用于适配不同的厂商和平台，比如 OpenTracing。